文章題６年

全教科書版

教科書ぴったりトレーニング

JN102192

1 文字と式①

学習日　　月　　日

答え　2ページ

文字を使った式

①x や y などの文字を使って、数量やその関係を式に表すことができます。

②x と y の式で、x にあてはめた数を x の値といい、その計算の結果を x の値に対応する y の値といいます。

例 x 円のパン5個の代金が y 円
→ $x \times 5 = y$

例 $x \times 5 = y$ の式で $x = 80$ のとき、（80 ← x の値）
$80 \times 5 = 400$　$y = 400$（400 ← y の値）

1 1冊 x 円のノートを6冊買います。代金を y 円として、x と y の関係を式に表しましょう。

ノート6冊の代金を表す式をかきましょう。

考え方 ことばの式にあてはめてみましょう。
1冊の値段 × 冊数

式 ① □ ×6

x と y の関係を式に表しましょう。

考え方 ノート6冊の代金が y 円です。

答え ② □ ×6= ③ □

1冊の値段 × 冊数 = 代金
↓ x　↓ 6　↓ y
となるね。

2 **1** で、x の値を80としたとき、それに対応する y の値を求めましょう。

$x \times 6 = y$ の x に80をあてはめて計算しましょう。

式 ① □ ×6= ② □

答え y= ③ □

3 **1** で、y の値が660となる x の値を求めましょう。

表にかきましょう。

考え方 x の値を90、100、…としたとき、それぞれに対応する y の値を求めます。

x(円)	90	100	110	120	…
y(円)	540	①	②	720	…

x=100のとき、③ □ ×6= ④ □　y= ⑤ □

x=110のとき、⑥ □ ×6= ⑦ □　y= ⑧ □

x の値を求めましょう。

考え方 表で、y の値が660となる x の値をみつけます。

答え x= ⑨ □

ヒント ことばの式は、x や y の文字をあてはめると、文字の式になるよ。

★できた問題には、「た」をかこう！★

できき 1　できき 2

学習日　月　日

答え　2ページ

1 1本 x 円のえん筆を3本買いました。

(1)代金を y 円として、x と y の関係を式に表しましょう。

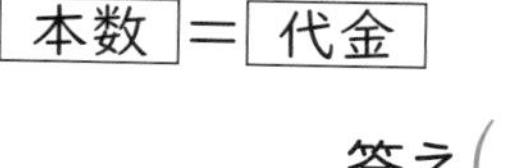

答え(　　　　　)

3本の代金を表す式は、x×3となるね。

(2) x の値を90としたとき、それに対応する y の値を求めましょう。

式

答え(　　　　　)

(3) y の値を450としたとき、それに対応する x の値を求めましょう。

式

答え(　　　　　)

2 1個180円のりんごを x 個買いました。

(1)代金を y 円として、x と y の関係を式に表しましょう。

答え(　　　　　)

(2) x の値を7としたとき、それに対応する y の値を求めましょう。

式

答え(　　　　　)

(3) y の値を1080としたとき、それに対応する x の値を求めましょう。

式

答え(　　　　　)

ヒント　x と y の文字の式があるとき、x の値がわかっていると y の値がわかり、y の値がわかっていると x の値がわかるんだね。

学習日　　月　　日

2 文字と式②

答え 3ページ

文字を使った式

①x（エックス）やy（ワイ）などの文字を使って、数量やその関係を式に表すことができます。

②式に使う計算は、×（かける）だけでなく、＋（たす）を使うこともあります。

③xとyの式で、あるyの値（あたい）に対応するxの値を求めたいときは、xの値をいくつかあてはめて求めることができます。

例 90円のパンx個と、120円のジュース1本買うときの代金がy円
→ $90 \times x + 120 = y$

例 $90 \times x + 120 = y$のとき、yの値が300となるxの値
→ $x=2$のとき、$90 \times 2 + 120 = 300$

1 1個300gのりんごを何個かと、1個400gのメロンが1個あります。りんごの個数をx個、りんごとメロンをあわせた重さをygとして、xとyの関係を式に表しましょう。

あわせた重さを表す式をかきましょう。

考え方 ことばの式にあてはめてみましょう。

りんご1個の重さ × 個数 ＋ メロン1個の重さ

式 ①[　　] × ②[　　] ＋400

xとyの関係を式に表しましょう。

考え方 りんごx個と、メロン1個をあわせた重さがygです。

答え 300×③[　　] ＋ ④[　　] ＝ ⑤[　　]

2 **1**で、xの値を4、5、6、…としたとき、それぞれに対応するyの値を求めて表にかきましょう。

1の式で、xに4や5や6をそれぞれあてはめて計算しましょう。

考え方 $x=4$のとき、300×①[　　] ＋400＝②[　　]

$x=5$のとき、300×③[　　] ＋400＝④[　　]

$x=6$のとき、300×⑤[　　] ＋400＝⑥[　　]

表のあてはまるところに、求めたyの値をかきましょう。

考え方 $x=4$のとき、$y=1600$となるので、表のxが4の下に1600をかきます。

答え

x(個)	4	5	6	…
y(g)	⑦	⑧	⑨	…

3 **1**で、2000gまではかれるはかりにのせるとき、400gのメロン1個と、300gのりんごを何個まではかることができますか。

2の表から、yの値が2000をこえないxの値をみつけましょう。

考え方 **2**の表から、x＝①[　　]のとき、yは1900となるので2000をこえなくて、

x＝②[　　]のとき、yは2200となり2000をこえています。

答え ③[　　]個

ヒント yの値がある値になるときのxの値を求めたいときは、xの値はてきとうな値をあてはめてしらべるよ。

★できた問題には、「た」をかこう！★
できき ❶ ❷

答え 3ページ

❶ 60 g のたまごが何個かと、500 g の牛乳(ぎゅうにゅう)が1本あります。

(1)たまごの個数を x(エックス) 個、たまごと牛乳をあわせた重さを y(ワイ) g として、x と y の関係を式に表しましょう。

ことばの式にあてはめて考えよう。

答え(　　　　　　　　　)

(2)x の値(あたい)を7、8、9、…としたとき、それぞれに対応する y の値を求めて表にかきましょう。

x=7のとき、60×7+500=920

答え

x(個)	7	8	9
y(g)			

(3)1000 g まではかれるはかりにのせるとき、500 g の牛乳1本と1個 60 g のたまごを何個まではかることができますか。

(2)の表から、みつけよう。

答え(　　　　　　　　　)

❷ 70 円のえん筆を何本かと、180 円の消しゴムを1個買います。

(1)えん筆の本数を x 本、全部の代金を y 円として、x と y の関係を式に表しましょう。

答え(　　　　　　　　　)

(2)x の値を4、5、6、…としたとき、それぞれに対応する y の値を求めて表にかきましょう。

答え

x(本)	4	5	6
y(円)			

(3)1000 円では、180 円の消しゴム1個と、70 円のえん筆を何本まで買うことができますか。

答え(　　　　　　　　　)

❷ (3)x の値を9、10、11…として、y の値が 1000 をこえない x の値でいちばん大きい数をみつけるよ。

3 文字と式③

学習日　月　日

答え 4ページ

文字のよみ方

・文字を使って表された式がどのような意味をもつか考えます。

例 ＋…「あわせる」という意味があります。
×…「いくつぶん」という意味があります。

1 x（エックス）×6＋120 の式で表されるのは、次のどれですか。

㋐ x 円のえん筆１本と、120 円のノート６冊（さつ）の代金

㋑ x 円のケーキ６個と、120 円のプリン１個の代金

㋒ x m の針金（はりがね）６本と、120 cm の鉄パイプ６本の合計の長さ

x を使って、数量の関係を表す式をかきましょう。

考え方 ことばの式にあてはめて考えましょう。

㋐ えん筆１本の値段（ねだん）＋ノート１冊の値段×6

㋑ ケーキ１個の値段×6＋プリン１個の値段

㋒ 針金１本の長さ×6＋鉄パイプ１本の長さ×6

x×6＋120 は、
「x を６つと
120 を１つあわせる」
という意味をもつね。

式 ㋐ ①

㋑ ②

㋒ ③

記号で答えましょう。

答え ④

2 右の図のようなひし形 ABCD（エービーシーディー）の面積を求めます。次の①～③の式の＿部は、㋐～㋒の図の色のついた部分の面積のいずれかを表しています。式が表す図を選びましょう。

①$(a$（エー）$\times 6 \div 2) \times 4$

②$(6+6)\times(a+a)\div 2$

③$\{(a+a)\times 6\div 2\}\times 2$

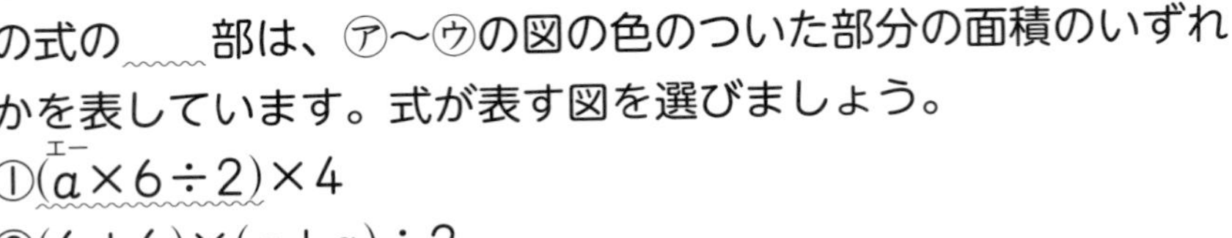

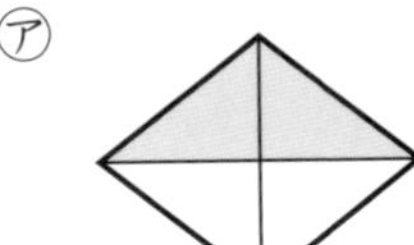

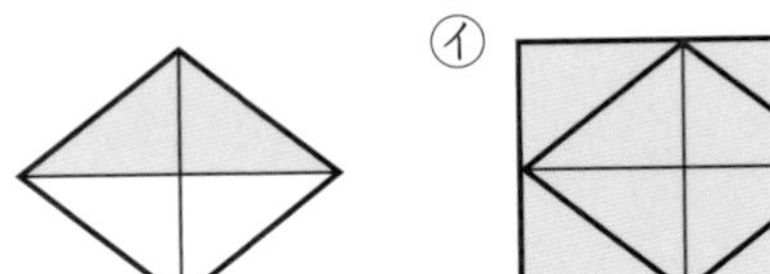

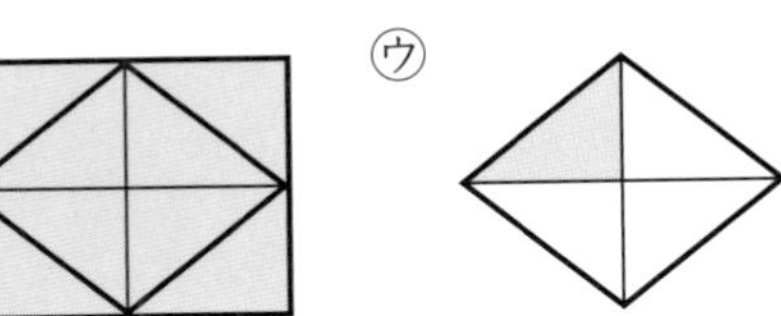

a を使った式が何を表しているかを考えましょう。

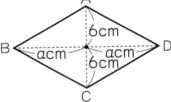

考え方

①底辺 a cm、高さ ① cm の三角形の面積

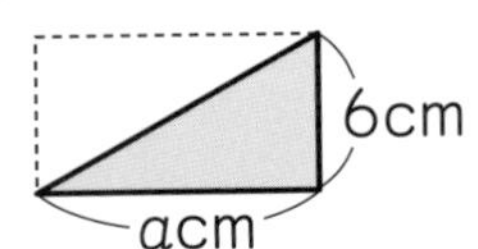

②縦（たて）(6＋ ②) cm、横 $(a+a)$ cm の長方形の面積

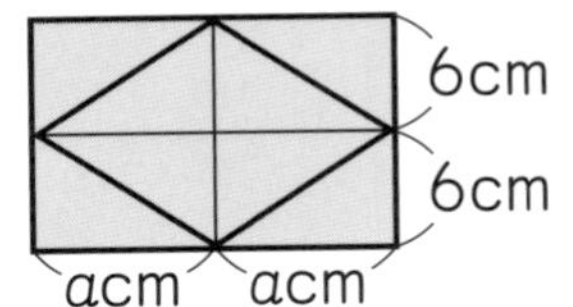

③底辺 $(a+a)$ cm、高さ ③ cm の三角形

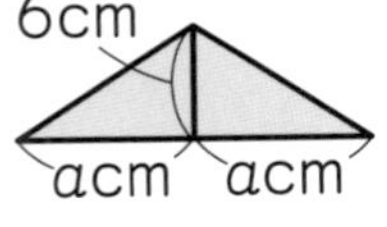

記号で答えましょう。

答え ① ④　② ⑤　③ ⑥

ヒント 式が何を表しているかを考えるときは、×や＋の意味から考えるよ。

★できた問題には、「た」をかこう！★

①でき ②でき ③でき ④でき

学習日　月　日

答え　4ページ

1 x（エックス）×12＋8の式で表されるのは、次のどれですか。

Ⓐ色紙 x 枚（まい）と、おり紙12枚と、画用紙8枚の合計の枚数
Ⓘ1箱 x 個入りのクッキー12箱と、ばらのクッキー8個の合計の個数
Ⓤ1個 x gのみかん12個と、1個150gのかき8個の合計の重さ

答え（　　　）

2 200－x×10のことばの式で表されるのは、次のどれですか。すべて選びましょう。

Ⓐ1個 x 円のおかしを10個買って、200円出したときのおつりの代金
Ⓘ200mのリボンから x mを使って、残りを10人で分けたときの1人分の長さ
Ⓤ200ページの本を毎日 x ページずつ10日間読んだとき、残っているページ数

答え（　　　）

3 右の図のような平行四辺形の面積を求めます。次の①～③の式の～～部は、下のⓐ～ⓤの図の色のついた部分の面積のいずれかを表しています。式が表す図を選びましょう。

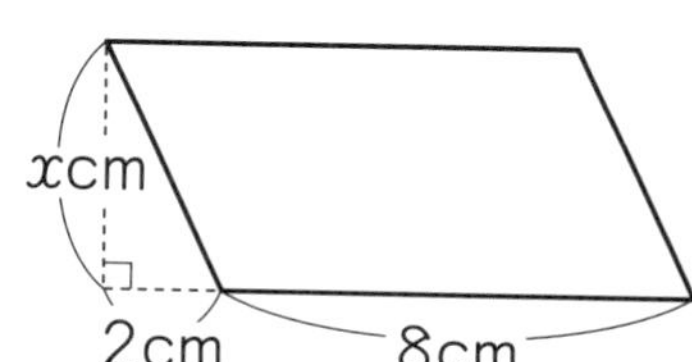

①(2×x÷2)×2＋(8－2)×x
②8×x
③(8×x÷2)×2

㋐
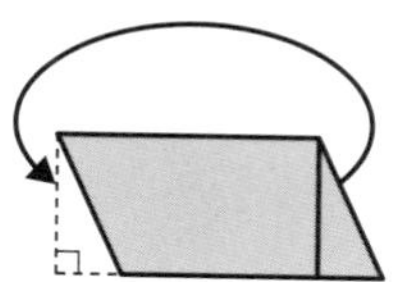
㋑
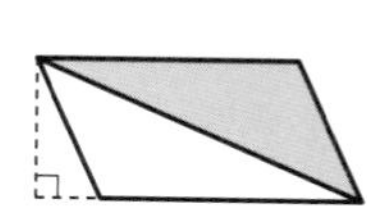
㋒
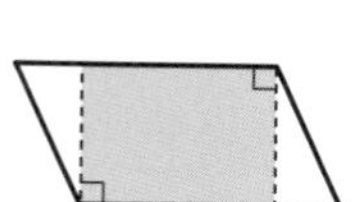

答え　①（　　　）　②（　　　）　③（　　　）

4 次の①～③の式に表されるのは、下の㋐～㋒のうちのどれでしょう。記号で答えましょう。

①40＋x＝y（ワイ）　②40－x＝y　③40×x＝y

㋐1個40gのたまごが x 個あります。全部の重さは y gです。
㋑男の子が40人、女の子が x 人います。全部で y 人です。
㋒油が40mLあります。そのうち x mL使うと、残りは y mLです。

答え　①（　　　）　②（　　　）　③（　　　）

ヒント　4　㋐～㋒の x と y の関係を、それぞれ式に表してみよう。

学習日　月　日

4 分数×整数

答え 5ページ

分数×整数の計算のしかた

・分数に整数をかける計算は、
①分母はそのままです。
②分子にその整数をかけます。

$$\frac{b}{a}\times c=\frac{b\times c}{a}$$

1 1 dL で $\frac{2}{5}$ m² ぬれるペンキがあります。このペンキ3dL では、何 m² ぬれますか。

ぬれる面積を求める式をかきましょう。

考え方 図を見て考えましょう。

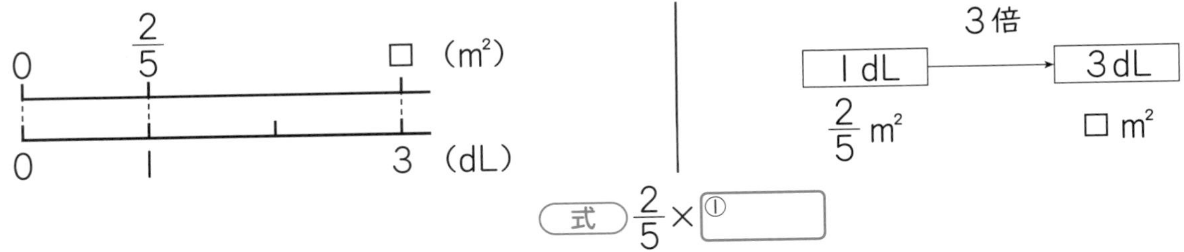

式 $\frac{2}{5}\times$ ①

答えを求めましょう。

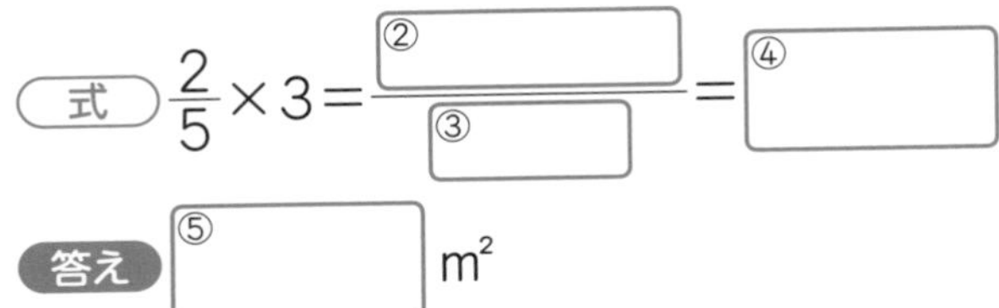

答え ⑤ m²

2/5×3 は、1/5 が何個分かを考えよう。

2 1 dL で $\frac{3}{8}$ m² ぬれるペンキがあります。このペンキ4dL では、何 m² ぬれますか。

ぬれる面積を求める式をかきましょう。

考え方 図を見て考えましょう。

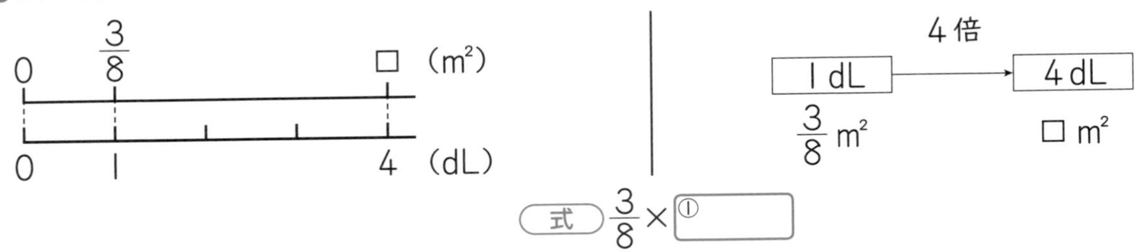

式 $\frac{3}{8}\times$ ①

答えを求めましょう。

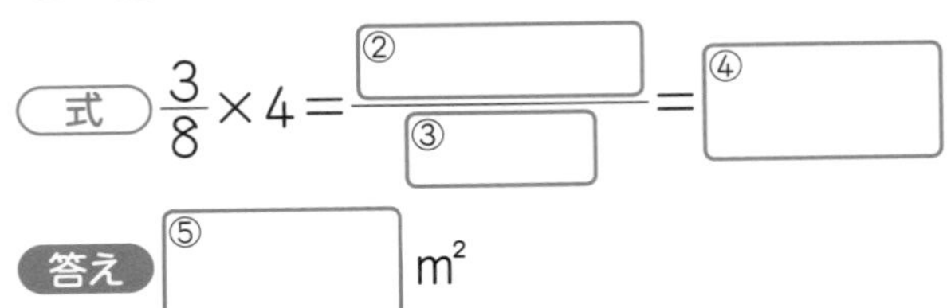

答え ⑤ m²

ヒント とちゅうで約分できるときは、約分してから、答えを求めよう。

★できた問題には、「た」をかこう！★

できた 1 2 3

答え 5ページ

1 l dL で $\frac{3}{7}$ m² の板をぬれるペンキがあります。
このペンキ6dL では、何 m² の板がぬれますか。

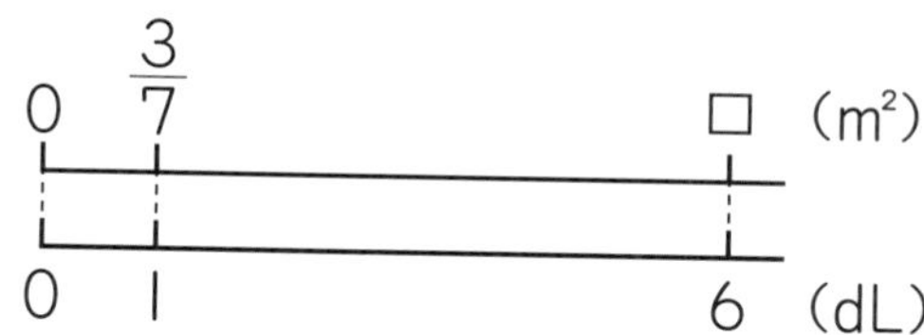

式

答え(　　　　)

2 l dL で $\frac{5}{6}$ m² の畑にまける肥料があります。
この肥料3dL では、何 m² の畑にまけますか。

約分できるときは、式のとちゅうで約分するよ。

式

答え(　　　　)

3 l dL で $\frac{3}{2}$ m² のかべをぬれるペンキがあります。
このペンキ4dL では、何 m² のかべがぬれますか。

仮分数も同じように計算できるよ。

式

答え(　　　　)

分数の形が仮分数のときも、真分数と同じように計算することができるよ。
2 3 関係図をかいて考えてもいいよ。

準備

学習日　　月　　日

5 分数÷整数

答え 6ページ

分数を整数でわる計算のしかた

・分数を整数でわる計算は、
①分子はそのままです。
②分母にその整数をかけます。

$$\frac{b}{a} \div c = \frac{b}{a \times c}$$

（①：分子 b はそのまま、②：分母 a に c をかける）

1 2dL で $\frac{3}{4}$ m² ぬれるペンキがあります。このペンキ1dL では、何 m² ぬれますか。

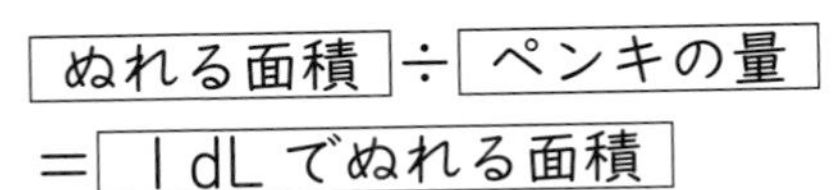

ことばの式にあてはめて、式をつくり、計算のしかたを考えましょう。

［ぬれる面積］÷［ペンキの量］＝［1dL でぬれる面積］

考え方 $\frac{3}{4} \div 2$ は、$\frac{1}{4}$ が(3 ① 2)個分だから、

$\frac{3}{4} \div 2 = \frac{3 \times 2}{4 \times 2} \div 2 = \frac{3 \times 2 \div 2}{4 \times ②}$

$= \frac{3}{4 \times ③}$

$\frac{3}{4} \div 2$ は、$\frac{1}{4 ④ 2}$ が ⑤ 個分だから、

$\frac{3}{4} \div 2 = \frac{⑥}{4 \times 2}$

答えを求めましょう。

式 $\frac{3}{4} \div 2 = \frac{3}{4 \times ⑦} = \frac{⑧}{⑨}$

答え ⑩ m²

どちらかの考え方で、計算をしよう。

2 4dL で $\frac{6}{7}$ m² ぬれるペンキがあります。このペンキ1dL では、何 m² ぬれますか。

ことばの式にあてはめて、式をつくり、計算のしかたを考えましょう。

［ぬれる面積］÷［ペンキの量］＝［1dL でぬれる面積］

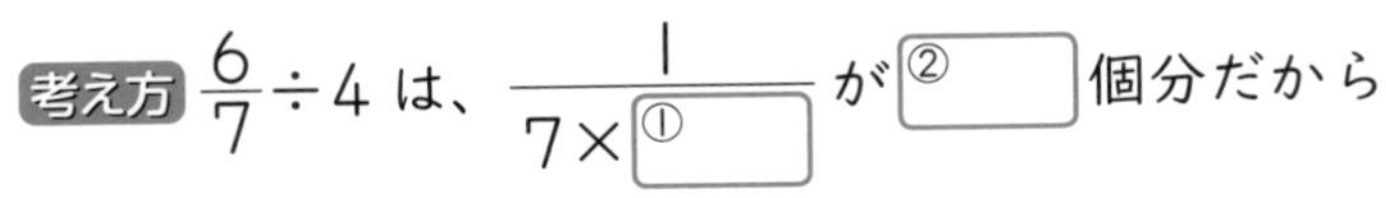

考え方 $\frac{6}{7} \div 4$ は、$\frac{1}{7 \times ①}$ が ② 個分だから、

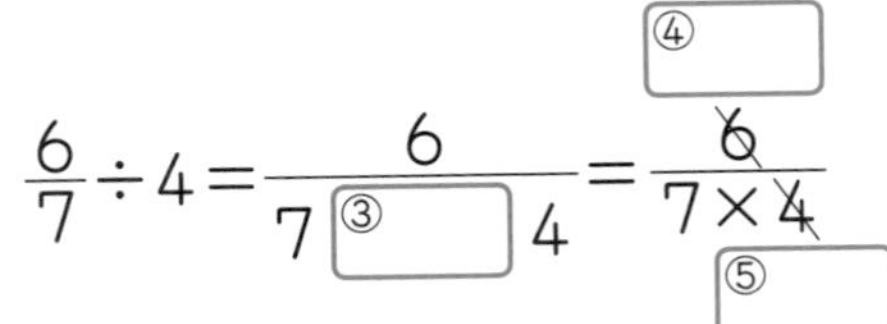

$\frac{6}{7} \div 4 = \frac{6}{7 ③ 4} = \frac{\overset{④}{\cancel{6}}}{7 \times \underset{⑤}{\cancel{4}}}$

とちゅうで約分できるときは、
約分ができなくなるまで
やりきってから、答えを求めよう。

答えを求めましょう。

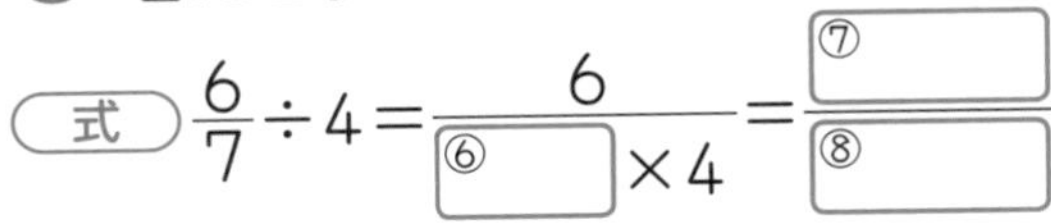

式 $\frac{6}{7} \div 4 = \frac{6}{⑥ \times 4} = \frac{⑦}{⑧}$

答え ⑨ m²

ヒント 分数÷整数の計算では、整数を分母の数にかけて求めることができるよ。

★できた問題には、「た」をかこう！★

答え　6ページ

1 5dL で $\frac{4}{9}$ m² の板がぬれるペンキがあります。
このペンキ 1dL では、何 m² ぬれますか。

$\frac{4}{9}\div5$ は、$\frac{1}{9\times5}$ が4個分と考えよう。

式

答え（　　　　　）

2 2dL で $\frac{4}{3}$ m² のかべがぬれるペンキがあります。
このペンキ 1dL では、何 m² ぬれますか。

式

答え（　　　　　）

3 6dL で $\frac{3}{2}$ m² の畑にまける肥料があります。
この肥料 1dL では、何 m² の畑にまけますか。

式

答え（　　　　　）

ことばの式にあてはめて考えよう。

学習日 月 日

6 分数のかけ算①

答え 7ページ

分数のかけ算

・かける数が分数のときも、整数のときと同じように かけ算の式で表せます。

・分数どうしのかけ算のしかたは、
①分母どうしをかけます。
②分子どうしをかけます。

例 $\frac{b}{a} \times c \quad \frac{b}{a} \times \frac{d}{c}$

$$\frac{b}{a} \times \frac{d}{c} = \frac{b \times d}{a \times c}$$

（② 分子どうし、① 分母どうし）

1 Ｉ dL で $\frac{2}{3}$ m² ぬれるペンキがあります。
このペンキ $\frac{1}{5}$ dL でぬれる面積は、何 m² ですか。

分数×分数のかけ算は、整数と同じように式がかけるよ。

ぬれる面積を求める式をかきましょう。

考え方 図やことばを見て考えましょう。

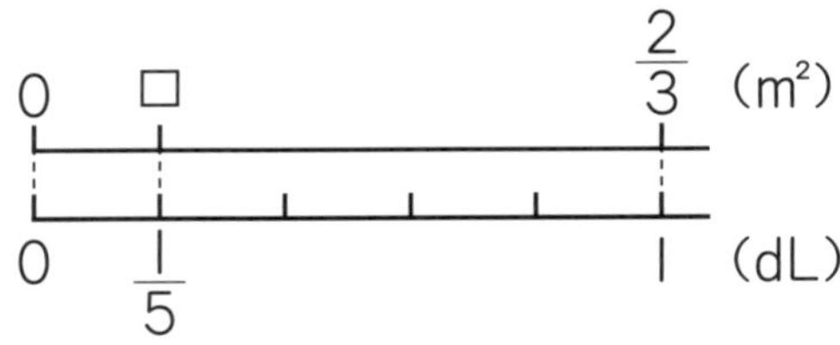

Ｉ dL でぬれる面積 × ペンキの量 ＝ ぬれる面積

式 $\frac{2}{3} \times \frac{1}{①\square}$

答えを求めましょう。

式 $\frac{2}{3} \times \frac{1}{5} = \frac{②\square}{3 \ ③\square \ 5} = \frac{④\square}{⑤\square}$

答え ⑥□ m²

2 Ｉ dL で $\frac{4}{5}$ m² ぬれるペンキがあります。
このペンキ $\frac{3}{7}$ dL でぬれる面積は、何 m² ですか。

分数のかけ算は、分母どうし、分子どうしをそれぞれかけるよ。

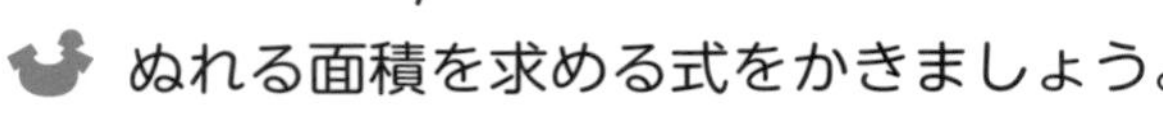

ぬれる面積を求める式をかきましょう。

考え方 図を見て考えましょう。

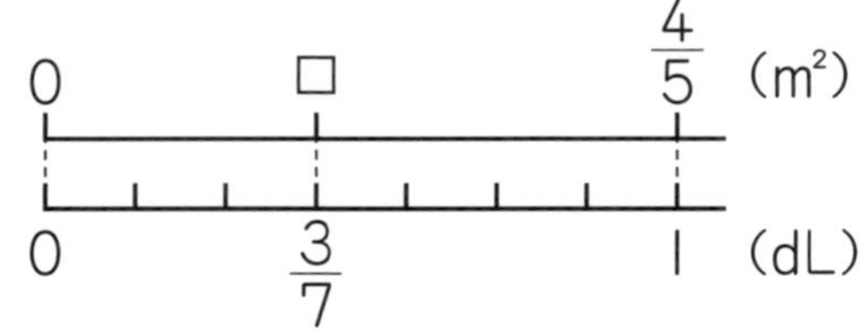

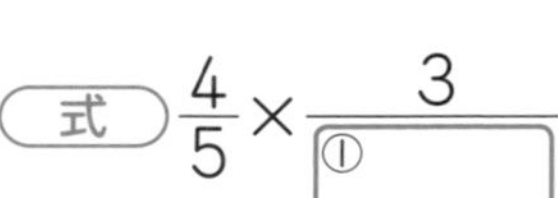

式 $\frac{4}{5} \times \frac{3}{①\square}$

答えを求めましょう。

式 $\frac{4}{5} \times \frac{3}{7} = \frac{②\square}{③\square} = ④\square$

答え ⑤□ m²

ヒント 分数のかけ算の計算のしかたは、分母どうし、分子どうしのかけ算とおぼえよう。

★できた問題には、「た」をかこう！★

学習日　　月　　日

答え　7ページ

1 1 dL で $\frac{2}{5}$ m² の板がぬれるペンキがあります。
このペンキ $\frac{3}{7}$ dL でぬれる板の面積は、何 m² ですか。

式

答え（　　　　）

2 1 dL で $\frac{1}{4}$ m² のかべがぬれるペンキがあります。
このペンキ $\frac{3}{4}$ dL でぬれるかべの面積は、何 m² ですか。

式

答え（　　　　）

3 1 dL で $\frac{3}{5}$ m² の畑にまける肥料があります。
この肥料 $\frac{7}{2}$ dL でまける畑の面積は、何 m² ですか。

式

答え（　　　　）

ヒント　ことばの式にあてはめて考えよう。

学習日　　月　　日

7 分数のかけ算②

答え　8ページ

割合を表す分数

①もとにする量を何倍かした数は、かけ算で求められます。

もとにする量 × 割合 = くらべる量

例 300円の $\frac{3}{5}$ 倍は、

$300\times\frac{3}{5}=180$　　180円

②ある大きさがもとの大きさの何倍にあたるかは、わり算で求めます。

例 40gは60gの何倍ですか。

$40\div60=\frac{2}{3}$　　$\frac{2}{3}$ 倍

1 長さが12mのひもがあります。このひもの $\frac{1}{3}$ 倍の長さのリボンは何mですか。

ひもの長さとリボンの長さと割合の関係を図で表しましょう。

考え方

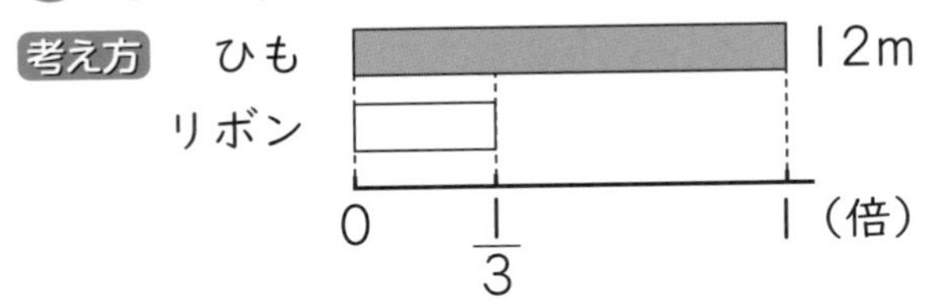

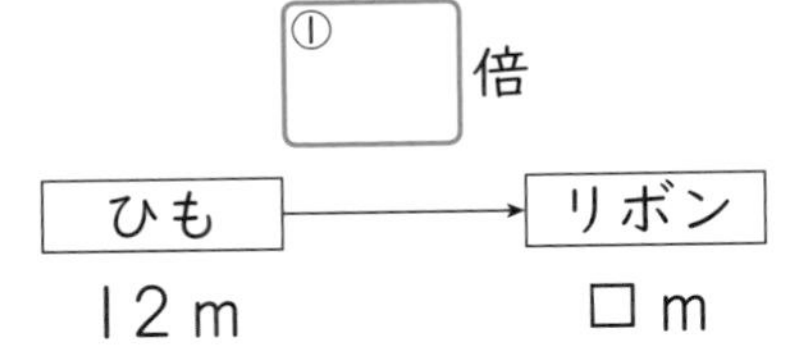

式に表して、答えを求めましょう。

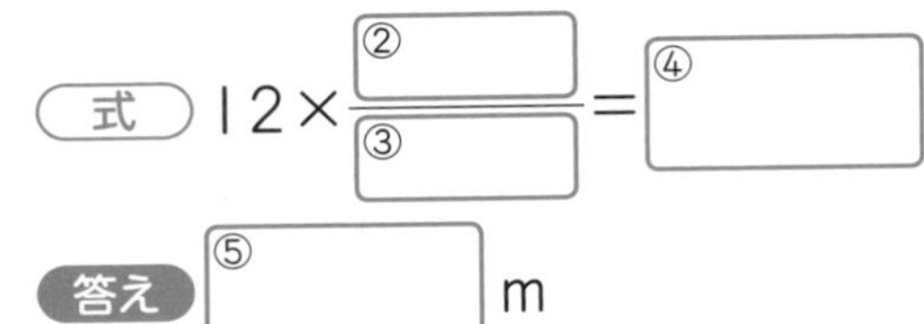

ひもの長さをもとにする量、リボンの長さをくらべる量としたときの割合が $\frac{1}{3}$ だね。

2 **1** のひもは、長さ30mのロープの何倍ですか。

図を見て、割合を表す式をかきましょう。

考え方

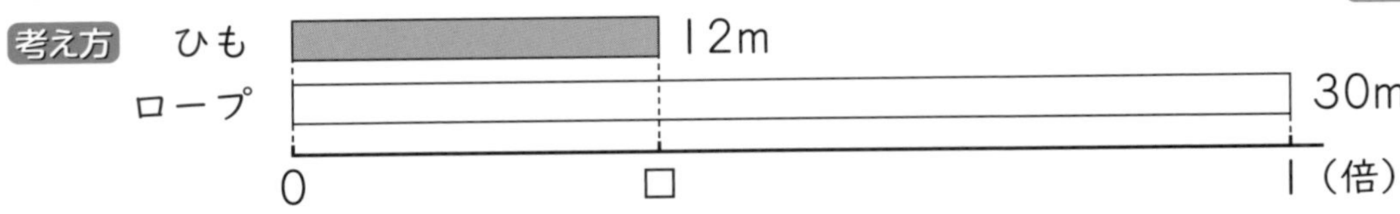

式に表して、答えを求めましょう。

ひもの長さはロープの長さの $\frac{2}{5}$ 倍とわかったね。

3 長さ $\frac{8}{3}$ mのリボンは、**1** のひもの何倍ですか。

考え方

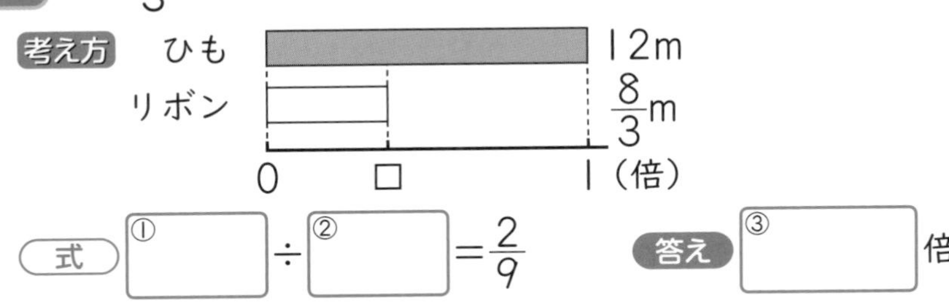

くらべる量 ÷ もとにする量 = 割合 で求められるよ。

ヒント　もとにする量とくらべる量は何かをしっかりつかもう。もとにする量の割合は1だよ。

練習

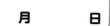

★できた問題には、「た」をかこう！★

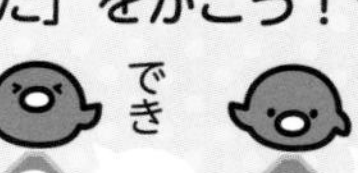

学習日　　月　　日

答え　8ページ

1 重さ 20 g の鉄があります。

(1)この鉄の $\frac{2}{5}$ 倍の重さの針金（はりがね）は何 g ですか。

もとにする量 × 割合（わりあい） ＝ くらべる量

式

答え（　　　　）

(2)この鉄は、重さ 72 g の鉄の板の何倍ですか。

鉄の板　72 g → 鉄　20 g
□倍

式

答え（　　　　）

(3)重さ 12 g の針金は、この鉄の何倍ですか。

式

答え（　　　　）

2 56 m の $\frac{4}{7}$ は何 m ですか。

式

答え（　　　　）

3 300 m^2 の畑の広さは、700 m^2 の畑の広さの何倍ですか。

式

答え（　　　　）

4 $\frac{5}{6}$ m^2 の $\frac{2}{3}$ 倍は何 m^2 ですか。

式

答え（　　　　）

ヒント　「㋐は㋑の何倍か」を求めるとき、㋐はくらべる量で、㋑はもとにする量だよ。

8 分数のかけ算③

答え 9ページ

面積・体積を求める公式

・面積や体積は、辺の長さが分数であっても、公式を使って求められます。

①長方形の面積

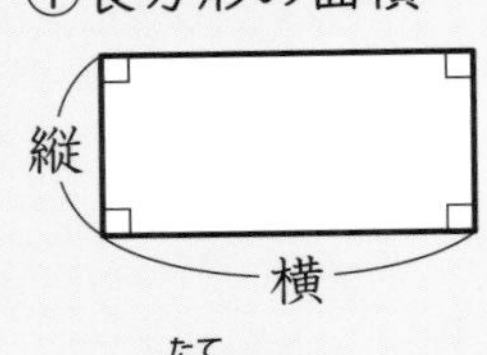

縦(たて)×横

②正方形の面積

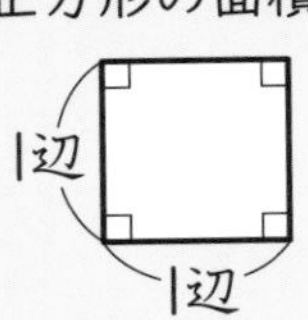

1辺×1辺

③平行四辺形の面積

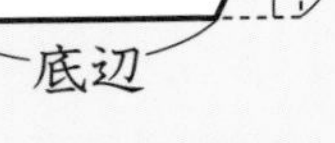

底辺×高さ

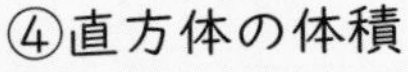

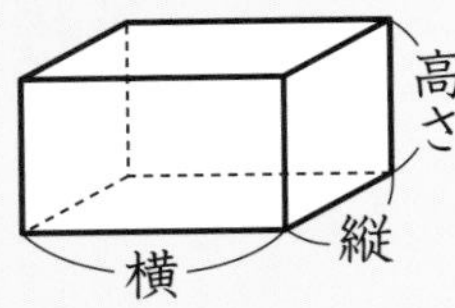

縦×横×高さ

1 縦 $\frac{3}{4}$ cm、横 $\frac{5}{8}$ cm の長方形の面積は何 cm^2 ですか。

辺の長さが分数のときも、
整数と同じように求める
ことができるよ。

長方形の面積を求める式をかきましょう。

長方形の面積の公式は、［長方形の面積］＝［縦］×［横］です。

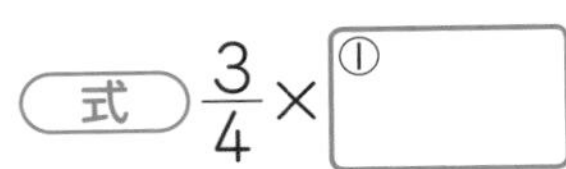

式 $\frac{3}{4}\times$ ①［　　］

答えを求めましょう。

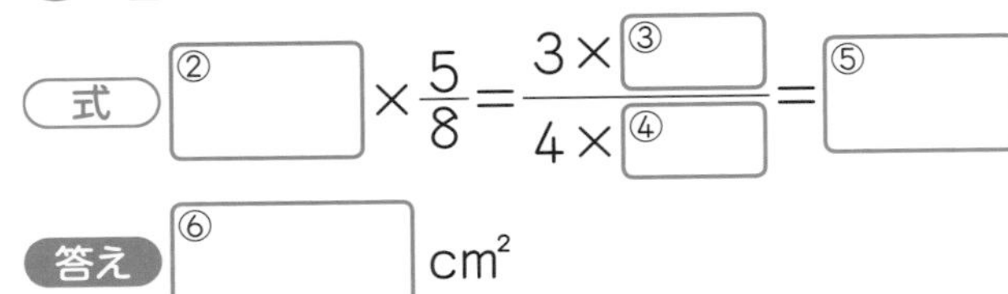

式 ②［　　］$\times\frac{5}{8}=\frac{3\times③［\ \ ］}{4\times④［\ \ ］}=$ ⑤［　　］

答え ⑥［　　］ cm^2

2 縦 $\frac{2}{3}$ m、横 $\frac{5}{8}$ m、高さ $\frac{3}{5}$ m の直方体の体積は何 m^3 ですか。

直方体の体積を求める式をかきましょう。

直方体の体積の公式は、［直方体の体積］＝［縦］×［横］×［高さ］です。

式 $\frac{2}{3}\times$ ①［　　］× ②［　　］

答えを求めましょう。

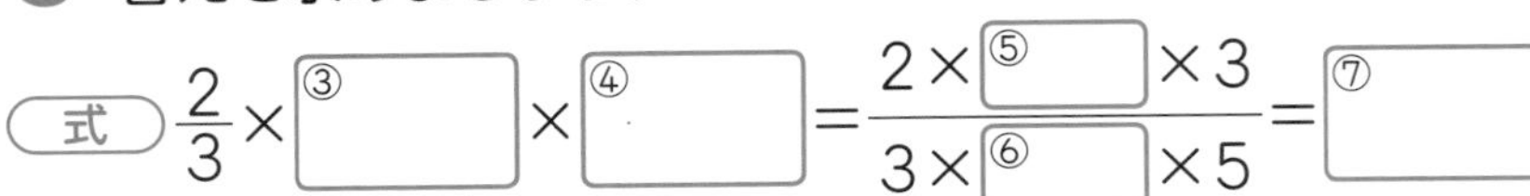

式 $\frac{2}{3}\times$ ③［　　］× ④［　　］$=\frac{2\times⑤［\ \ ］\times3}{3\times⑥［\ \ ］\times5}=$ ⑦［　　］

答え ⑧［　　］ m^3

3つの分数のかけ算
$\frac{b}{a}\times\frac{d}{c}\times\frac{f}{e}=\frac{b\times d\times f}{a\times c\times e}$
だね。

ヒント　面積や体積は、公式を使って求めるよ。長さが分数の図形でも、整数のときと同じように式にあてはめて計算するよ。

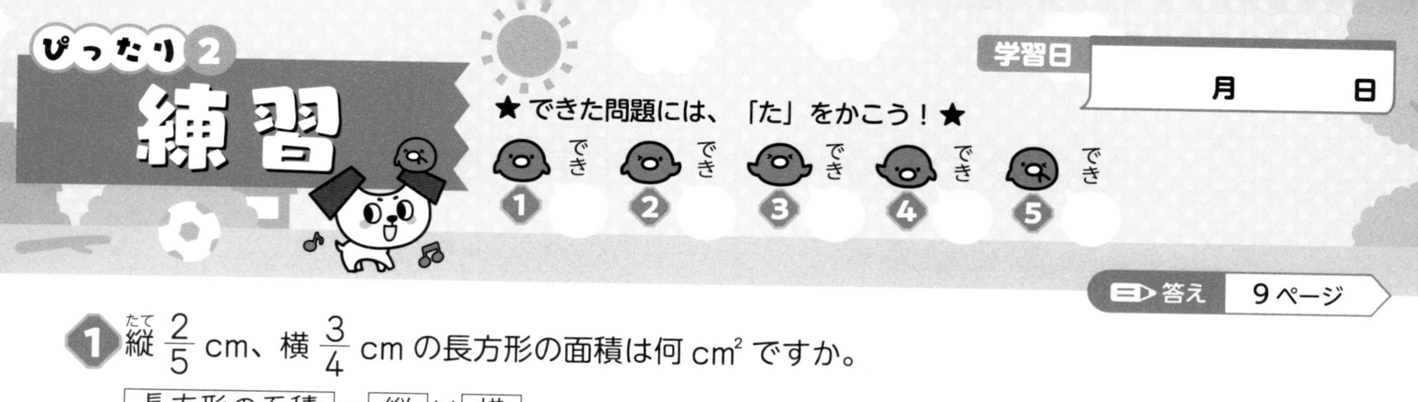

答え 9ページ

1 縦（たて） $\frac{2}{5}$ cm、横 $\frac{3}{4}$ cm の長方形の面積は何 cm^2 ですか。

長方形の面積 ＝ 縦 × 横

式

答え（　　　）

2 1辺の長さが $\frac{1}{4}$ m の正方形の面積は何 m^2 ですか。

正方形の面積
＝1辺×1辺　だね。

式

答え（　　　）

3 底辺 $\frac{3}{2}$ cm、高さ $\frac{5}{8}$ cm の平行四辺形の面積は何 cm^2 ですか。

式

答え（　　　）

4 縦 $\frac{5}{6}$ cm、横 $\frac{7}{3}$ cm、高さ $\frac{9}{14}$ cm の直方体の体積は何 cm^3 ですか。

式

答え（　　　）

5 底面が1辺 $\frac{3}{4}$ m の正方形で、高さ $\frac{4}{9}$ m の直方体の体積は何 m^3 ですか。

式

答え（　　　）

ヒント　**5** 底面が正方形のときは、縦の長さと横の長さが等しい直方体だよ。

9 分数のかけ算④

答え 10ページ

時間と分数

①分数で表された時間の単位を分の単位に変えるには、60 をその分数にかけます。

例 $\frac{1}{3}$ 時間 → $60\times\frac{1}{3}=20$　20 分

②分の単位を時間の単位に変えるには、分で表された数を 60 でわります。

例 40 分 → $40\div60=\frac{2}{3}$　$\frac{2}{3}$ 時間

1 16 m² のかべにペンキをぬるのに 1 時間かかります。15 分間でぬれる面積は何 m² ですか。

15 分は何時間かを求めましょう。

考え方 分の単位を時間の単位に変えます。

式 15÷60＝①□　②□時間

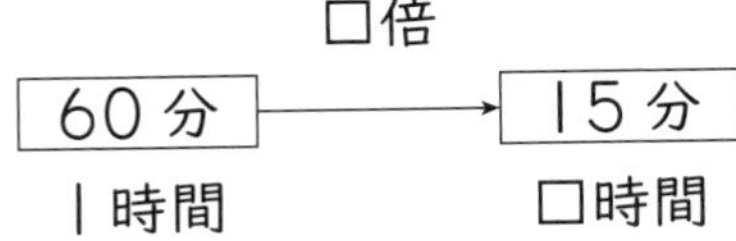

ことばの式に表して、ぬれる面積を求める式をつくりましょう。

考え方 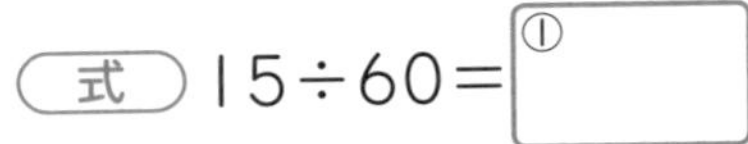 ×  だから、③□×④□

式に表し、答えを求めましょう。

式 $16\times\frac{1}{4}=\frac{16\times⑤□}{⑥□}=$ ⑦□

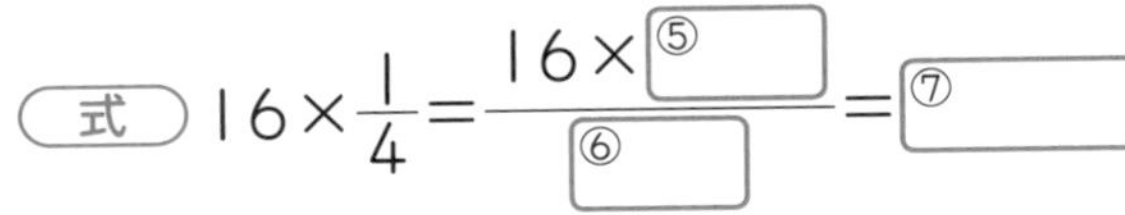

答え ⑧□ m²

2 15 m² のかべにペンキをぬるのに 1 時間かかります。27 分間でぬれる面積は何 m² ですか。

27 分は何時間かを求めましょう。

考え方 分の単位を時間の単位に変えます。

式 27÷60＝①□　②□時間

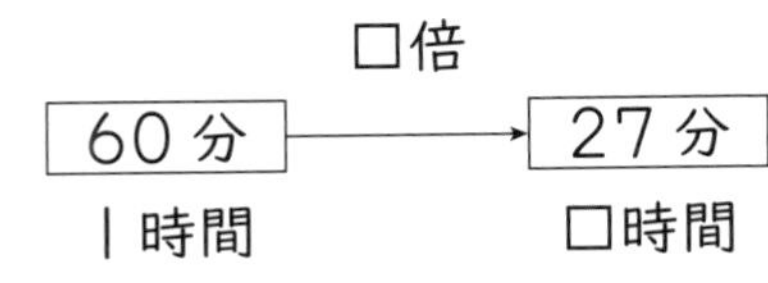

ことばの式に表して、ぬれる面積を求める式をつくりましょう。

考え方 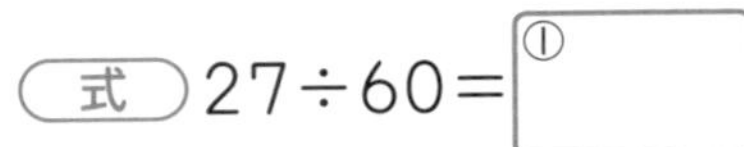 ×  だから、③□×④□

式に表し、答えを求めましょう。

式 $15\times\frac{9}{20}=\frac{15\times⑤□}{⑥□}=$ ⑦□

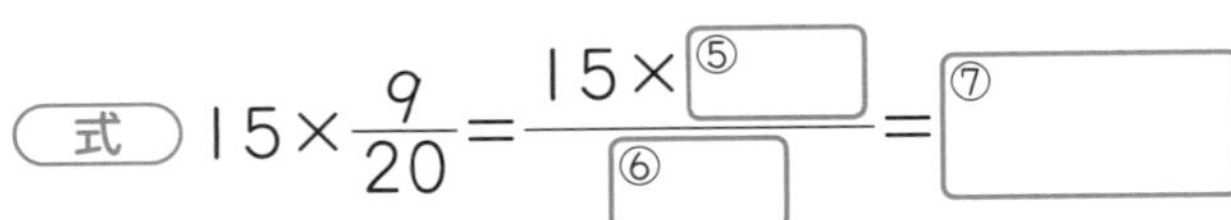

答え ⑧□ m²

ヒント ○分を時間になおすときは、○÷60 として分数で表そう。

ぴったり2

練習

★できた問題には、「た」をかこう！★

できた 1　できた 2　できた 3　できた 4

学習日　月　日

答え 10ページ

1 18 m² のかべにペンキをぬるのに1時間かかります。20分間でぬれる面積は何 m² ですか。

1時間にぬれる面積 × 時間 ＝ ペンキをぬれる面積

式

答え（　　　　）

2 25 m² のかべにペンキをぬるのに1時間かかります。12分間でぬれる面積は何 m² ですか。

12分 →(÷60) （　　）時間

式

答え（　　　　）

3 時速 72 km の自動車があります。この自動車は10分間で何 km 進みますか。

式

答え（　　　　）

4 時速 210 km の電車があります。この電車は80分間で何 km 進みますか。

式

答え（　　　　）

ヒント **3** 1時間で進む道のりがわかっているので、10分を時間の単位で表そう。

学習日　　月　　日

10 分数のわり算①

答え 11ページ

分数のわり算

・わる数が分数のときも、整数のときと同じように
わり算の式で表すことができます。
・分数のわり算では、わる数の逆数をかけます。

例 $4 \div \frac{2}{3}$

例 $\frac{b}{a} \div \frac{d}{c} = \frac{b}{a} \times \frac{c}{d}$

1 $\frac{2}{3}$ dL で $\frac{2}{5}$ m^2 ぬれるペンキがあります。このペンキ 1 dL でぬれる面積は何 m^2 ですか。

ぬれる面積を求める式をかきましょう。

考え方

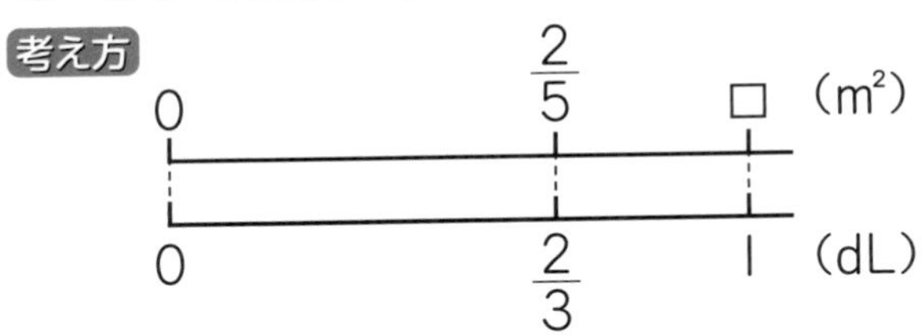

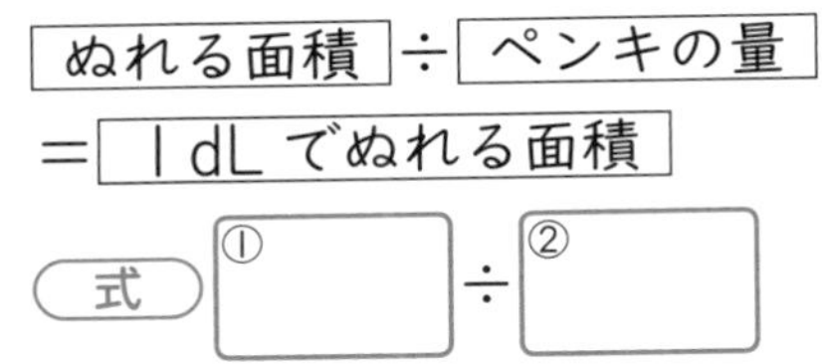

式 ① ÷ ②

答えを求めましょう。

式 $\frac{2}{5} \div$ ③ $= \frac{2}{5} \times$ ④ $= \frac{2 \times ⑤}{5 \times ⑥} =$ ⑦

答え ⑧ m^2

分数でわるときは、
わる数の逆数をかけよう。

2 $\frac{1}{4}$ dL で $\frac{5}{6}$ m^2 ぬれるペンキがあります。このペンキ 1 dL でぬれる面積は何 m^2 ですか。

ぬれる面積を求める式をかきましょう。

考え方

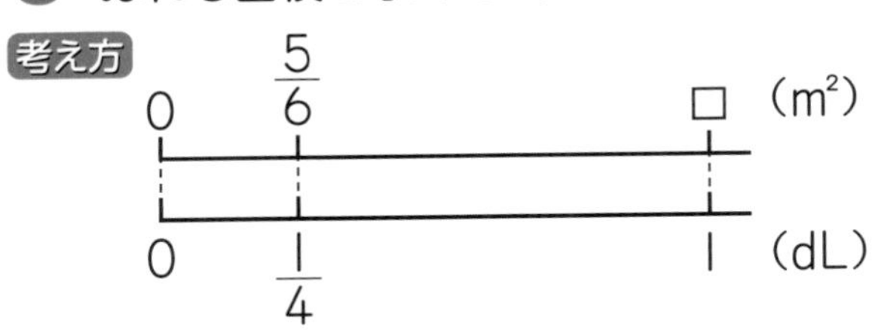

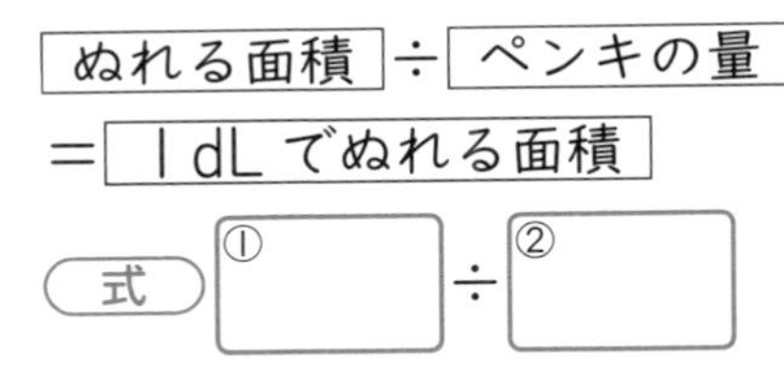

式 ① ÷ ②

答えを求めましょう。

式 $\frac{5}{6} \div$ ③ $= \frac{5}{6} \times$ ④ $= \frac{5 \times ⑤}{6} =$ ⑥

答え ⑦ m^2

計算のとちゅうで約分できる
ときは、約分してから答えを
求めよう。

ヒント **1** 1 dL でぬれる面積は、$\frac{2}{3}$ dL でぬれる面積より大きくなるよ。

★できた問題には、「た」をかこう！★

1 でき　2 でき　3 でき

学習日　月　日

答え 11ページ

1 $\frac{2}{5}$ dL で $\frac{3}{4}$ m² ぬれるペンキがあります。このペンキ 1 dL でぬれる面積は何 m² ですか。

ぬれる面積 ÷ ペンキの量 ＝ 1 dL でぬれる面積

式

答え（　　　　）

2 $\frac{1}{3}$ dL で $\frac{10}{9}$ m² ぬれるペンキがあります。このペンキ 1 dL でぬれる面積は何 m² ですか。

式

答え（　　　　）

3 長さ $\frac{2}{3}$ m の重さが $\frac{8}{9}$ kg の鉄の棒（ぼう）があります。この鉄の棒 1 m の重さは何 kg ですか。

式

答え（　　　　）

ヒント　逆数とは分母と分子を入れかえた分数だよ。分子が 1 のとき、その逆数は整数になるよ。

学習日　月　日

11 分数のわり算②

答え 12ページ

割合(わりあい)を表す分数

①もとにする量の何倍かは、わり算で求めることができます。

くらべる量 ÷ もとにする量 ＝ 割合(倍)

②もとにする量を求めるときは、わり算で求めることができます。

例 $\frac{2}{7}$ m は $\frac{3}{5}$ m の何倍ですか。

$\frac{2}{7}\div\frac{3}{5}=\frac{10}{21}$ (倍)

例 20 円が $\frac{1}{10}$ にあたるとき、

$20\div\frac{1}{10}=200$(円)

1 赤のリボンの長さは $\frac{3}{4}$ m で、青のリボンの長さは $\frac{5}{4}$ m です。赤のリボンの長さは、青のリボンの長さの何倍ですか。

割合を求める式をかきましょう。

考え方

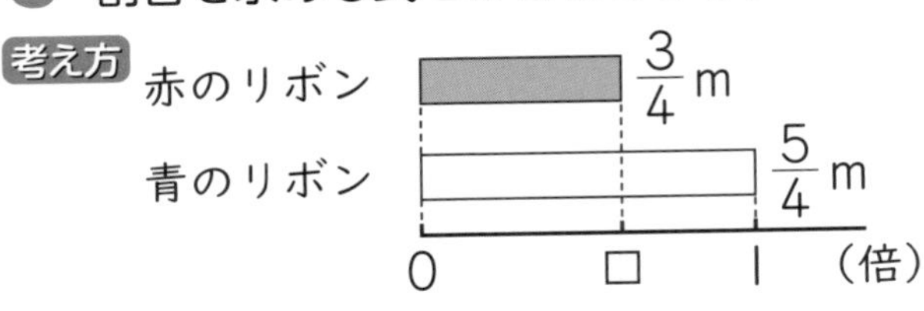

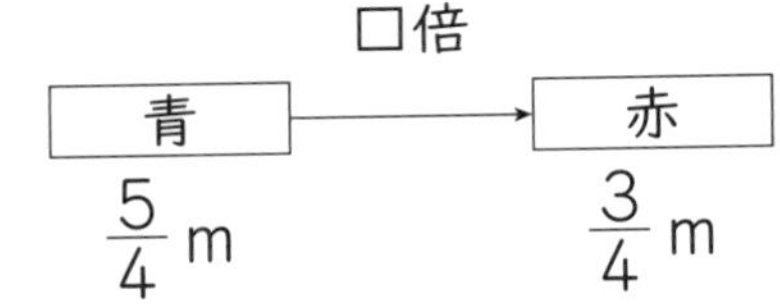

式 ① ÷ ②

答えを求めましょう。

式 $\frac{3}{4}\div\frac{5}{4}=\frac{3}{4}\times$ ③ ＝ $\frac{3\times ④}{⑤}$ ＝ ⑥

答え ⑦ 倍

2 ジュースの量は $\frac{6}{5}$ L で、牛乳(ぎゅうにゅう)の量は $\frac{3}{4}$ L です。ジュースの量は、牛乳の量の何倍ですか。

割合を求める式をかきましょう。

考え方

ジュース $\frac{6}{5}$ L

牛乳 $\frac{3}{4}$ L

0　1　□(倍)

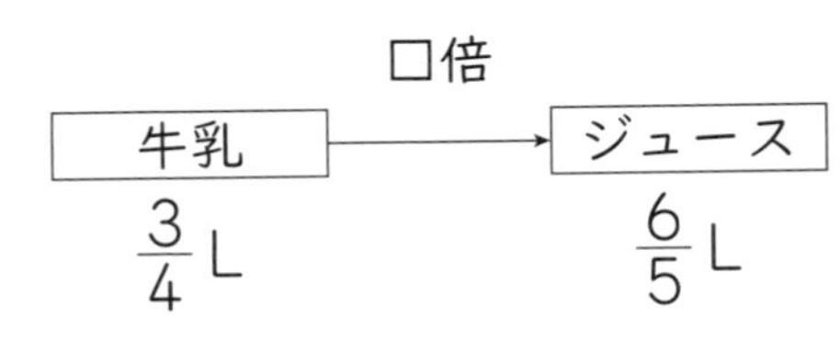

式 ① ÷ ②

答えを求めましょう。

式 $\frac{6}{5}\div\frac{3}{4}=\frac{6}{5}\times$ ③ ＝ $\frac{6\times ④}{⑤}$ ＝ ⑥

答え ⑦ 倍

ヒント くらべる量ともとにする量となる長さや量が、どちらなのかをまちがえないようにしよう。

★できた問題には、「た」をかこう！★

できた ❶ できた ❷ できた ❸ できた ❹

学習日 月 日

答え 12ページ

❶ 赤のリボンの長さは $\frac{5}{2}$ m で、青のリボンの長さは $\frac{2}{3}$ m です。赤のリボンの長さは、青のリボンの長さの何倍ですか。

式

答え（　　　　）

❷ 青の棒（ぼう）の長さは $\frac{1}{4}$ m で、赤の棒の長さは $\frac{1}{8}$ m です。青の棒の長さは、赤の棒の長さの何倍ですか。

分子が１の逆数は
整数で表すことができるよ。

式

答え（　　　　）

❸ ジュースの量は $\frac{4}{5}$ L で、牛乳（ぎゅうにゅう）の量は $\frac{2}{7}$ L です。ジュースの量は、牛乳の量の何倍ですか。

式

答え（　　　　）

❹ コップにはいっている水の量は $\frac{3}{8}$ L で、バケツにはいっている水の量は $2\frac{1}{4}$ L です。コップにはいっている水の量は、バケツにはいっている水の量の何倍ですか。

式

答え（　　　　）

ヒント ❹ 帯分数は仮分数になおしてから、計算しよう。

12 分数のわり算③

答え 13ページ

整数、小数、分数が混じったかけ算

・小数は分数になおして計算します。

例 $6\div0.4=\frac{6}{1}\div\frac{4}{10}=\frac{6}{1}\times\frac{10}{4}=\frac{\overset{3}{\cancel{6}}\times\overset{5}{\cancel{10}}}{1\times\underset{\underset{1}{\cancel{2}}}{\cancel{4}}}=15$

例 $0.2\div\frac{2}{3}=\frac{2}{10}\div\frac{2}{3}=\frac{2}{10}\times\frac{3}{2}=\frac{\overset{1}{\cancel{2}}\times3}{10\times\underset{1}{\cancel{2}}}=\frac{3}{10}$

1 長さが $\frac{2}{3}$ m、重さが 0.7 kg の棒（ぼう）があります。この棒 1 m の重さは何 kg ですか。

1 m の重さを求める式をかきましょう。

考え方 ことばの式にあてはめて考えましょう。

［棒の重さ］÷［棒の長さ］＝［1 m の重さ］

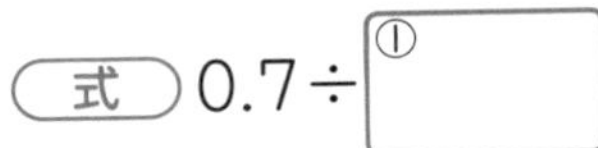

式 0.7÷①［　］

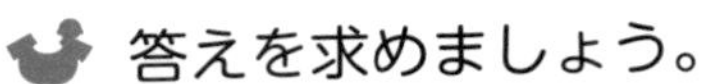

答えを求めましょう。

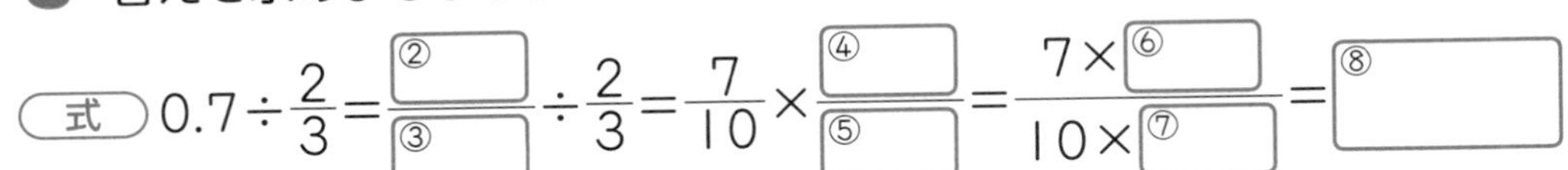

式 $0.7\div\frac{2}{3}=\frac{②}{③}\div\frac{2}{3}=\frac{7}{10}\times\frac{④}{⑤}=\frac{7\times⑥}{10\times⑦}=⑧$

答え ⑨［　］kg

0.7 は 0.1 が 7 こ分なので、
$\frac{1}{10}$ が 7 こだね。

2 0.25 L で $\frac{3}{8}$ m² ぬれるペンキがあります。
このペンキ 1.8 L でぬれる面積は何 m² ですか。

ぬれる面積を求める式を 1 つの式にかきましょう。

考え方 まず、1 L で何 m² ぬれるか考えて、
次に 1.8 L で何 m² ぬれるか考えましょう。

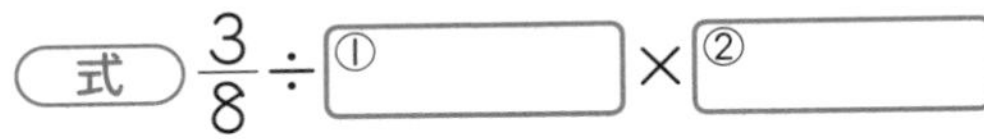
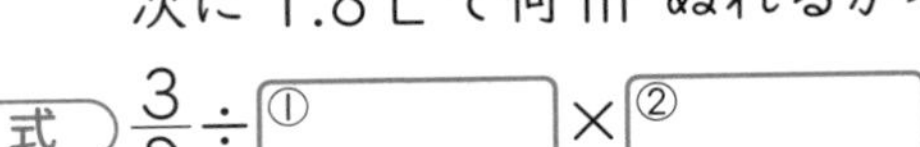

式 $\frac{3}{8}$÷①［　］×②［　］

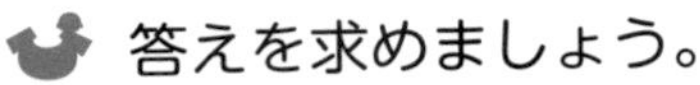

答えを求めましょう。

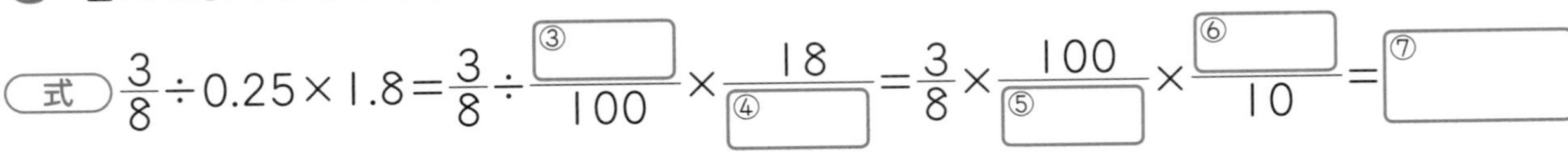

式 $\frac{3}{8}\div0.25\times1.8=\frac{3}{8}\div\frac{③}{100}\times\frac{18}{④}=\frac{3}{8}\times\frac{100}{⑤}\times\frac{⑥}{10}=⑦$

答え ⑧［　］m²

［ぬれる面積］÷［ペンキの量］
＝［1 L でぬれる面積］で求められるね。

ヒント 小数を分数にするときは、小数点以下の数の分だけ、分母に 0 をつけるよ。

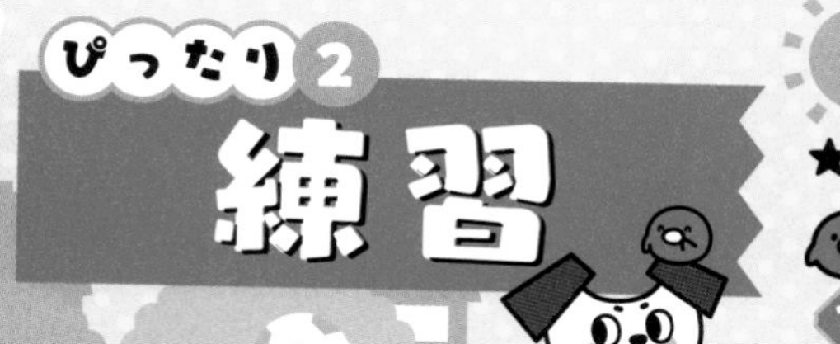

★できた問題には、「た」をかこう！★

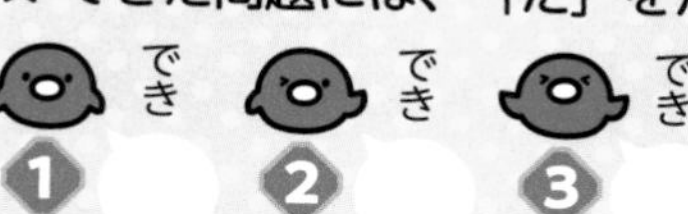

学習日　月　日

答え　13ページ

1 $\frac{5}{4}$ L で重さが 0.3 kg の砂（すな）があります。この砂 1 L の重さは何 kg ですか。

砂の重さ ÷ 砂の量 ＝ 1 L あたりの重さ

式

答え（　　　　）

2 横の長さが 1.4 m の長方形があり、面積は $\frac{7}{9}$ m² です。
この長方形の縦（たて）の長さは何 m ですか。

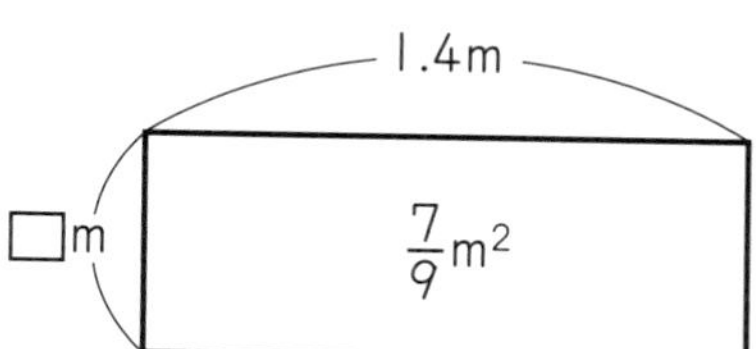

式

答え（　　　　）

3 0.6 m の鉄パイプの重さは $\frac{4}{5}$ kg です。この鉄パイプ $\frac{2}{3}$ m の重さは何 kg ですか。

式

答え（　　　　）

4 $\frac{1}{2}$ m の鉄パイプの重さは 2.25 kg です。この鉄パイプ $\frac{2}{3}$ m の重さは何 kg ですか。

式

答え（　　　　）

ヒント　かけ算とわり算の混じった計算では、わり算をかけ算になおして、1つの分数の形にまとめることができるよ。

13 比①

答え 14ページ

比の表し方

・2つの量a、bの大きさの割合を$a:b$と表し、「a対b」と読みます。これを「aとbの比」といいます。

例 3mと5mの長さの比 3：5（3対5）

1 油30mLとしょう油20mLを混ぜあわせて、ドレッシングをつくりました。油としょう油の量の比をかきましょう。

2つの量の大きさの割合を、2つの数を使って表しましょう。

考え方 油の量は30mL、しょう油の量は20mLだから、

量の割合は、① ：② と表すことができます。

答え ③ ：④

2 赤のリボンが40cm、青のリボンが60cmあります。赤と青のリボンの長さの比をかきましょう。

長さの比を求めるので、2つの長さの数を使って表しましょう。

考え方 赤のリボンの長さは40cm、青のリボンの長さは60cmだから、

長さの割合は、① ：② と表すことができます。

答え ③ ：④

3 たまごが2パック、うずらのたまごが1パックあります。たまごと、うずらのたまごのパックの数の比をかきましょう。

考え方 パックの数は、たまごは2パック、うずらのたまごは1パックだから、

パックの数の割合は、① ：② と表すことができます。

答え ③ ：④

4 3のとき、どちらのたまごも1パックは12個入りです。このとき、たまごと、うずらのたまごの個数の比をかきましょう。

たまごの個数と、うずらのたまごの個数を求めて、個数の比をかきましょう。

考え方 たまごの個数は、12×① ＝24（個）、

うずらのたまごの個数は、12×1＝② （個）

答え ③ ：④

個数の比を求めるから、それぞれの個数を求めよう。

ヒント 比で表すときは、何の何に対する比で表すのかを確認しよう。

ぴったり2

練習

学習日　　月　　日

★できた問題には、「た」をかこう！★

できた 1　できた 2　できた 3　できた 4　できた 5

答え 14ページ

1 油 15 mL としょう油 10 mL を混ぜあわせて、ドレッシングをつくりました。
油としょう油の量の比をかきましょう。

油の量としょう油の量を比（：）で表そう。

答え（　　　　　　）

2 赤の色紙が 120 枚（まい）、青の色紙が 90 枚あります。
赤の色紙と青の色紙の枚数の比をかきましょう。

答え（　　　　　　）

3 赤のリボンが3m、青のリボンが8m あります。赤と青のリボンの長さの比をかきましょう。

答え（　　　　　　）

4 りんごジュースが 0.5 L、みかんジュースが 1.5 L あります。
りんごジュースとみかんジュースの量の比をかきましょう。

答え（　　　　　　）

5 赤の色紙が4ふくろ、青の色紙が6ふくろあります。

(1)赤の色紙と青の色紙のふくろの数の比をかきましょう。

答え（　　　　　　）

(2) 1ふくろの枚数は 100 枚です。赤の色紙と青の色紙の枚数の比をかきましょう。

答え（　　　　　　）

ヒント　5 (2)赤の色紙と青の色紙の枚数の比にしたいので、赤の色紙の枚数と青の色紙の枚数をそれぞれ求めよう。

ぴったり1 準備

学習日　　月　　日

14 比②

答え 15ページ

比の値（あたい）と等しい比

①a：b（エー、ビー）で、aがbの何倍になっているかを表す数を比の値といいます。
a：bの比の値は、$a \div b$で求められます。

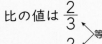

②2つの比で、それぞれの比の値が等しいとき、2つの比は等しいといいます。
a：bとc：dが等しいとき、a：b＝c：dとかきます。

例 4：5の比の値は、
$4 \div 5 = \frac{4}{5}$（＝0.8）

例 2：3　比の値は $\frac{2}{3}$
12：18　比の値は $\frac{2}{3}$
（等しい）
→2：3＝12：18

1 6年1組の子どもは男子18人、女子20人です。男子と女子の人数の比をかきましょう。

考え方 男子と女子の人数の比は、［男子の人数］：［女子の人数］で表します。

答え ①［　　］：②［　　］

2つの数量aとbの比は、a：bだね。

2 **1**で、比の値を求めましょう。

1の比の値を求める式をかきましょう。

考え方 ［男子の人数］が［女子の人数］の何倍になっているかを考えます。

式 ①［　　］÷②［　　］

答えを求めましょう。

式 18÷③［　　］＝④［　　］　答え ⑤［　　］

a：bの比の値は、$a \div b = \frac{a}{b}$となるよ。

3 6年生36人と5年生42人で遠足に行きました。6年生と5年生の人数の比をかきましょう。

考え方 6年生と5年生の人数の比は、［6年生の人数］：［5年生の人数］で表します。

答え ①［　　］：②［　　］

4 **3**で、比の値を求めましょう。

3の比の値を求める式をかきましょう。

考え方 ［6年生の人数］が［5年生の人数］の何倍になっているかを考えます。

式 ①［　　］÷②［　　］

答えを求めましょう。

式 36÷③［　　］＝④［　　］　答え ⑤［　　］

比の値は
分数で表そう。

ヒント

2 **4** 2つの数量aとbの比はa：b、比の値は$a \div b$だよ。順番をまちがえないように気をつけよう。

★できた問題には、「た」をかこう！★

できた 1　できた 2　できた 3

学習日　　月　　日

答え 15ページ

1 赤のリボンが4m、青のリボンが9mあります。

(1)赤のリボンと青のリボンの長さの比をかきましょう。

赤のリボンと青のリボンの長さの比は、
赤のリボンの長さ：青のリボンの長さで表すよ。

答え（　　　　）

(2)(1)の比の値（あたい）を求めましょう。

答え（　　　　）

2 ジュースが2L、麦茶が1Lあります。

(1)ジュースと麦茶の量の比をかきましょう。

答え（　　　　）

(2)(1)の比の値を求めましょう。

答え（　　　　）

3 りんごが40個とみかんが16個あります。

(1)りんごとみかんの個数の比をかきましょう。

答え（　　　　）

(2)(1)の比の値を求めましょう。

答え（　　　　）

ヒント 2 (2)比の値は整数になることもあるよ。

15 比③

学習日　月　日

答え 16ページ

等しい比

・a：b の両方の数に同じ数をかけたり、両方の数を同じ数でわったりしてできる比は、すべて a：b に等しくなります。

例 1：3　3：9　10：30 は、すべて等しい比

比を簡単にする

・等しい比で、できるだけ小さい整数の比になおすことを、比を簡単にするといいます。

例 6：12＝1：2（÷6）

1 赤色の色紙が 32 枚、緑色の色紙が 20 枚あります。赤色の色紙と、緑色の色紙の枚数の比を、できるだけ簡単な整数の比で表しましょう。

枚数の比で表しましょう。

赤色の色紙の枚数：緑色の色紙の枚数＝①□：②□

枚数の比と等しい比で、できるだけ小さな整数の比になおしましょう。

両方の数を同じ数でわります。32 と 20 の最大公約数は ③□ だから、

32 と 20 をそれぞれ ④□ でわると、

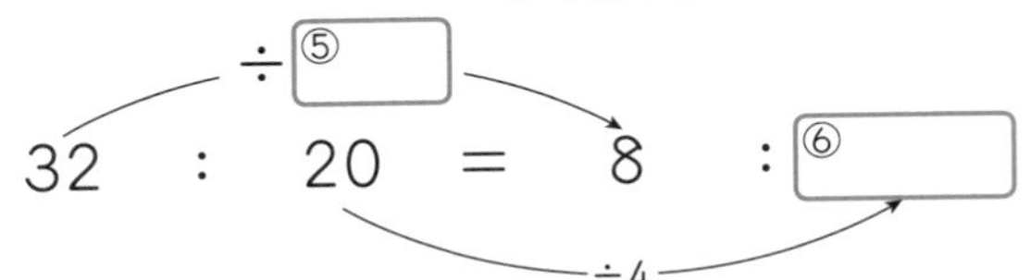

できるだけ小さな整数にするため、最大公約数でわるよ。

答えを求めましょう。

答え 32：20＝⑦□：⑧□

2 底辺 $\frac{5}{6}$ m、高さ $\frac{10}{9}$ m の三角形の、底辺と高さの比を、簡単な整数の比で表しましょう。

長さの比で表しましょう。

底辺：高さ＝①□：②□

長さの比と等しい比で、できるだけ小さな整数の比になおしましょう。

考え方 分母の公倍数をかけて整数の比になおします。

$$\frac{5}{6}:\frac{10}{9}=\left(\frac{5}{6}\times18\right):\left(\frac{10}{9}\times18\right)$$
$$=15:20$$
$$=③\square:④\square$$

考え方 通分します。

$$\frac{5}{6}:\frac{10}{9}=\frac{15}{18}:\frac{20}{18}$$
$$=15:⑤\square$$
$$=⑥\square:⑦\square$$

答えを求めましょう。

答え $\frac{5}{6}:\frac{10}{9}=$ ⑧□：⑨□

ヒント 等しい比は、比の値が等しいことから求めることもできるよ。

ぴったり2

練習

学習日　　月　　日

★できた問題には、「た」をかこう！★

でき 1　でき 2　でき 3

答え　16ページ

1 りんごジュースが 300 mL、みかんジュースが 450 mL あります。
りんごジュースとみかんジュースの量の比を、簡単(かんたん)な整数の比で表しましょう。

(1)ジュースの量の比で表しましょう。

答え（　　　　　　）

(2)等しい比で、できるだけ小さな整数の比になおして答えを求めましょう。

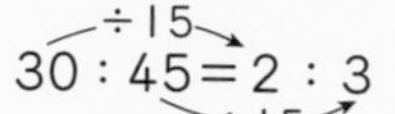

すぐに最大公約数が見つけられないときは、公約数でわるのをくり返しても比を簡単にできるよ。

300 と 450 は、どちらも 10 でわれるから、
300：450＝30：45
30 と 45 の最大公約数は 15 だから、
30：45＝2：3（÷15、÷15）

答え（　　　　　　）

2 赤色のはちまきが 105 本、白色のはちまきが 63 本あります。
赤色のはちまきと白色のはちまきの本数の比を、簡単な整数の比で表しましょう。

本数の比を表したあと、
できるだけ小さい整数の比にしよう。

答え（　　　　　　）

3 鉄の棒(ぼう)の長さは 2.4 m、木の棒の長さは 1.6 m です。
鉄の棒と木の棒の長さの比を、簡単な整数の比で表しましょう。

小数を整数にするには、
10 倍したらいいね。

答え（　　　　　　）

ヒント　3 まず、小数を整数にしてから比を簡単にしましょう。

学習日　月　日

16 比④

答え 17ページ

比の一方の数量を求める

・比で表された2つの量のうち、一方の量がわかれば、もう一方の量を求めることができます。
　このとき、図や等しい比を使います。

1 えん筆Ⅰ本とノートⅠ冊の値段の比は4：7です。
えん筆Ⅰ本が80円のとき、ノートⅠ冊の値段は何円ですか。

式をかきましょう。

考え方 図を見て考えましょう。

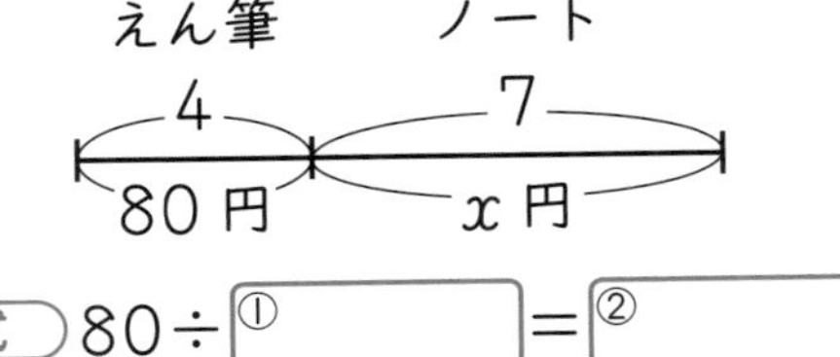

式 80÷①□＝②□
③□×7＝④□

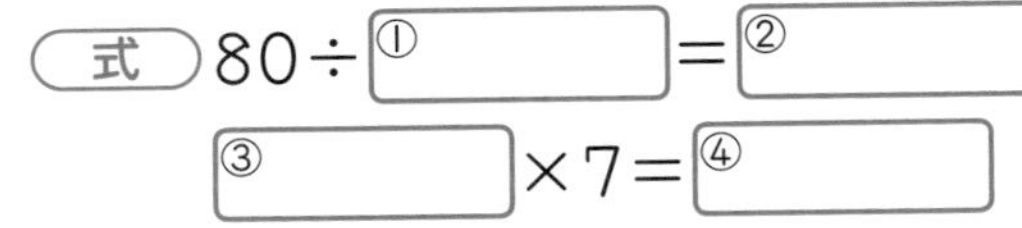

考え方 等しい比を使って考えましょう。

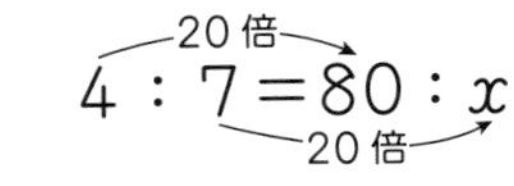

式 7×20＝⑤□

$\frac{7}{4}$倍　$\frac{7}{4}$倍
4：7＝80：x
と考えることもできるね。

答えをかきましょう。

答え ⑥□円

2 りんごⅠ個とトマトⅠ個の重さの比は9：5です。
トマトⅠ個の重さが200gのとき、りんごⅠ個の重さは何gですか。

式をかきましょう。

考え方 図を見て考えましょう。

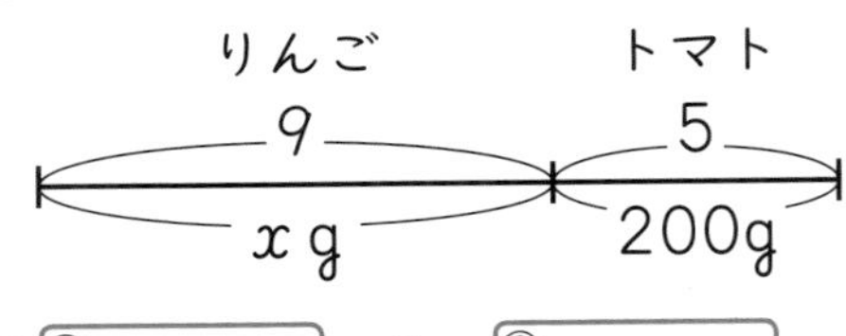

式 ①□÷5＝②□
40×③□＝④□

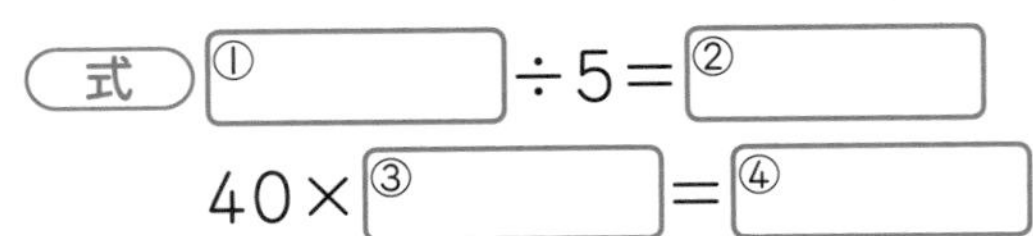

考え方 等しい比を使って考えましょう。

40倍
9：5＝x：200
40倍

式 9×40＝⑤□

答えをかきましょう。

答え ⑥□g

ヒント a：bのとき、aとbに同じ数をかけても、aとbを同じ数でわっても比は等しかったね。

★できた問題には、「た」をかこう！★

できた 1　できた 2　できた 3　できた 4

学習日　　月　　日

答え 17ページ

1 ケーキ１個とプリン１個の値段(ねだん)の比は８：５です。
ケーキ１個の値段が 240 円のとき、プリン１個の値段は何円ですか。

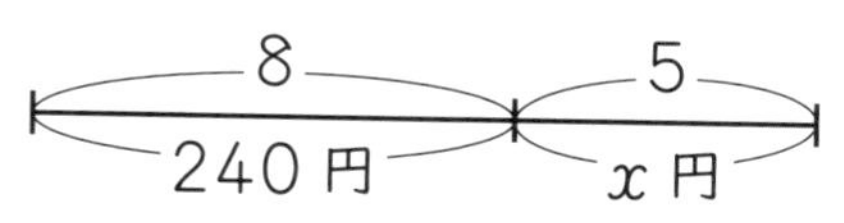

30倍

$8:5=240:x$

30倍

式

答え（　　　　　　）

2 砂糖(さとう)と小麦粉の重さの比を３：７にしてケーキをつくります。
小麦粉を 140 g にすると、砂糖は何 g いりますか。

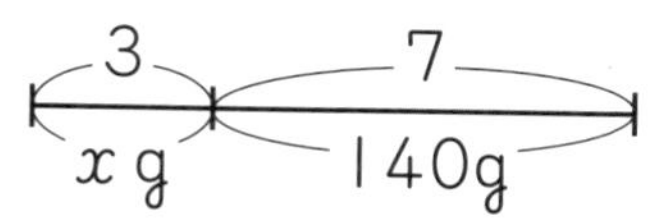

20倍

$3:7=x:140$

20倍

式

答え（　　　　　　）

3 はなさんのクラスの男子と女子の人数の比は９：11 です。
男子の人数が 18 人のとき、女子の人数は何人ですか。

式

答え（　　　　　　）

4 長方形の形をした運動場の縦(たて)の長さと横の長さの比を調べると、４：３でした。

(1)横の長さが 63 m のとき、縦の長さは何 m ですか。

式

答え（　　　　　　）

(2)縦の長さが 240 m のとき、横の長さは何 m ですか。

式

答え（　　　　　　）

ヒント　**4** (2)$4:3=240:x$ で考えるよ。

ぴったり1 準備

17 比⑤

学習日　月　日

答え 18ページ

全体を決まった比に分ける

・比で表された2つの量があり、2つの量の合計がわかれば、それぞれの量を求めることができます。

➡A：B＝あ：いのとき、全体の比はあ＋いだから、

A…［全体の量］× $\frac{あ}{あ+い}$　B…［全体の量］× $\frac{い}{あ+い}$

例 10個のりんごを3：2に分ける。

⇒全体の比は3＋2＝5だから、

$10\times\frac{3}{5}=6$、$10\times\frac{2}{5}=4$

⇒6個と4個になります。

1 ゆみさんと妹はおこづかい4500円を分けます。ゆみさんと妹の金額(きんがく)の比を5：4とすると、2人のおこづかいは、それぞれ何円ですか。

式をかきましょう。

考え方 図を見て考えましょう。

式 ゆみさんの分は、

4500×①［　］＝②［　］

妹の分は、

4500×③［　］＝④［　］

考え方 等しい比を使って考えましょう。

5：9＝x：4500（500倍）

式 5×500＝⑤［　］

4：9＝x：4500（500倍）

式 4×500＝⑥［　］

妹の分は、
(全体の金額)－(ゆみさんの金額)
＝4500－2500
として求めてもいいよ。

答えをかきましょう。

答え ゆみさん⑦［　］円、妹⑧［　］円

2 花だんに赤色のチューリップと白色のチューリップが合わせて200本咲(さ)いています。赤色のチューリップと白色のチューリップの本数の比を2：3とすると、赤色のチューリップの本数は何本ですか。

式をかきましょう。

考え方 図を見て考えましょう。

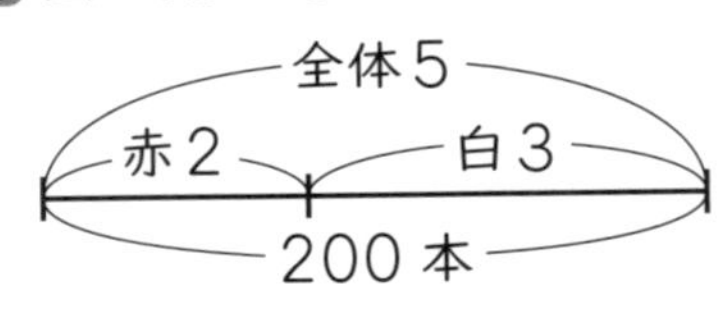

式 ①［　］× $\frac{2}{5}$ ＝②［　］

考え方 等しい比を使って考えましょう。

2：5＝x：200（40倍）

式 2×40＝③［　］

答えをかきましょう。

答え ④［　］本

ヒント 全体の比と、求めたいものの比を考えることがポイントだよ。

★できた問題には、「た」をかこう！★

1 でき　2 でき　3 でき　4 でき

学習日　　月　　日

答え　18ページ

1 けんさんと弟はおこづかい6000円を分けます。けんさんと弟の金額（きんがく）の比を7：5とすると、2人のおこづかいはそれぞれ何円ですか。

けんさんとおこづかい全体の金額の比を求めよう。

式

答え　けんさん（　　　　）　弟（　　　　）

2 14Lのペンキを A と B の2つのバケツに分けます。A と B のバケツのペンキの量の比を4：3とすると、A、B のバケツのペンキの量は、それぞれ何Lですか。

式

答え　A（　　　　）　B（　　　　）

3 8400 m^2 の土地で野菜と花をつくります。野菜と花をつくる土地の面積の比を9：5とすると、野菜と花の土地の面積は、それぞれ何 m^2 ですか。

式

答え　野菜（　　　　）　花（　　　　）

4 みなとさんは、全部で198ページの本を読んでいます。読んだ部分のページ数と残りのページ数の比が1：5のとき、残りのページ数は何ページですか。

式

答え（　　　　）

ヒント　4 求めたいものの比と全体の比を使って考えよう。

学習日　　月　　日

18 割合を使って①

答え 19ページ

割合を使って表す

・全体の道のりを１とすると、かかった時間から、１分間に進む道のりを割合で表すことができます。

例 家から駅までの道のりを歩くと 20 分かかる。
⇒家から駅までの道のりを１とすると、
１分間に歩く道のりは $\frac{1}{20}$

1 家から駅までの道のりを、歩いて行くと 40 分かかり、走って行くと 20 分かかります。はじめ、家を出発してから 12 分歩き、残りの道のりを走ります。歩き始めてから駅に着くまでの時間は何分ですか。

１分間に歩く道のりと走る道のりを、全体の道のりを１としたときの大きさで表しましょう。

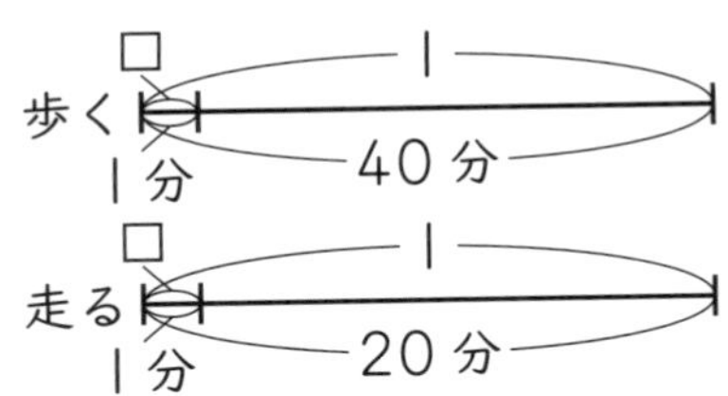

歩くと 40 分だから、歩く道のりは、$1 \div 40 =$ ①□

走ると 20 分だから、走る道のりは、$1 \div$ ②□ $= \frac{1}{20}$

全体の道のりを１としたとき、走った道のりは、家から駅までの道のりのどれだけにあたるかを求めましょう。

１
歩いた道のり　走った道のり

はじめ、12 分歩きます。１分間に歩く道のりは ③□ だから、

歩いた道のりは、$\frac{1}{40} \times$ ④□ $=$ ⑤□

全体の道のりは ⑥□ だから、

走った道のりは、⑦□ $-$ ⑧□ $= \frac{7}{10}$

走った時間を求めて、歩き始めてから駅に着くまでの時間を求めましょう。

全体の道のりを１としたときの走った道のりは、$\frac{7}{10}$ の大きさにあたります。

１分間に走る道のりは ⑨□ だから、

走った時間は、⑩□ $\div \frac{1}{20} =$ ⑪□

家から駅までにかかった時間は、⑫□ $+ 14 =$ ⑬□（分）

答え ⑭□ 分

かかる時間＝道のり÷１分間に走る道のり で求めることができるね。

求めるのは、家から駅までにかかった時間であることに注意しよう。

ヒント　家から駅までの道のりが具体的な値としてわからなくても、かかった時間を使って、速さを割合で表すことができるよ。

★できた問題には、「た」をかこう！★

学習日　　月　　日

答え 19ページ

1 部屋のそうじをするのに、ゆみさんだけですると 30 分かかり、お母さんだけですると 15 分かかります。はじめ、ゆみさんが 18 分そうじをし、残りをお母さんがそうじしました。

(1)部屋全体の面積を 1 として、それぞれの 1 分間にそうじできる面積は、部屋全体のどれだけにあたるかを求めましょう。

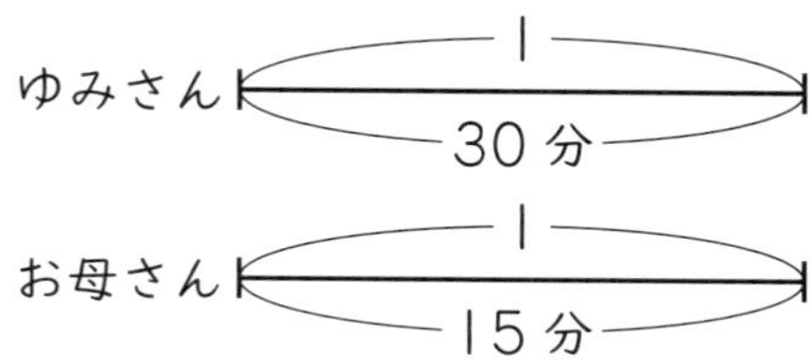

式

答え　ゆみさん（　　　　　）　お母さん（　　　　　）

(2)ゆみさんが 18 分間でそうじした面積が部屋全体のどれだけにあたるかを求めてから、お母さんがそうじした時間を求めましょう。

そうじした面積は、
（1 分間にそうじできる面積）
×（そうじした時間）だよ。

答え　ゆみさんがそうじした面積（　　　　　）

お母さんがそうじした時間（　　　　　）

1 部屋全体の面積を 1 とするよ。ゆみさんとお母さんが 1 分間でそうじできる面積を割合を使って表そう。

19 割合を使って②

答え 20ページ

割合(わりあい)を使って表す

・水そう全体を１とおくと、水そうをいっぱいにするためにかかる時間から、１分間に入れられる水の量を割合で表すことができます。

例 水そうにＡ管で水を入れると１０分でいっぱいになった
⇒水そう全体を１とすると、Ａ管で１分間で入れられる水の量は $\frac{1}{10}$

1 水そうにＡ、Ｂ２つの管を使って水を入れます。Ａ管だけを使って水を入れると、２０分でいっぱいになり、Ｂ管だけを使って水を入れると、３０分でいっぱいになります。
Ａ管とＢ管の両方を使って水を入れると、水を入れ始めてから水そうがいっぱいになるまでの時間は何分ですか。

水そう全体を１としたとき、Ａ管、Ｂ管が１分間に入れられる水の量は水そう全体のどれだけにあたるかを求めましょう。

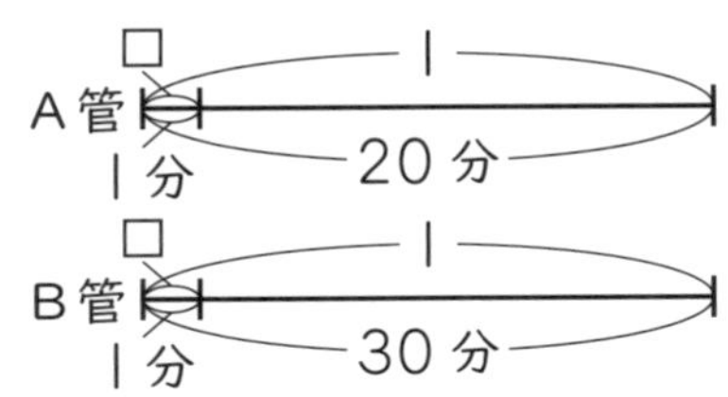

水そう全体を１とすると、１分間に入れられる水の量は、

Ａ管は、１÷①［　　］＝$\frac{1}{20}$

Ｂ管は、１÷３０＝②［　　］

水そう全体を１としたとき、Ａ管とＢ管の両方を使うと、１分間に入れられる水の量は水そう全体のどれだけにあたるかを求めましょう。

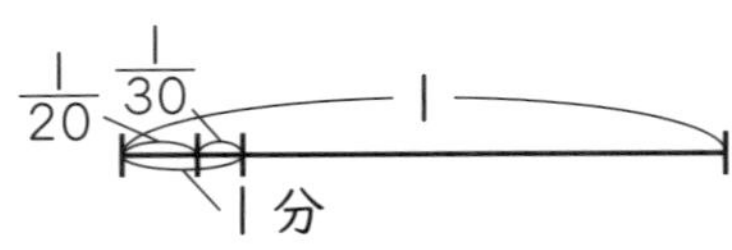

１分間にＡ管は③［　　］、Ｂ管は④［　　］の水の量を入れられるので、

$\frac{1}{20}+\frac{1}{30}=$⑤［　　］

式をかいて、答えを求めましょう。

（式）水そう全体を１とすると、

$1\div\frac{1}{12}=$⑥［　　］

答え ⑦［　　］分

水そう全体÷2つの管が１分間に入れる水の量＝入れるのにかかる時間だよ。

ヒント　Ａ管とＢ管の両方を使って水を入れるとき、１分間に入れる水の量はＡ管＋Ｂ管で求められるよ。分数はとちゅうで約分しよう。

ぴったり2

練習

★できた問題には、「た」をかこう！★

1 2

学習日　　月　　日

答え 20ページ

1 水そうにA、B 2つの管を使って水を入れます。A管だけを使って水を入れると16分でいっぱいになり、B管だけを使って水を入れると48分でいっぱいになります。はじめからA管とB管の両方を使って水を入れると、水を入れ始めてから水そうがいっぱいになるまでの時間は何分ですか。

水そう全体を1として考えよう。

式

答え（　　　　　）

2 水そうにA、B 2つの管を使って水を入れます。A管だけを使って水を入れると15分でいっぱいになり、B管だけを使って水を入れると21分でいっぱいになります。はじめからA管とB管の両方を使って水を入れると、水を入れ始めてから水そうがいっぱいになるまでの時間は何分何秒ですか。

式

答え（　　　　　）

1 2 A管とB管の両方を使ったときにかかる時間は、A管だけ、B管だけを使ったときより短くなるよ。

ぴったり1 準備

学習日　月　日

20 割合を使って③

答え 21ページ

割合(わりあい)を使って表す

・水そう全体を1として、1分間に入れられる水の量を表すと、条件を変えたときにかかる時間を求められます。

例 1分間にA管は$\frac{1}{5}$、B管は$\frac{1}{6}$、C管は$\frac{1}{3}$の水が入れられるとすると、
⇒A管、B管、C管全部を使って入れられる水の量は、$\frac{1}{5}+\frac{1}{6}+\frac{1}{3}$

1 水そうに、A、B、C 3つの管を使って水を入れます。A管だけを使って水を入れると10分でいっぱいになり、B管だけを使って水を入れると12分でいっぱいになり、C管だけを使って水を入れると60分でいっぱいになります。はじめから、A管、B管、C管全部を使って水を入れると、水を入れ始めてから水そうがいっぱいになるまでの時間は何分ですか。

水そう全体を1としたとき、A管、B管、C管が1分間に入れられる水の量は水そう全体のどれだけにあたるかを求めましょう。

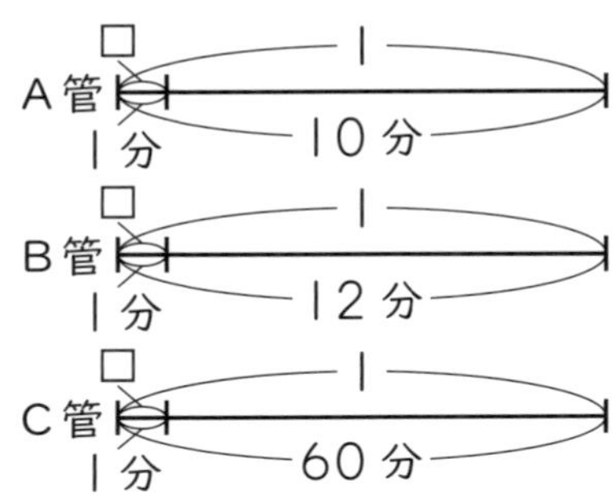

水そう全体を1とすると、
A管は10分でいっぱいにできるから、
A管が1分間に入れられる水の量は、1÷10=①
B管は、1÷12=②
C管は、1÷60=③

水そう全体を1としたとき、A管、B管、C管全部を使うと、1分間に入れられる水の量は水そう全体のどれだけにあたるかを求めましょう。

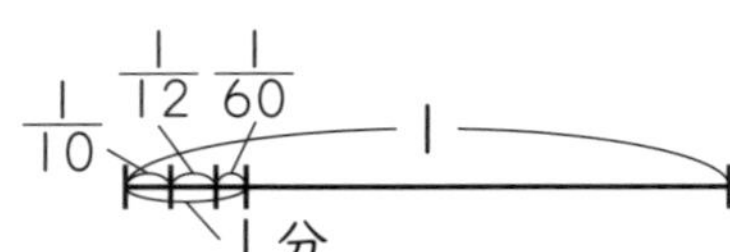

A管、B管、C管全部を使って1分間に入れられる水の量は、
$\frac{1}{10}$+④　+⑤　=⑥

式をかいて、答えを求めましょう。

式 水そう全体を1とすると、

$1\div\frac{1}{5}=$⑦

答え ⑧　分

ヒント A管、B管、C管と管が増えても、全体を1とみて、単位時間あたりの割合を考えるのは、管が2本のときと同じだよ。

★できた問題には、「た」をかこう！★

学習日　　月　　日

答え　21 ページ

1 水そうに、A、B、C 3つの管を使って水を入れます。A管だけを使って水を入れると6分でいっぱいになり、B管だけを使って水を入れると4分でいっぱいになり、C管だけを使って水を入れると 12 分でいっぱいになります。
はじめから、A管、B管、C管全部を使って水を入れると、水を入れ始めてから水そうがいっぱいになるまでの時間は何分ですか。

水の量をたすとき、
最小公倍数で通分
できるといいね。

式

答え(　　　　　)

2 水そうに、A、B、C 3つの管を使って水を入れます。A管だけを使って水を入れると 45 分でいっぱいになり、B管だけを使って水を入れると9分でいっぱいになり、C管だけを使って水を入れると 15 分でいっぱいになります。
はじめから、A管、B管、C管全部を使って水を入れると、水を入れ始めてから水そうがいっぱいになるまでの時間は何分ですか。

式

答え(　　　　　)

ヒント　水そう全体を 1 とみて考えよう。

学習日　月　日

21 拡大図と縮図

答え 22ページ

縮図の利用

・縮図を利用すると、直接はかることのできない長さをはかることができます。

例①

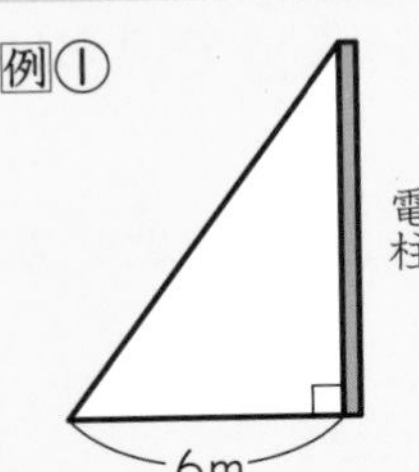

②

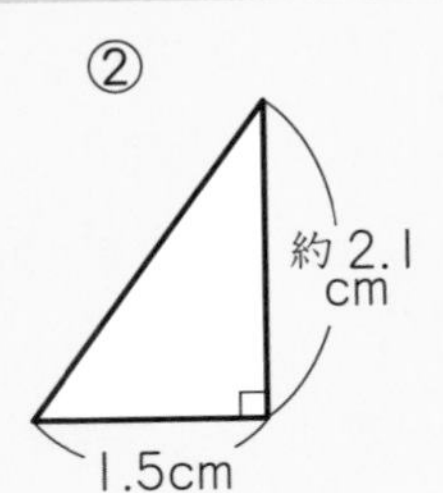

6m＝600cm を1.5cm で表しているので、②は①の $\frac{1.5}{600}=\frac{1}{400}$ の縮図です。

1 右の図は、ある公園の縮図をかいて、実際のきょりを示したものです。縮図のABの長さが6cm のとき、何分の１の縮図になっていますか。

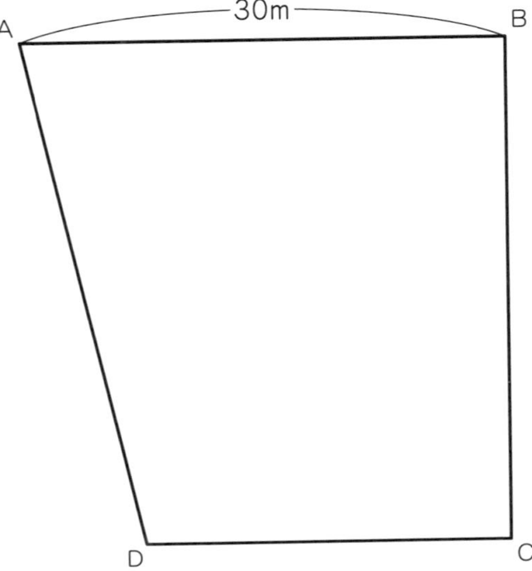

考え方 実際のきょりと単位をそろえて考えましょう。

縮図のABの長さは、①□ cm です。

実際のきょりの単位を cm になおすと、

②□ m＝③□ cm です。

縮めた割合を求めるから、

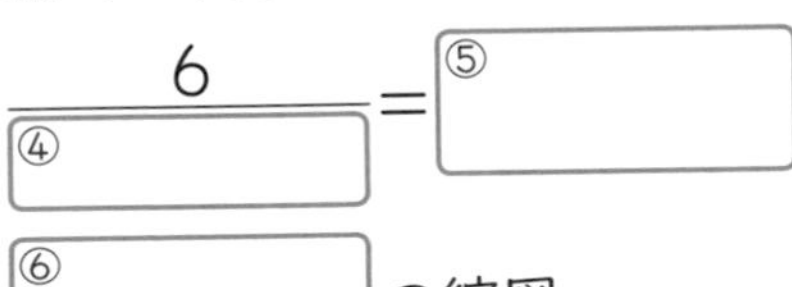

答え ⑥□ の縮図

2 **1** で、縮図のDCの長さが4.5cm のとき、DからCまでの実際のきょりは何m ですか。

縮図のDCの長さと縮尺から、実際のきょりを求める式をかきましょう。

式 4.5÷①□

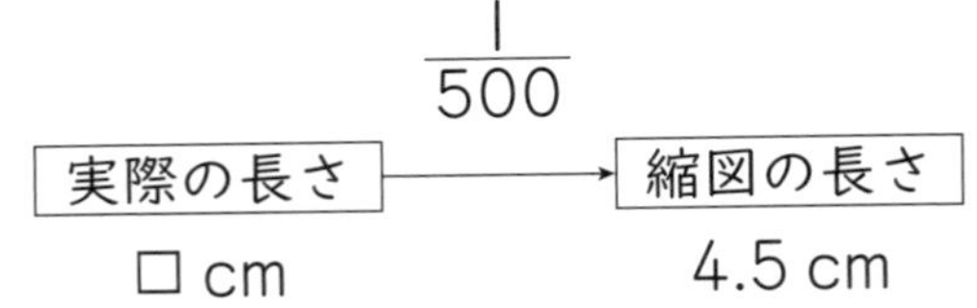

単位をなおして、答えを求めましょう。

式 4.5÷②□＝③□

2250cm＝④□ m

答え ⑤□ m

$\frac{1}{500}$ の縮図だから、縮図の長さは実際の長さの $\frac{1}{500}$ 倍になるね。

ヒント 縮図にするときや、実際の長さにするときに、単位をなおすことを忘れないようにしよう。

答え 22ページ

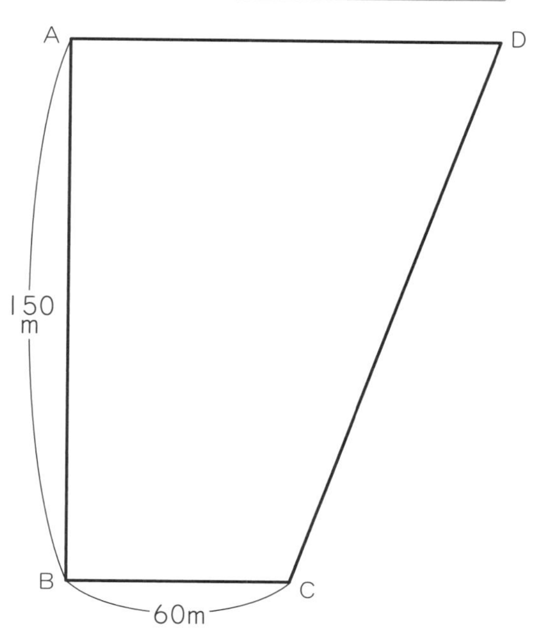

1 右の図は、ある学校のしき地の縮図（しゅくず）をかいて、実際のきょりを示したものです。

(1) BCの長さが3cmのとき、何分の1の縮図になっていますか。

式

答え（　　　　）

(2) ACの長さが8cmのとき、AからCまでの実際の直線きょりは何mですか。

式

答え（　　　　）

(3) この縮図の中に、1辺30mの正方形のプールのしき地をかき入れます。この縮図では、1辺何cmの正方形にすればよいですか。

式

答え（　　　　）

2 右の図は、あいさんの町の地図の縮図をかいて、実際のきょりを示したものです。縮図のあいさんの家と駅の間の長さが5cm、あいさんの家と図書館の間の長さが3cmのとき、あいさんの家から図書館までの実際のきょりは何kmですか。

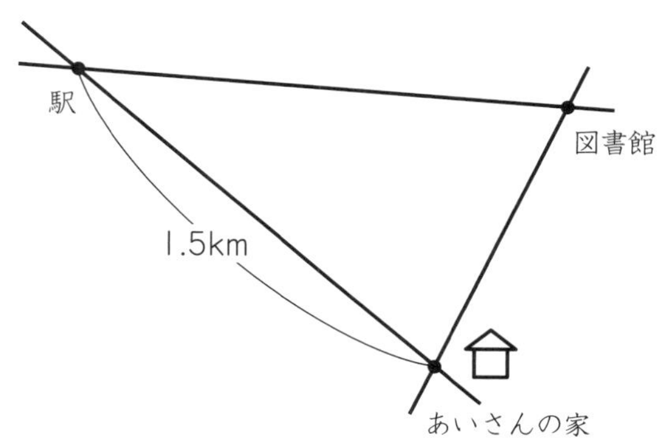

式

答え（　　　　）

ヒント 2 まずは、縮図のあいさんの家と駅の間の長さから、何分の1の縮図になっているか求めよう。

22 比例①

答え 23ページ

比例

①比例する2つの量では、一方の値(あたい)が2倍、3倍、…になると、他方の値も2倍、3倍、…になり、一方の値が$\frac{1}{2}$、$\frac{1}{3}$、…になると、他方の値も$\frac{1}{2}$、$\frac{1}{3}$、…になります。

②比例する2つの量 x(エックス)、y(ワイ)では、対応する値の商がきまった数になります。

［yの値］÷［xの値］＝［きまった数］

③比例する x と y の関係を表す式

y＝［きまった数］×x

例 時速4kmで歩くとき、歩く時間と道のりは比例します。
「道のり＝速さ×時間」だから、
歩く時間を x 時間、道のりを y km とすると、
$y=4\times x$

1 針金(はりがね)の長さと重さの関係を調べたら、右の表のようになりました。針金の長さを x cm、重さを y g として、x と y の関係を式に表しましょう。

長さ x(cm)	1	2	3	4	5	6	
重さ y(g)	12	24	36	48	60	72	

表を横に見て、比例するかどうか調べましょう。

長さが2倍になると、重さも［①　　］倍になって、長さが3倍になると、重さも［②　　］倍になっています。だから、針金の重さは長さに［③　　］します。

表を縦(たて)に見て、［きまった数］を求めましょう。

表より、$x=2$ のとき $y=24$ なので、$24\div2=$［④　　］

$x=3$ のとき $y=36$ なので、$36\div3=$［⑤　　］

つまり、$y\div x=$［⑥　　］だから、［きまった数］＝［⑦　　］

［きまった数］を使って、x と y の関係を式に表しましょう。

比例の関係なら、
y＝［きまった数］×x
が成り立つね。

答え $y=$［⑧　　］$\times x$

2 縦の長さ 2.5 cm の長方形で、横の長さと面積の関係を調べたら、右の表のようになりました。長方形の横の長さを x cm、面積を y cm^2 として、x と y の関係を式に表しましょう。

横の長さ x(cm)	1	2	3	4	5	
面積 y(cm^2)	2.5	5	7.5	10	12.5	

表を横に見て、比例するかどうか調べましょう。

横の長さが2倍、3倍、…になると、面積も［①　　］倍、［②　　］倍…になっています。

だから、面積は横の長さに［③　　］します。

［きまった数］を求めましょう。

$y\div x=$［④　　］だから、［きまった数］＝［⑤　　］

［きまった数］を使って、x と y の関係を式に表しましょう。

答え $y=$［⑥　　］$\times x$

ヒント ［きまった数］は、x の値が1のときの y の値ともいえるよ。

ぴったり2

練習

★できた問題には、「た」をかこう！★

できた 1　できた 2　できた 3　できた 4

学習日　月　日

答え 23ページ

1 針金（はりがね）の長さと重さの関係を調べたら、右の表のようになりました。針金の長さを x m、重さを y g として、x と y の関係を式に表しましょう。

長さ x(m)	1	2	3	4	5	6	
重さ y(g)	8	16	24	32	40	48	

きまった数を求めよう。

答え（　　　　）

2 水そうに水を入れたときの時間と水の深さの関係を調べたら、右の表のようになりました。時間を x 分、水の深さを y cm として、x と y の関係を式に表しましょう。

時間 x(分)	1	2	3	4	5	6	
水の深さ y(cm)	3	6	9	12	15	18	

きまった数 $=y\div x$ で求められるよ。

答え（　　　　）

3 底辺が4cmの三角形で、高さと面積の関係を調べたら、右の表のようになりました。三角形の高さを x cm、面積を y cm² として、x と y の関係を式に表しましょう。

高さ x(cm)	1	2	3	4	
面積 y(cm²)	2	4	6	8	

答え（　　　　）

4 分速70mで歩いたときの時間と道のりの関係を調べたら、右の表のようになりました。時間を x 分、道のりを y m として、x と y の関係を式に表しましょう。

時間 x(分)	1	2	3	4	
道のり y(m)	70	140	210	280	

答え（　　　　）

ヒント　4 $y\div x=$ きまった数 で求められることを覚えておこう。

学習日　　月　　日

23 比例②

答え 24ページ

比例のグラフ

①比例する関係を表すグラフは、直線で、横軸(じく)と縦軸(たて)の交わる点（x(エックス)の値(あたい)0、y(ワイ)の値0）を通ります。

②グラフのかき方

1. 横軸、縦軸をかきます。
2. 横軸と縦軸の交わった点を0として、横軸にxの値を、縦軸にyの値を、1、2、3、…と目もりを入れます。
3. 対応するx、yの値の組を表す点をとり、直線でつなぎます。

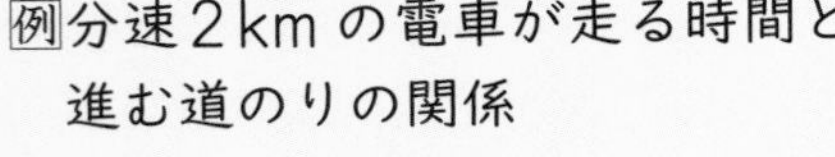
例 分速2kmの電車が走る時間と進む道のりの関係

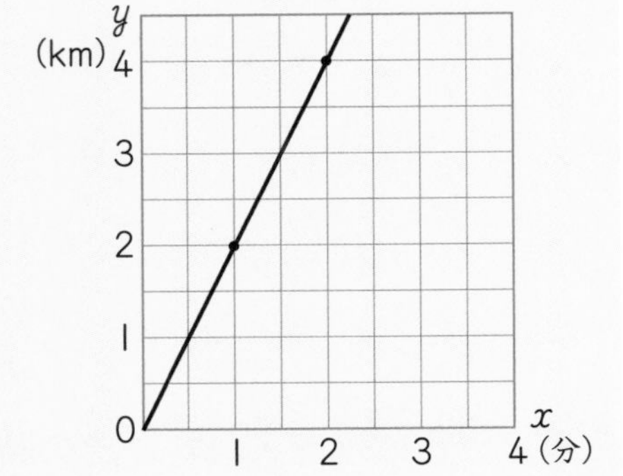

1 右のグラフは、たろうさんが歩いたときの時間x分と、その道のりymの関係を表したものです。4分間に進んだ道のりは何mですか。グラフからよみとりましょう。

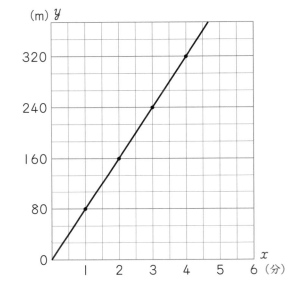

グラフから、yの値を求めましょう。
4分間に進んだ道のりは、xの値が ① ＿＿ のときを考えます。グラフの横軸で、xの値が4の軸と、グラフの交点をみつけ、交点のyの値をよみとると、yの値は ② ＿＿ です。

答えをかきましょう。　答え ③ ＿＿ m

(m) y
320
240
160
80
0
x
1　2　3　4　5　6 (分)

2 **1** のとき、道のりが240mになるのにかかる時間は何分ですか。グラフからよみとりましょう。

グラフから、xの値を求めましょう。
道のりが240mより、yの値が ① ＿＿ のときを考えます。グラフの縦軸で、yの値が240の軸とグラフの交点をみつけ、交点のxの値をよみとると、xの値は ② ＿＿ です。

答えをかきましょう。　答え ③ ＿＿ 分

3 **1** のとき、9分間で進む道のりは、何mですか。

きまった数 を求めましょう。
グラフより、yはxに比例しています。xの値が1のとき、yの値は ① ＿＿ なので、
きまった数 ＝ ② ＿＿ です。

xとyの関係を式に表して、xの値が9のときのyの値を求めましょう。
y＝ ③ ＿＿ ×xと表せるから、xの値が9のとき、y＝80× ④ ＿＿　y＝ ⑤ ＿＿

答え ⑥ ＿＿ m

ヒント
3 グラフから値がよみとれないときは、xとyの関係をグラフからよみとって、xとyの関係を式に表して求めるよ。

ぴったり2

練習

★できた問題には、「た」をかこう！★

でき 1 でき 2

答え 24ページ

1 右のグラフは、ある車が走った時間を x 分、走った道のりを y km として、x と y の関係を表したものです。

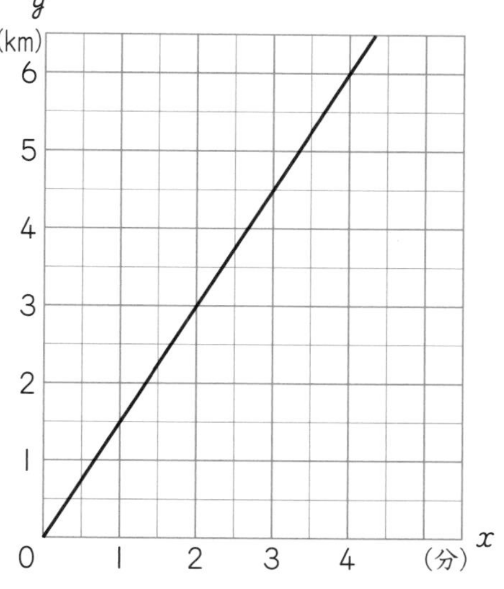

(1)走った時間が２分のときの道のりは何 km ですか。x の値（あたい）が２のときの y の値をよみとって答えましょう。

答え(　　　　　　)

(2)走った道のりが６km のときにかかる時間は何分ですか。

y の値が６のときの x の値をよみとって答えよう。

答え(　　　　　　)

(3)同じ速さで走り続けたとすると、16 分間で走った道のりは何 km ですか。

答え(　　　　　　)

2 右のグラフは、ある水道から水を出したときの時間 x 分と、出した水の量 y L の関係を表したものです。

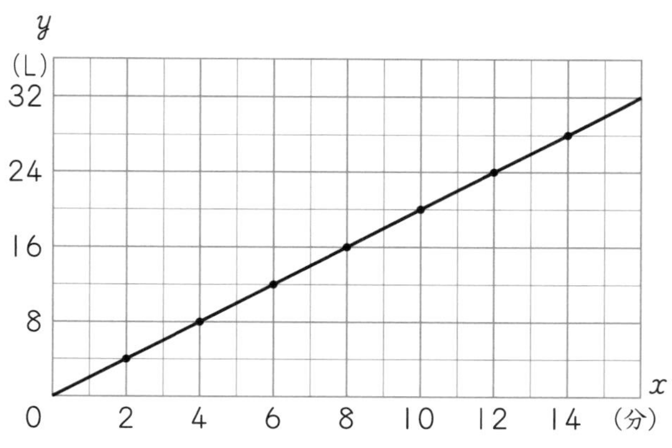

(1)12 分間に出る水の量は何 L ですか。

答え(　　　　　　)

(2)28 L の水を出すのにかかる時間は何分ですか。

答え(　　　　　　)

(3)20 分間に出る水の量は何 L ですか。

答え(　　　　　　)

ヒント **1** (3)x と y の関係を式に表して求めよう。

学習日　　月　　日

24 比例③

答え 25ページ

比例を使って文章題を解く

・比例する2つの量は、一方の値(あたい)が2倍、3倍、…になると、他方の値も2倍、3倍、…になります。
この関係を使って、およその数量を求めることができます。

例 長さ20cmの針金(はりがね)の重さが8gのとき、重さ18gの針金の長さ
⇒ 1gあたりの長さは、20÷8＝2.5(cm)
2.5×18＝45(cm)
⇒ 重さが18÷8＝2.25(倍)だから、
20×2.25＝45(cm)

1 ふくろの中に同じ種類のくぎが入っています。全部のくぎの重さは約270gです。このくぎ15本の重さをはかると18gでした。ふくろの中に入っているくぎの数はおよそ何本ですか。

くぎの重さが、その本数に比例することを使って、式をかきましょう。

考え方 比例の性質を使います。

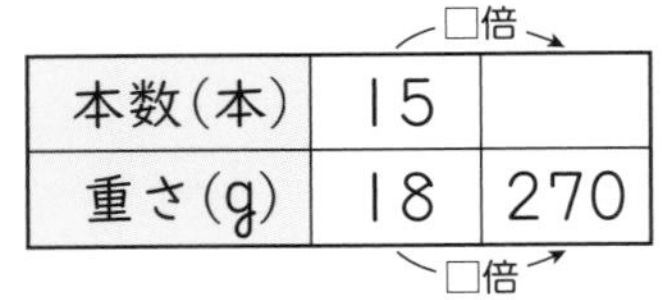

本数(本)	15	
重さ(g)	18	270

□倍

式 270÷18＝①
15×②＝③

考え方 くぎ1本の重さを求めて、比例の性質を使います。

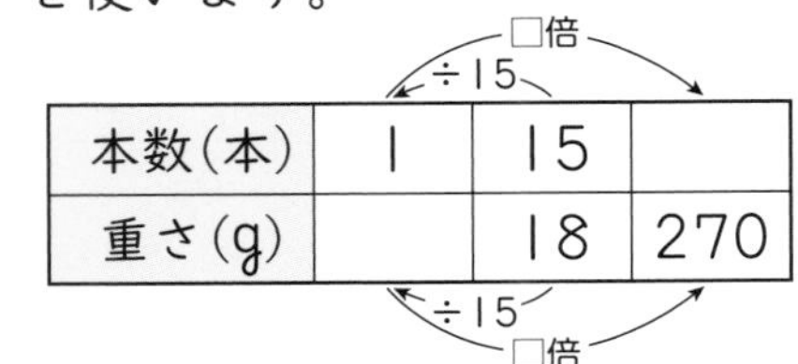

本数(本)	1	15	
重さ(g)		18	270

÷15　□倍

式 18÷15＝④（くぎ1本の重さ）
270÷⑤＝⑥

答えをかきましょう。

答え およそ⑦　本

2 同じ種類のノートが何冊(さつ)か重ねてあります。厚さは約32.2cmです。このノートを8冊重ねると、厚さは5.6cmでした。はじめに重ねてあったノートは全部でおよそ何冊ですか。

ノートの厚さが、その冊数に比例することを利用しましょう。

考え方 ノートの厚さは、その冊数に①　するから、全体の厚さとノート1冊の②　がわかれば、およその冊数がわかります。
ノート1冊の厚さは、③　÷8

ノート(冊)	8	
厚さ(cm)	5.6	32.2

比例の関係から式をかいて、答えを求めましょう。

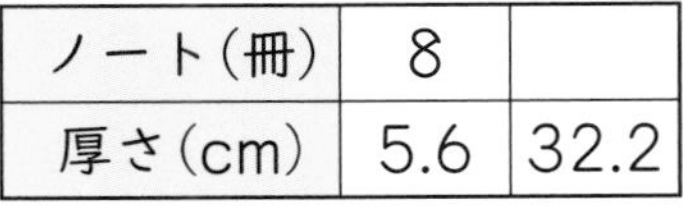

答えに「およそ」をつけることを忘れないようにしよう。

式 5.6÷8＝④
⑤÷0.7＝⑥

答え およそ⑦　冊

ヒント 比例の関係を使うと、同じものがたくさんあるときに、およその数をくふうして求めることができるよ。

★できた問題には、「た」をかこう！★

でき 1　でき 2　でき 3

答え 25ページ

1 同じ種類のベニヤ板が重ねてあります。全部の厚さは、約 26 cm です。このベニヤ板を 4 枚(まい)重ねると、厚さは 2.6 cm でした。はじめに重ねてあったベニヤ板はおよそ何枚ですか。

式

答え（　　　　　）

2 用意したくぎは同じ種類です。全部のくぎの重さをはかると、約 60 g です。このくぎ 20 本の重さは 16 g でした。はじめにあったくぎはおよそ何本ですか。

比例の関係を利用しよう。

式

答え（　　　　　）

3 あるボール紙の上に地図をかいて切りとります。この地図で 400 km^2 分を切りとって重さをはかると、約 1.2 g あります。北海道(ほっかいどう)の地図を切りとって重さをはかると、234 g ありました。

(1)この地図の 100 km^2 あたりの重さはおよそ何 g ですか。

式

答え（　　　　　）

(2)北海道の面積はおよそ何 km^2 ですか。

式

答え（　　　　　）

ヒント　3 単位に気をつけよう。また、小数の計算では、小数点の位置に注意しよう。

学習日　月　日

ぴったり1 準備

25 並べ方①

答え 26ページ

並べ方

・落ちや重なりがないように並べるとき、次のような「樹形図」を使うと便利です。

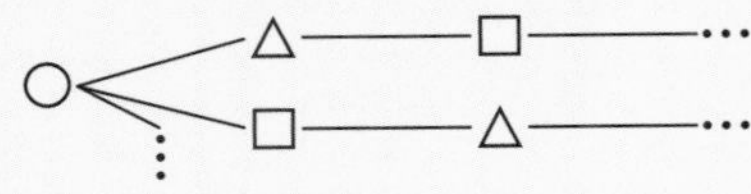

例 A、B、Cを1列に並べる並べ方

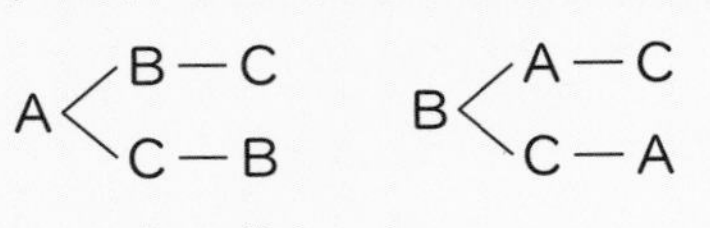

1 ゆきさん、あやさん、めいさんの3人が順番に発表をします。3人の発表の順番をすべてかきましょう。また、全部で何とおりありますか。

ゆきさんが1番目のときの、3人の順番をかきましょう。
2番目をきめてから、3番目をきめましょう。

1番目　2番目　3番目

ゆきさんをゆ、あやさんをあ、めいさんをめとして樹形図をかこう。

1番目を変えた場合も調べましょう。
1番目があやさん、めいさんのときの樹形図をかきましょう。

1番目　2番目　3番目　　1番目　2番目　3番目

あ＜ゆ－め、③－④　　⑤＜ゆ－あ、⑥－ゆ

何とおりあるか、答えをかきましょう。　答え ⑦［　　］とおり

2 1、3、5の数字がかかれたカードが1枚ずつあります。この3枚のカードを並べてできる3けたの整数は、全部で何個ありますか。

順序よく整理して、並べ方を調べましょう。
まず、百の位をきめてから、十の位、一の位の順に数字をきめていきます。

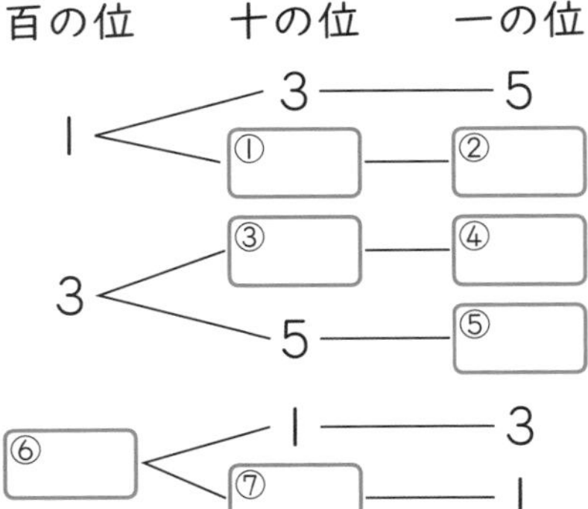

百の位の数字を、1→3→5と変えて調べていこう。

何個あるか、答えをかきましょう。　答え ⑧［　　］個

ヒント　順序よく調べるときは、「前から順に」「小さいものから」調べると、落ちや重なりがなく数えられるよ。

練習

★できた問題には、「た」をかこう！★

答え 26ページ

1 6年1組と2組と3組が合唱の発表をします。発表する順番は、全部で何とおりありますか。

順序よく整理して、並べ方を調べよう。

答え（　　　　　）

2 赤、黄、緑の折り紙が1枚ずつあります。1枚ずつ使っていくとき、使う順番は全部で何とおりありますか。

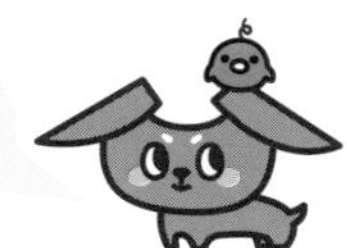
赤→㋐、黄→㋖、緑→㋯として樹形図をかこう。

答え（　　　　　）

3 けんとさん、しゅんさん、あきらさん、こうたさんの4人でリレーのチームをつくります。4人の走る順番は、全部で何とおりありますか。

答え（　　　　　）

4 1、2、3、4の数字がかかれたカードが1枚ずつあります。この4枚のカードを並べてできる4けたの整数は、全部で何個ありますか。

答え（　　　　　）

ヒント
3 けんとさん→㋘、しゅんさん→㋛、あきらさん→㋐、こうたさん→㋙として、第1走者から順番に並べよう。

26 並べ方②

答え 27ページ

いくつかの中から選んで並(なら)べる

・いくつかの中から選んで、一部を並べるときも樹形図(じゅけいず)を使って考えることができます。

例 A、B、Cの3つから2つを選んで、順番に並べる

1番目－2番目	1番目－2番目	1番目－2番目
A－B	B－A	C－A
A－C	B－C	C－B

6とおり

1 みかん、りんご、もも、ぶどうの4種類のゼリーがあります。まみさんと弟が1種類ずつ選びます。2人の選び方は何とおりありますか。

まず、まみさんの分をきめて、そのときの弟の分を調べましょう。

考え方 まみさんの分をみかん(㋯)とすると、

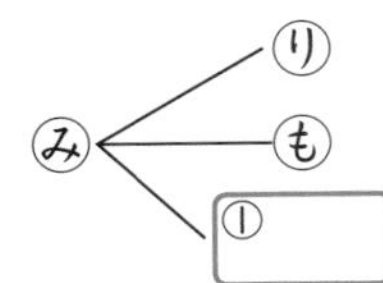

まみ　弟
㋯－㋷、㋲、①

左の図から、まみさんの分が㋯のときは ② とおりです。

まみさんの分が他のもののときの、弟の分を調べましょう。

考え方 まみさんの分が、㋷、㋲、ぶのときは、

まみ　弟
㋷－㋯、③、④

まみ　弟
㋲－⑤、㋷、ぶ

まみ　弟
⑥－⑦、㋷、㋲

かき忘(わす)れがないように
順番にかき並べましょう。

全部で何とおりあるか、答えをかきましょう。

答え ⑧ とおり

2 A、B、Cの3チームが、チームのユニフォームの色を、赤、白、黒、緑の4色からそれぞれちがう1色を選んで着ます。何とおりのきめ方がありますか。

樹形図をかいて、答えを求めましょう。

考え方 A、B、Cの順に、1色ずつ色をきめましょう。

A　B　C

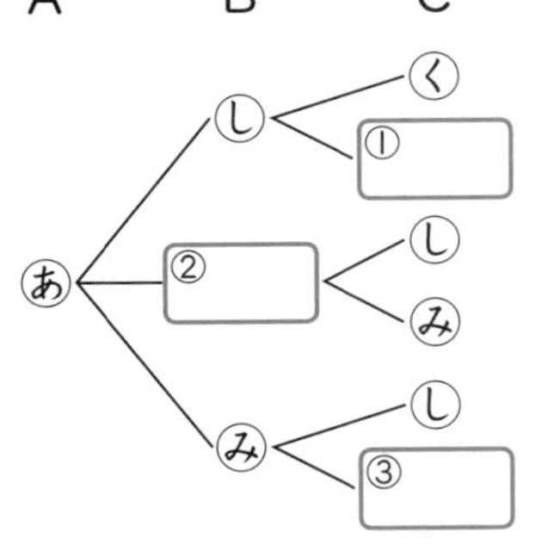

A　B　C

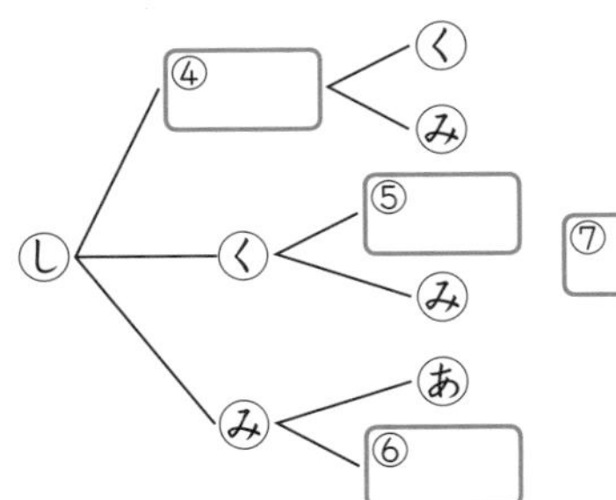

A　B　C

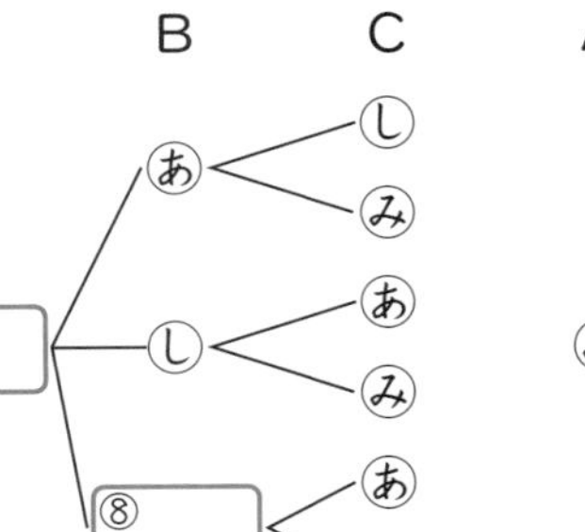

A　B　C

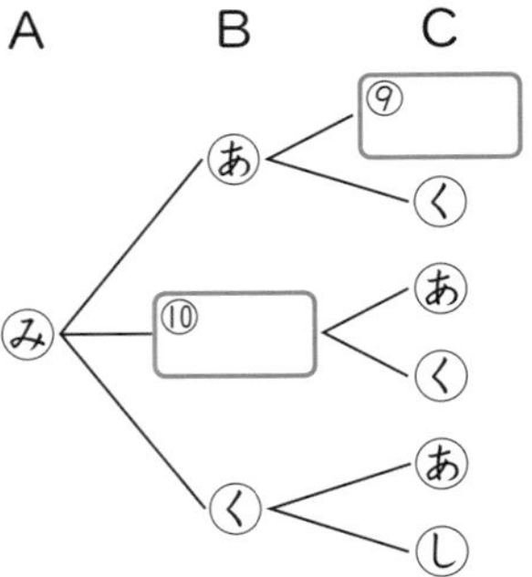

答え ⑪ とおり

ヒント 数が増えたときも、順番に並べていけば、並べ方が全部で何とおりあるかを調べることができます。

練習

★できた問題には、「た」をかこう！★

学習日　月　日

答え 27ページ

1 赤、黄、緑、青の色紙が１枚(まい)ずつあります。さとしさんと妹が１枚ずつ選びます。２人の選び方は何とおりありますか。

まず、さとしさんの分をきめて、
妹の分を調べよう。

答え（　　　　　）

2 あめ、ガム、チョコレート、グミ、クッキーの５種類のおかしがあります。このうち、なみさんとみきさんが１種類ずつ選びます。２人の選び方は何とおりありますか。

まず、なみさんの分をきめて、
みきさんの分を調べよう。

答え（　　　　　）

3 しんじさん、たけとさん、まゆみさん、けいさんの４人の中から、班(はん)長と会計係を選びます。選び方は何とおりありますか。

答え（　　　　　）

4 [0]、[2]、[4]、[6]の４枚のカードがあります。この４枚のカードを並(なら)べてできる３けたの整数は、何個ありますか。

答え（　　　　　）

ヒント　4　３けたの整数なので、百の位に０のカードは並べることができないよ。

27 並べ方③

答え 28ページ

コインの並べ方

・コインを何回か投げて、表が出るか裏が出るかを調べます。表と裏の出方を、Ｉ回ごとに分けて考えます。

例 コインを２回投げるとき、表と裏の出方
⇒Ｉ回目と２回目を分けて考える。

Ｉ回目	２回目	Ｉ回目	２回目
表	表	裏	表
	裏		裏

4とおり

1 10円玉を投げて、表が出るか裏が出るかを調べます。２回続けて投げるとき、表と裏の出方は何とおりありますか。

Ｉ回目に表が出たときの、２回目の出方を調べましょう。

Ｉ回目　　２回目

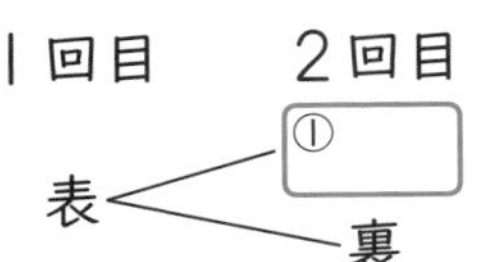

Ｉ回目に裏が出たときの、２回目の出方を調べましょう。

Ｉ回目　　２回目

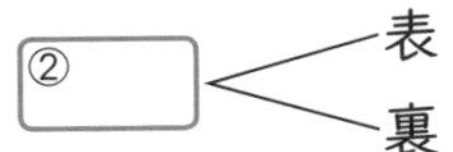

Ｉ回目に表と裏のどちらが出ても、２回目も表と裏のどちらも出る場合があるよ。

全部で何とおりあるか、答えをかきましょう。

答え ③　　とおり

2 10円玉を投げて、表が出るか裏が出るかを調べます。３回続けて投げるとき、表と裏の出方は何とおりありますか。

まず、Ｉ回目に表が出たとして、２回目、３回目を調べます。

Ｉ回目	２回目	３回目
表	表	表
		裏
	裏	①
		②

Ｉ回目に裏が出たとして、２回目、３回目を調べます。

Ｉ回目　　２回目　　３回目

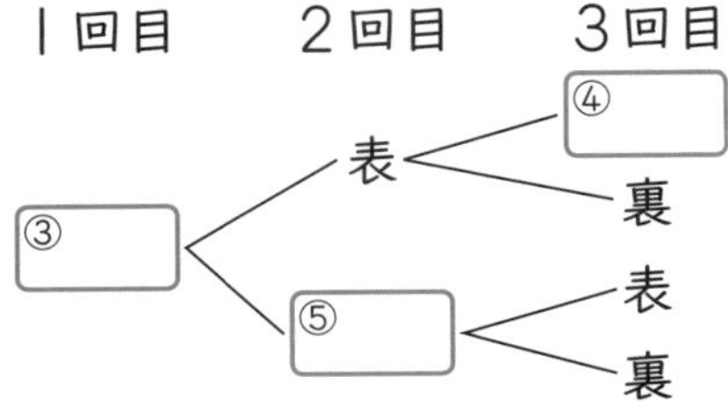

全部で何とおりあるか、答えをかきましょう。

答え ⑥　　とおり

ヒント　Ｉ回目に表が出ても、裏が出ても、２回目、３回目、…は表と裏のどちらも出る場合があるね。

答え 28ページ

1 コインを投げて、表（おもて）が出るか裏（うら）が出るかを調べます。2回続けて投げるとき、表と裏の出方は何とおりありますか。
1回目に表が出るときと、裏が出るときに分けて、2回目の出方を調べて、答えを求めましょう。

答え（　　　　　　　）

2 500円玉を投げて、表が出るか裏が出るかを調べます。3回続けて投げるとき、表と裏の出方は何とおりありますか。

まず、1回目を表として
2回目、3回目を調べよう。

答え（　　　　　　　）

3 10円玉を投げて、表が出るか裏が出るかを調べます。4回続けて投げるとき、表と裏の出方は何とおりありますか。

答え（　　　　　　　）

ヒント　3 まず、1回目に10円玉の表が出たとして、2回目、3回目、4回目の出方を調べよう。

学習日　　月　　日

28 組み合わせ①

答え 29ページ

組み合わせ方

・組み合わせ方は、順番が入れかわっても関係ありません。並べ方と異なることに注意して、図や表を使って考えます。

例 A、B、Cの3つがあります。

●2つを選んで並べる。

A─B、A─C　B─A、B─C　C─A、C─B

6とおり

●2つを選ぶ。

	A	B	C
A	＼	○	○
B		＼	○
C			＼

3とおり

1 6年1組、2組、3組の3クラスで、どのクラスも1回ずつあたるように試合をします。試合の組み合わせをすべてかきましょう。また、全部で何とおりあるかも答えましょう。

クラスを①、②、③として、図や表にかいて調べましょう。

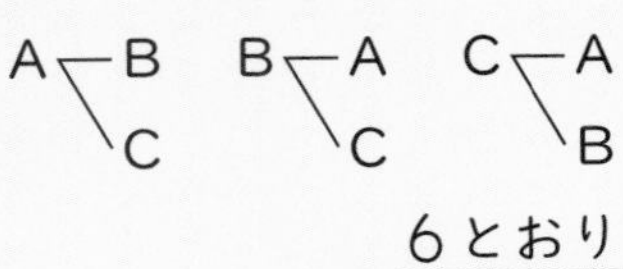

他にも、①　②　③
などの調べ方があるよ。

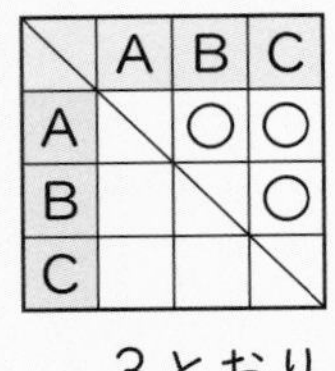

考え方 ①、②、③を縦と横に入れた表をかくと、下のようになります。

	①	②	③
①	＼	○	○
②		＼	○
③			＼

試合の組み合わせに○をつけると、左の表のようになります。
全部で ① ____ とおり

上の表の○をつけた組み合わせをすべてかいて、何とおりあるかも答えましょう。

答え 試合の組み合わせ　1組―2組、② ____ 組―3組、③ ____ 組―3組

全部で ④ ____ とおり

2 A、B、C、Dの4チームで、どのチームも1回ずつあたるように試合をします。試合の組み合わせをすべてかきましょう。また、全部で何とおりあるかも答えましょう。

図や表にかいて調べましょう。

考え方 A、B、C、Dを縦と横に入れた表をかくと、下のようになります。

	A	B	C	D
A	＼	○	○	○
B		＼	○	○
C			＼	○
D				＼

試合の組み合わせに○をつけると、左の表のようになります。
全部で ① ____ とおり

他にも、樹形図を使って、
A─B、A─C、A─D　B─C、B─D　C─D
と調べることもできるよ。

上の表の○をつけた組み合わせをすべてかいて、何とおりあるかも答えましょう。

答え 試合の組み合わせ　A―B、A―② ____、A―③ ____

B―④ ____、⑤ ____ ―D、C―D

全部で ⑥ ____ とおり

ヒント 並べ方で使った樹形図を使って、組み合わせを求めることもできるよ。

練習

★できた問題には、「た」をかこう！★

学習日　月　日

答え 29ページ

1 さくらさん、せいやさん、たくみさんの３人が、２人ずつオセロゲームをします。どの人とも１回ずつあたるようにゲームをするとき、ゲームは全部で何回ですか。

３人をⓢ、ⓢ、ⓣとして、表にかいて調べて、答えを求めましょう。

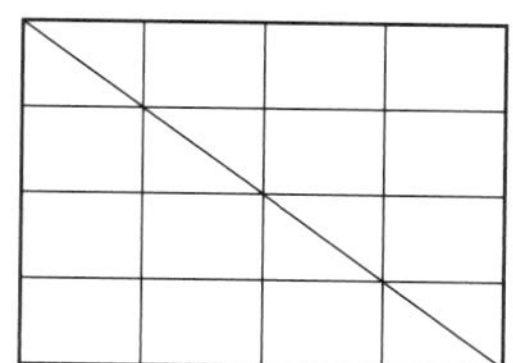

答え（　　　　　　　）

2 みかん、りんご、もも、ぶどうの４種類のゼリーがあります。この中から２種類のゼリーを選んで買います。買い方は全部で何とおりありますか。

表をかいてみよう。

答え（　　　　　　　）

3 A、B、C、D、Eの５チームが野球の試合をします。どのチームも１回ずつあたるように試合をするとき、試合の数は、全部で何試合になりますか。

答え（　　　　　　　）

4 赤、白、黄、緑、黒の５種類の色紙から、２種類を選んで使います。色紙の組み合わせは全部で何とおりありますか。

答え（　　　　　　　）

ヒント　**4**　５種類の色紙を、ⓐ、ⓘ、ⓚ、ⓜ、ⓚとして表をつくり、組み合わせに○をつけよう。

学習日　月　日

29 組み合わせ②

答え 30ページ

いくつかを選んで組み合わせる

・選ぶ個数が3つ、4つ、5つ…のときは、表をかいて、○をつけて組み合わせを調べます。

例 A、B、C、Dの4つから3つ選ぶ。

A	B	C	D
○	○	○	
○	○		○
○		○	○
	○	○	○

4とおり

並(なら)べ方…順番が大切
組み合わせ…順番は無関係
だよ。

1 オレンジ、バナナ、ストロベリー、メロンの4種類のジュースがあります。このうち、3種類を選んで買います。組み合わせは、全部で何とおりありますか。

4種類のジュースを、㋔、㋩、㋜、㋱として、表をかいて調べましょう。

考え方 選ぶものに○をつけて考えます。

㋔、㋩、㋜を選ぶときは、

㋔	㋩	㋜	㋱
○	○	○	

とかくことができます。

㋔	㋩	㋜	㋱
○	○	○	
○	○		○

（①左の表ののこりをかきましょう。）

4種類から3種類を選ぶとき、選ばない1種類に×をつけることで調べることもできるよ。

㋔	㋩	㋜	㋱
			×
		×	
	×		
×			

4とおり

上の表を見て、組み合わせが全部で何とおりあるか答えましょう。

答え 全部で ② とおり

2 あいさん、えみさん、かなさん、まことさん、ゆうきさんの5人の中から、委員になる3人を選びます。委員の選び方は、全部で何とおりありますか。

5人を㋐、㋓、㋕、㋮、㋴として、表をかいて調べましょう。

考え方

㋐	㋓	㋕	㋮	㋴
○	○	○		
○	○		○	

㋐	㋓	㋕	㋮	㋴

㋐、㋓、㋕の3つを選ぶときは、㋐と㋓と㋕に○をつけます。
（①順番に、3つずつ○をつけていきましょう。）

上の表を見て、委員の選び方が何とおりあるかを答えましょう。

答え 全部で ② とおり

ヒント いくつかのものを選ぶ組み合わせは、選ばないものに×をつけて調べることもできるよ。

学習日　　月　　日

★できた問題には、「た」をかこう！★

答え　30ページ

1 赤、白、黄、黒の4種類のボールが1個ずつあります。この4個の中から、3個をふくろに入れます。ふくろに入れるボールの組み合わせは、全部で何とおりありますか。

表をかこう。

答え(　　　　　)

2 A、B、C、D、Eの5つのテーブルがあります。このうち、4つのテーブルを使うとき、使う4つのテーブルの組み合わせは、全部で何とおりありますか。

表をかいて選ばない1つに×をつけると早く求められるよ。

答え(　　　　　)

3 ショートケーキ、チョコレートケーキ、チーズケーキ、タルトケーキ、ムースケーキの5種類の中から、3種類を選んで買います。ケーキの組み合わせは、全部で何とおりありますか。

答え(　　　　　)

4 A、B、C、D、E、Fの6つのチームのうち、上位4チームが決勝に進みます。決勝に進むことができる4チームの組み合わせは、全部で何とおりありますか。

答え(　　　　　)

4 6チームの中から4チームに○をつけることは、決勝に進むことができない2チームに×をつけることと同じだよ。

30 データの調べ方①

答え 31ページ

平均とちらばりのようすと代表値

①データの特徴を表すのに、平均値を使うことがあります。平均値＝資料の合計÷資料の個数
②ちらばりのようすを表した右のような図を、ドットプロットといいます。
③代表値　中央値ーデータの値を大きさの順に並べたとき、ちょうど真ん中の値
　最頻値ーデータの値の中で、いちばん多く出てくる値

例 5人のテストの記録

生徒	①	②	③	④	⑤
得点(点)	5	7	3	9	7

ドットプロット

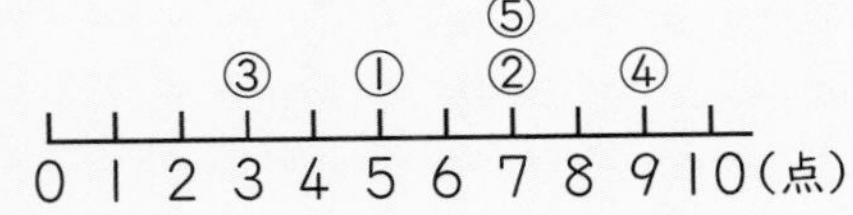

1 次の表は、グループの50m走の記録です。ちらばりのようすを、下のドットプロットに表しました。平均値を表すところに↑をかきましょう。

子ども	①	②	③	④	⑤	⑥	⑦	⑧	⑨	⑩	⑪	⑫	⑬	⑭	⑮	⑯	⑰	⑱
時間(秒)	10.5	9.0	9.5	9.1	8.4	9.7	9.7	8.6	9.8	10.0	9.6	10.1	9.2	9.7	8.6	10.6	9.3	9.6

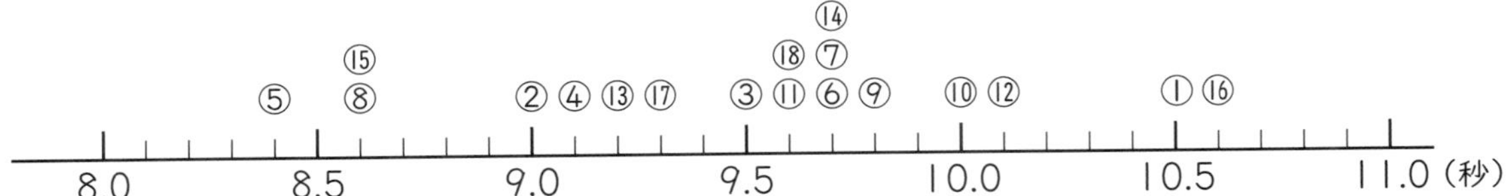

平均値を求めましょう。
データの値の合計はかかった時間の合計、データの個数はグループの人数です。

式 (10.5＋9.0＋9.5＋①□＋8.4＋9.7＋9.7＋8.6＋9.8＋10.0＋9.6＋10.1＋9.2＋9.7＋8.6＋10.6＋9.3＋9.6)÷18＝②□(秒)

上のドットプロットに↑をかきましょう。

答え 上のドットプロットに記入。

2 **1**の記録で、中央値、最頻値は、それぞれ何秒ですか。

ドットプロットを見て、考えましょう。
データの数が偶数のときは、真ん中の2つの値の平均が中央値です。記録は18個なので、中央値は9番目と10番目の記録の平均になります。

式 $\frac{①\square + ②\square}{2}$ ＝③□

データの値の中で、いちばん多く出てくる値が最頻値だから、⑥、⑦、⑭の④□人の記録の値を見ます。

答えをかきましょう。

答え 中央値⑤□秒、最頻値⑥□秒

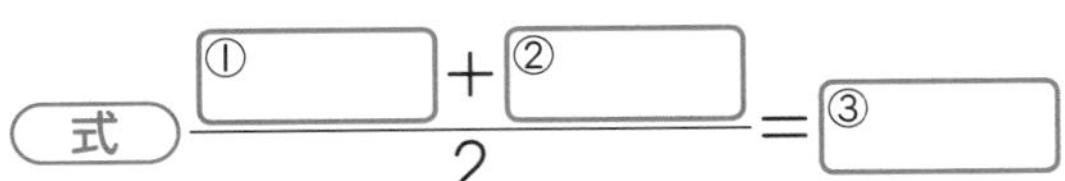

代表値を答えるときは、単位のつけ忘れに注意しましょう。

学習日　月　日

★できた問題には、「た」をかこう！★

1 でき　2 でき

答え 31ページ

1 次の表は、Aグループの１日の読書の時間を調べたものです。

子ども	①	②	③	④	⑤	⑥	⑦	⑧	⑨	⑩	⑪	⑫	⑬	⑭	⑮	⑯	⑰	⑱	⑲	⑳
時間（分）	55	30	45	50	50	15	55	40	25	45	25	50	35	55	30	50	35	35	65	40

(1)読書の時間を、ドットプロットに表しましょう。

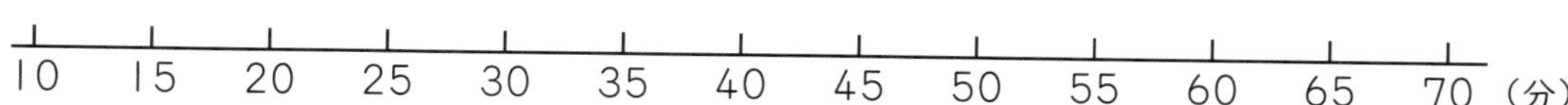

(2)読書の時間の平均値は、何分ですか。

式

答え（　　　）

(3)中央値、最頻値は、それぞれ何分ですか。

答え　中央値（　　　）　最頻値（　　　）

2 次の表は、Bグループの１日の読書の時間を調べたものです。

子ども	①	②	③	④	⑤	⑥	⑦	⑧	⑨	⑩	⑪	⑫	⑬	⑭	⑮	⑯
時間（分）	40	35	30	50	45	35	30	40	35	25	45	25	30	45	40	30

(1)読書の時間を、ドットプロットに表しましょう。

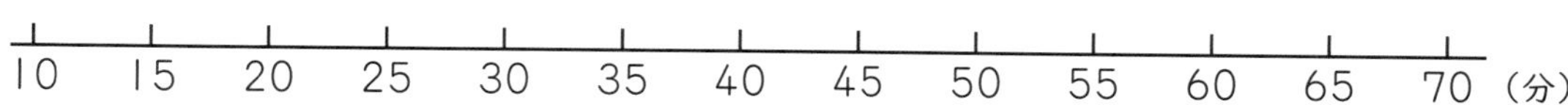

(2) **1** のAグループと **2** のBグループでは、どちらの方が平均値が大きいですか。

答え（　　　）

ヒント　**2** (2)Bグループの平均値を計算しよう。

ぴったり1 準備

学習日 月 日

31 データの調べ方②

答え 32ページ

度数分布表

・右のように、データのちらばりのようすを整理した表を、度数分布表といいます。
・区切った１つ１つの区間を階級といいます。
例 5分以上 10 分未満
・それぞれの階級にはいるデータの数を度数といいます。
例 10 分以上 15 分未満の階級の度数は 10 人

学校までの通学時間

時間（分）	人数（人）
0以上～5未満	4
5～10	6
10～15	10
15～20	8
20～25	2
合　計	30

1 右の表は、ひろとさんの学校の６年１組、２組で、通学時間を調べて整理したものです。通学時間が 20 分以上の人の数はそれぞれ何人ですか。

通学時間（６年１組）

時間（分）	人数（人）
0以上～5未満	5
5～10	6
10～15	13
15～20	4
20～25	2
合　計	30

通学時間（６年２組）

時間（分）	人数（人）
0以上～5未満	3
5～10	8
10～15	10
15～20	9
20～25	5
合　計	35

20 分以上の人は、どの階級にふくまれるかを考えましょう。
20 分以上の人がふくまれる階級は、20 分以上 25 分未満の階級しかありません。
１組の度数は ① 人、２組の度数は ② 人です。

答えをかきましょう。

答え １組 ③ 人、２組 ④ 人

2 **1** のとき、通学時間が 15 分未満の人の数は、それぞれ何人ですか。

15 分未満の人は、どの階級にふくまれるかを考えましょう。
15 分未満の人がふくまれる階級は、0分以上5分未満の階級と、5分以上 10 分未満の階級と、① 分以上 ② 分未満の階級です。

人数を求める式をかいて、答えを求めましょう。

式 １組 ③ ＋6＋13＝ ④ 、

式 ２組　3＋ ⑤ ＋10＝21

答え １組 ⑥ 人、２組 ⑦ 人

「以上」、「以下」は、その値をふくむよ。
「未満」、「～より」は、その値をふくまないよ。

3 **1** のとき、いちばん人数が多い階級はそれぞれどの階級ですか。

考え方 度数がいちばん大きい階級です。

答え １組 ① 分以上 15 分未満、２組 ② 分以上 ③ 分未満

ヒント データのちらばりのようすのことを分布といいます。

ぴったり2

練習

★できた問題には、「た」をかこう！★

学習日　月　日

答え 32ページ

1 右の表は、ある学校の5年生と6年生の1日の読書の時間を調べたものです。

1日の読書時間(5年生)

時間(分)	人数(人)
0以上～10未満	6
10～20	7
20～30	10
30～40	5
40～50	3
50～60	1
60～70	0
合計	32

1日の読書時間(6年生)

時間(分)	人数(人)
0以上～10未満	2
10～20	5
20～30	7
30～40	9
40～50	12
50～60	8
60～70	1
合計	44

(1) 5年生と6年生の1日の読書時間が60分以上の人の数は、それぞれ何人ですか。

答え　5年生(　　　)

6年生(　　　)

(2) 5年生と6年生の1日の読書時間が20分未満の人の数は、それぞれ何人ですか。

0分以上10分未満の人数と、10分以上20分未満の人数の合計を求めよう。

答え　5年生(　　　)

6年生(　　　)

2 右の表は、6年1組の国語と算数のテストの結果を調べたものです。

テストの得点(国語)

得点(点)	人数(人)
0以上～10未満	1
10～20	1
20～30	1
30～40	2
40～50	1
50～60	2
60～70	15
70～80	8
80～90	4
90～100	0
合計	35

テストの得点(算数)

得点(点)	人数(人)
0以上～10未満	0
10～20	0
20～30	1
30～40	1
40～50	3
50～60	8
60～70	14
70～80	5
80～90	2
90～100	1
合計	35

(1) 国語の得点が80点以上の人の数は、何人ですか。

答え(　　　)

(2) 算数の得点が40点未満の人の数は、何人ですか。

答え(　　　)

(3) 国語でいちばん人数が多い階級は、どの階級ですか。

答え(　　　)

(4) 70点以上の人の数が多いのは、国語と算数のどちらですか。

答え(　　　)

2 (4)得点が70点以上の人の数を比べるよ。

32 データの調べ方③

答え 33ページ

ヒストグラム（柱状(ちゅうじょう)グラフ）

①ヒストグラムで、ちらばりのようすがよくわかります。

②グラフのかき方

1. 表題をかく。
2. 横軸(じく)にデータの記録、縦(たて)軸に数量の目もりを入れる。
3. 記録の階級を横、数量を縦とする長方形をかく。

例 あるグループ15人の身長

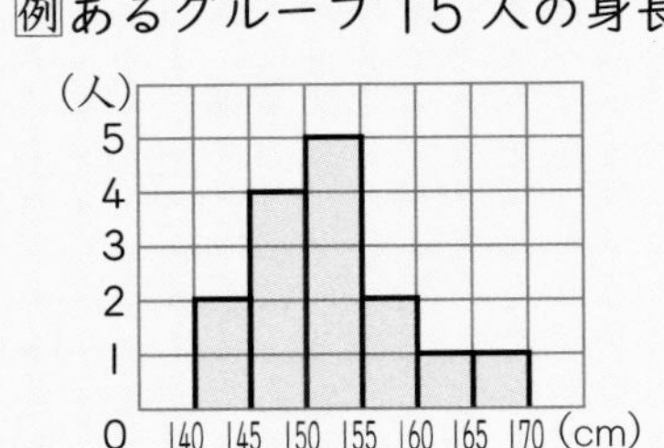

1 右の表は、6年3組の子どもが1日あたりにどのくらいの時間ゲームをするかについて調べた度数分布表(どすうぶんぷひょう)です。これをヒストグラムに表しましょう。

長方形をかいて、ヒストグラムを完成させましょう。

ゲームをする時間

時間（分）	人数（人）
10以上～20未満	1
20～30	4
30～40	7
40～50	6
50～60	5
60～70	3
70～80	4
合計	30

ゲームをする時間

考え方 度数分布表から、ゲームをする時間が30分以上40分未満の人数は ① ［　　］ 人なので、ヒストグラムの長方形の縦の長さは7になります。

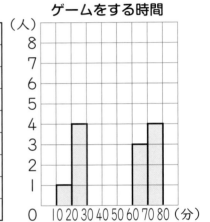

答え 右の図に記入。

縦軸が人数だから、
人数が多ければ、
長方形は高くなるね。

2 右の表は、箱にはいっているりんごの重さを調べたものです。これをヒストグラムに表しました。いちばん度数が多いのは、どの階級(かいきゅう)ですか、また、度数が同じ階級はどれとどれですか。

ヒストグラムをみて調べましょう。

りんごの重さ調べ

重さ（g）	個数（個）
270以上～280未満	1
280～290	3
290～300	2
300～310	8
310～320	6
320～330	4
330～340	2
合計	26

りんごの重さ調べ

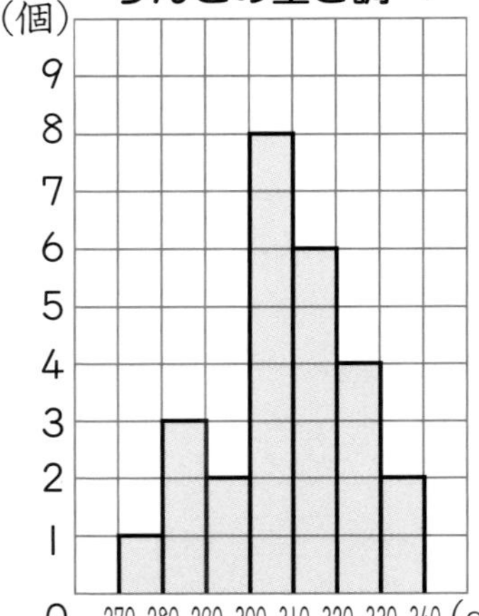

答え いちばん度数が多い階級

① ［　　　　］

度数が同じ階級

② ［　　　　］ と ③ ［　　　　］

ヒント 柱状グラフは、棒(ぼう)グラフとちがって、すき間がないことに注意しよう。

答え 33ページ

1 右の表は、6年1組のソフトボール投げの記録について調べた度数分布表です。これを、ヒストグラムに表しました。

ソフトボール投げ

きょり(m)	人数(人)
10以上〜15未満	1
15〜20	2
20〜25	5
25〜30	9
30〜35	6
35〜40	4
40〜45	1
合計	28

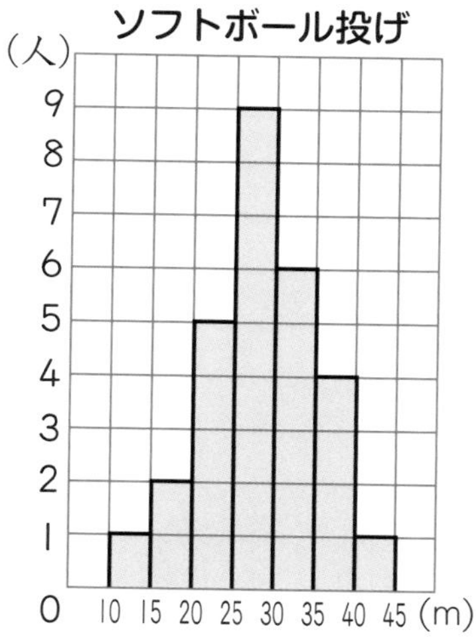

(1)いちばん度数が多いのは、どの階級ですか。

答え(　　　　)

(2)6年1組の記録の平均値を計算すると、28.4 m でした。これはどの階級にはいりますか。

答え(　　　　)

2 右の表は箱にはいっているみかんの重さを調べた度数分布表です。これをヒストグラムに表しました。

みかんの重さ

重さ(g)	個数(個)
70以上〜 80未満	1
80〜 90	3
90〜100	4
100〜110	7
110〜120	5
120〜130	2
130〜140	0
合計	22

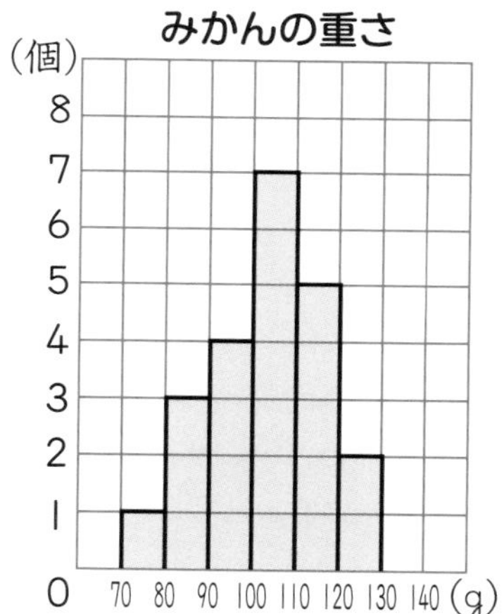

(1)いちばん度数が少ないのは、どの階級ですか。また、個数はいくつですか。

答え　階級(　　　　)　個数(　　　　)

(2)表とヒストグラムから、次のことがらⒶ、Ⓑが正しいといえるときは○、正しくないときは×をかきましょう。

Ⓐ80 g 以上 100 g 未満の度数と、110 g 以上 140 g 未満の度数は等しい。
Ⓑヒストグラムは左右対称になっている。

答え　Ⓐ(　　　　)　Ⓑ(　　　　)

人数が0人のときは、ヒストグラムの長方形の縦の長さが0になるので、その階級の長方形はかかないよ。

学習日　　月　　日

33 データの調べ方④

答え 34ページ

くふうされたグラフ

・今まで習ったグラフの応用です。
グラフによって読みとれることがちがうことに注目しましょう。

ヒストグラムを組み合わせたグラフになっているね。下のようなグラフを、人口ピラミッドというよ。

例 男女別，年れい別人口の割合(わりあい)
2005年　総人口　12777万人

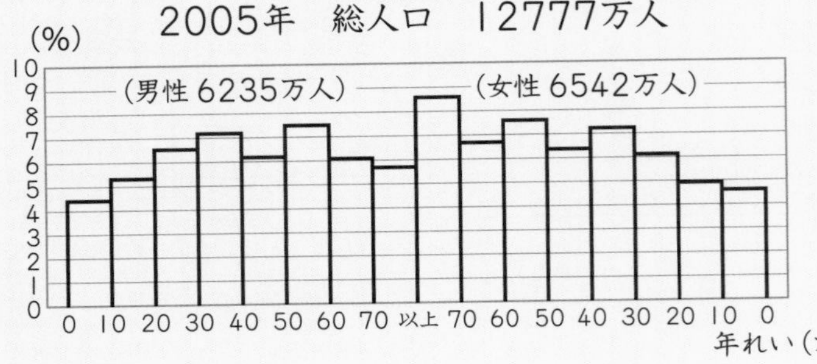

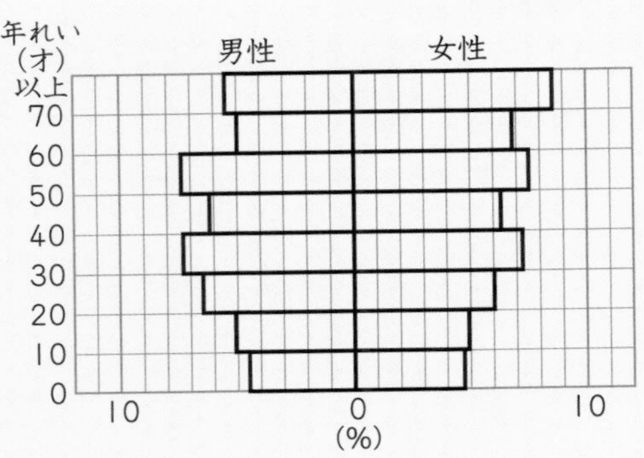

1 右の表は、1975年の日本の男女別、年れい別の人口の割合を表したものです。これをヒストグラムに表しましょう。

総人口　11194万人（男性5509万人　女性5685万人）

年れい 以上 (才)未満	0 10	10 20	20 30	30 40	40 50	50 60	60 70	70 以上
男　性(%)	8.7	7.4	8.9	7.9	7.0	4.2	3.1	2.0
女　性(%)	8.2	7.1	8.8	7.9	7.0	5.2	3.8	2.8

考え方 ヒストグラムは真ん中で分かれていて、左側が男性、右側が女性の割合を表しています。男性の50才以上60才未満の人の割合は、表より ① ％だから、ヒストグラムの男性の50才以上60才未満の階級に、横の長さが ② の目もりの長方形をかきます。

グラフあ

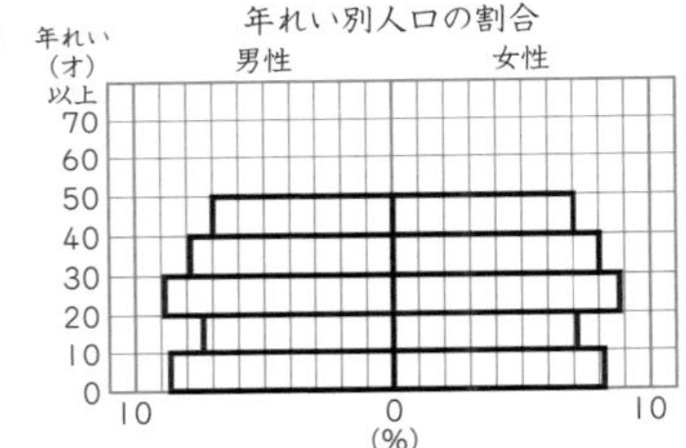

答え 右のグラフあに記入。

2 **1** のグラフあと右のグラフいから、次のことがらⒶ、Ⓑが正しいといえるときは○、正しくないときは×をかきましょう。

Ⓐ1975年の60才以上の人口は、1975年の20才未満の人口の割合より小さい。

Ⓑ1975年から2015年まで、人口は増え続けている。

グラフい　日本総人口の推移(すいい)

（人）1億2500万、1億2000万、1億1500万、1億1000万、0／1975　1985　1995　2005　2015（年）

以上「人口推計(じんこうすいけい)」（総務省統計局(そうむしょうとうけいきょく)）より作成

聞かれていることがどちらのグラフで見分けられるか考えましょう。

考え方 Ⓐ年れい別の割合を見分けるので、グラフ ① を使います。

Ⓑ人口の変化を見分けるので、グラフ ② を使います。

答え Ⓐ ③　　Ⓑ ④

ヒント　どのグラフを使うかは、問題をよく読みとることでわかるよ。

ぴったり2

練習

学習日　　月　　日

★できた問題には、「た」をかこう！★

できた ① できた ②

答え 34ページ

1 右の表は、2018年の日本全国の男女別、年れい別の人口の割合(わりあい)を表したものです。これを、グラフ㋐でヒストグラムに表しましょう。

総人口　12644万人（男性6153万人　女性6491万人）

年れい 以上(才)未満	0〜10	10〜20	20〜30	30〜40	40〜50	50〜60	60〜70	70〜80	80〜
男　性(%)	4.1	4.6	5.1	5.9	7.5	6.3	6.5	5.5	3.1
女　性(%)	3.9	4.4	4.8	5.7	7.5	6.3	6.9	6.5	5.6

左側に男性、右側に女性の
ヒストグラムをつくりましょう。

グラフ㋐

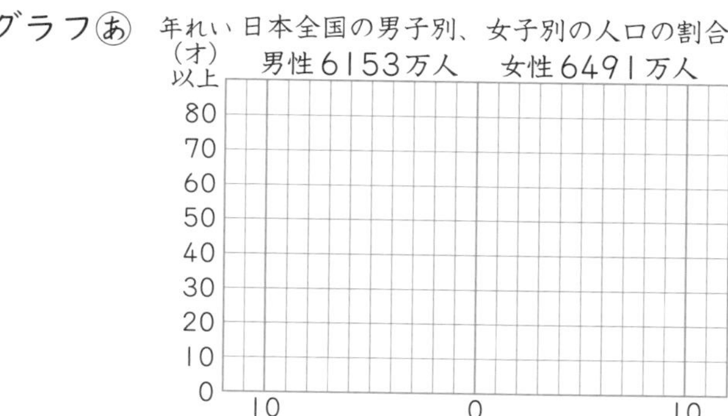

2 **1** のグラフ㋐と、右のグラフ㋑、㋒から、次のことがらⒶ、Ⓑ、Ⓒが正しいといえるか調べましょう。「正しい」、「正しくない」、「データからはわからない」のどれかで答えましょう。

Ⓐ1880年から2000年まで、日本の総人口は年々増加していて、1960年から1980年の間に1億人を突破(とっぱ)している。

Ⓑ2000年ごろから、都道府県別の人口割合が大きい都道府県の人口は増加している。

Ⓒ2018年の70才以上80才未満の男性の人口は、約338万人である。

グラフ㋑

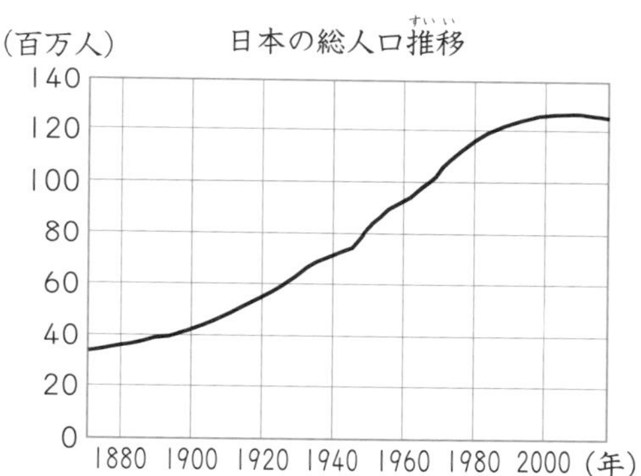

グラフ㋒　**2018年　都道府県別人口割合**

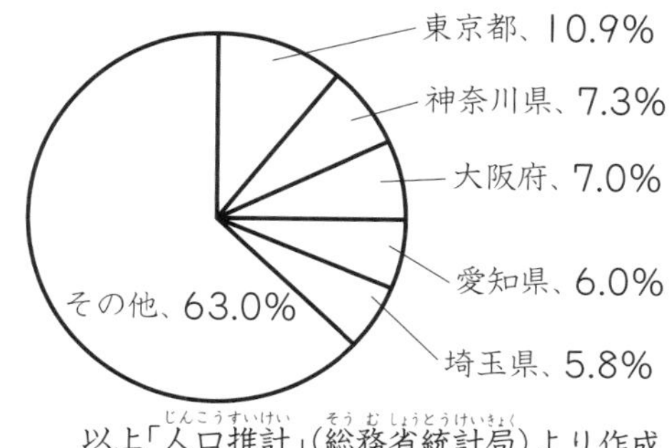

以上「人口推計(じんこうすいけい)」（総務省統計局(そうむしょうとうけいきょく)）より作成

答え　Ⓐ（　　　）
Ⓑ（　　　）
Ⓒ（　　　）

ヒント　**2** Ⓑグラフ㋑とグラフ㋒が関連(かんれん)しているかどうか考えるよ。

6年間のまとめ①

学習日　月　日

時間 20 分　／100　合格 70 点

答え 35ページ

1 めぐみさんは折り紙を48枚、妹は26枚もっています。折り紙は、あわせると全部で何枚ありますか。　式・答え 各6点(12点)

式

答え(　　　)

2 1.8Lで270円のオレンジジュースと、2Lで330円のりんごジュースがあります。　式・答え 各7点(28点)

(1)オレンジジュースとりんごジュースをあわせた量は何Lですか。

式

答え(　　　)

(2)オレンジジュースとりんごジュースを両方買ったときの代金は、何円ですか。

式

答え(　　　)

3 A市の人口は5681人です。B市の人口は4519人です。A市とB市の人口をあわせると、何人ですか。　式・答え 各7点(14点)

式　　　筆算

答え(　　　)

4 緑のバケツに $\frac{4}{7}$ L、赤のバケツに $\frac{5}{6}$ L、青のバケツに $\frac{4}{3}$ Lの水がはいっています。　式・答え 各7点(28点)

(1)緑のバケツと赤のバケツの水をあわせると、何Lですか。

式

答え(　　　)

(2)赤のバケツと青のバケツの水をあわせると、何Lですか。

式

答え(　　　)

5 次の数を数字でかきましょう。　答え 各6点(18点)

(1)1億を3個と、1000万を7個あわせた数

答え(　　　)

(2)1億を85個と、1万を2個あわせた数

答え(　　　)

(3)1兆を213個と1億を39個と1万を4010個あわせた数

答え(　　　)

6年間のまとめ②

学習日 月 日

時間 20 分 ／100 合格 70 点

答え 35 ページ

1 1冊(さつ) 140円のノートを6冊買います。全部で代金は何円になりますか。

式・答え 各6点(12点)

式

答え(　　　)

2 右の図のような長方形があります。

式・答え 各6点(24点)

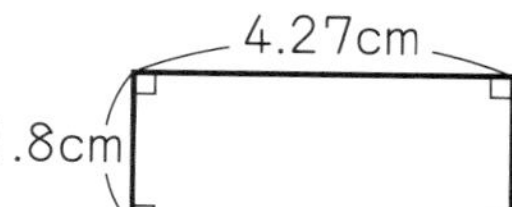

(1)この長方形のまわりの長さは何 cm ですか。

式

答え(　　　)

(2)この長方形の面積は、何 cm^2 ですか。

式

答え(　　　)

3 1mの重さが 3.6gの針金(はりがね)があります。この針金の 0.4mの重さは、何gですか。

式・答え 各6点(12点)

式

答え(　　　)

4 区役所で、1台 194900円のパソコンを 53台買うことになりました。代金の合計は、約何円ですか。上から2けた×上から1けたのがい数にして、見積りましょう。

式・答え 各8点(16点)

式

答え(　　　)

5 底辺が $1\frac{2}{7}$ m、高さが $2\frac{1}{3}$ m の平行四辺形の面積は、何 m^2 ですか。

式・答え 各6点(12点)

式

答え(　　　)

6 しんじさんの体重は、お父さんの体重の $\frac{3}{5}$ 倍にあたり、弟の体重は、しんじさんの体重の $\frac{6}{7}$ 倍です。お父さんの体重は 70kg です。

式・答え 各6点(24点)

(1)しんじさんの体重は何 kg ですか。

式

答え(　　　)

(2)弟の体重は何 kg ですか。

式

答え(　　　)

6年間のまとめ③

学習日　　月　　日

時間 20 分

／100

合格 70 点

答え 36ページ

1 たすくさんが野球の練習をしています。かごにボールが41個はいっていましたが、ノックで17個使いました。かごに残っているボールは何個ですか。

式・答え 各7点(14点)

式

答え(　　　　)

2 2.5Lあった牛乳(ぎゅうにゅう)を、まさとさんが0.55L、お兄さんは0.8L飲みました。

式・答え 各6点(24点)

(1)まさとさんとお兄さんは、どちらが何L多く飲みましたか。

式

答え(　　　　)

(2)残っている牛乳は何Lですか。

式

答え(　　　　)

3 みきさんは、8時40分に山を登り始めました。とちゅうの広場で15分休けいをして、再び山を登ったところ、山の頂上(ちょうじょう)に12時に着きました。山を登っていた時間は、何時間何分ですか。

(10点)

答え(　　　　)

4 A駅からB駅までの道のりは、$2\frac{2}{3}$ kmです。A駅とB駅の間にある図書館から、A駅までの道のりは$\frac{5}{4}$ kmです。

(1)式・答え 各7点　(2)答え 10点(24点)

(1)図書館からB駅までの道のりは何kmですか。

式

答え(　　　　)

(2)図書館はA駅とB駅のどちらの方が近いですか。

答え(　　　　)

5 ある市の人口は、男性が401625人で、女性が397049人です。

式・答え 各7点(28点)

(1)この市の人口は、約何万人ですか。

式

答え(　　　　)

(2)この市は男性と女性のどちらが、約何千人多いですか。

式

答え(　　　　)

6年間のまとめ④

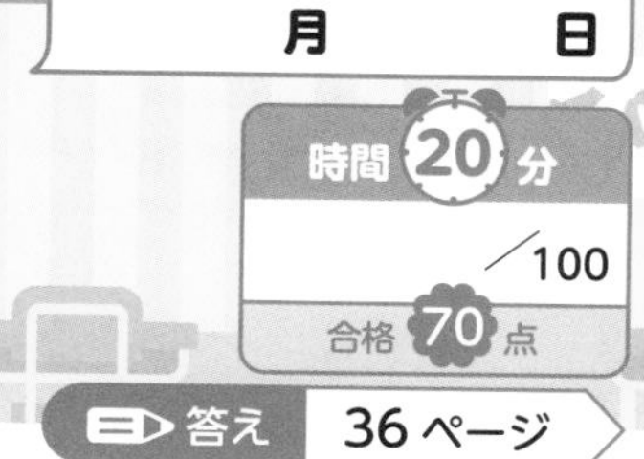

答え 36ページ

1 チューリップの球根が64個あります。この球根を4人の子どもが同じ数ずつ植えます。1人、何個ずつ球根を植えることになりますか。　式・答え 各6点(12点)

式

答え(　　　　)

2 6年生114人で遠足に行きました。観光バスを使ったところ、バス代は131100円でした。114人で支払(しはら)うとき、1人あたり何円になりますか。　式・答え 各6点(12点)

式

答え(　　　　)

3 リボンが2.4 mあります。　式・答え 各6点(24点)

(1) 70 cmずつ分けるとき、何本とれて何cmあまりますか。

式

答え(　　　　)

(2) 2.4 mのうち、0.6 mを使ってしまいました。残りを0.6 mずつ分けるとき、何本とれますか。

式

答え(　　　　)

4 お茶 $\frac{5}{4}$ Lを5人で等しく分けて飲みます。1人何L飲めますか。　式・答え 各6点(12点)

式

答え(　　　　)

5 $\frac{8}{9}$ dLの絵の具で、画用紙を $\frac{5}{6}$ m^2 ぬれました。　式・答え 各6点(24点)

(1) この絵の具1dLでは、画用紙を何 m^2 ぬれますか。

式

答え(　　　　)

(2) 15 m^2 の画用紙をぬるためには、何dLの絵の具が必要ですか。

式

答え(　　　　)

6 面積が $4\frac{1}{5}$ cm^2、縦(たて)の長さが $1\frac{3}{4}$ cmの長方形の横の長さは、何cmですか。　式・答え 各8点(16点)

式

答え(　　　　)

6年間のまとめ⑤

答え 37ページ

1 Ｉ個 340 円のケーキを４個買ったときの代金は、何円ですか。　式・答え 各6点(12点)

式

答え（　　　　）

2 ある遊園地の入園料は、おとなはＩ人 7900 円、子どもはＩ人 3860 円です。　式・答え 各6点(24点)

(1)子ども 16 人の入園料は何円ですか。

式

答え（　　　　）

(2)おとな 120 人の入園料は何円ですか。

式

答え（　　　　）

3 Ｉ本 4.1 m のリボンが 37 本あります。全部あわせると何 m ですか。　式・答え 各6点(12点)

式

答え（　　　　）

4 ぶどうジュースを子どもに同じ量ずつ配ります。$\frac{2}{9}$ L ずつ、45 人の子どもたちに配るとき、ぶどうジュースは何 L 必要ですか。　式・答え 各8点(16点)

式

答え（　　　　）

5 右のような、円の一部の形をした画用紙がたくさんあります。　式・答え 各6点(36点)

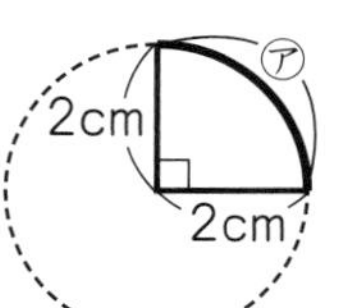

(1)この画用紙の面積は、何 cm^2 ですか。

式

答え（　　　　）

(2)この画用紙が 92 枚(まい)あります。あわせた面積は何 cm^2 ですか。

式

答え（　　　　）

(3)この画用紙が 120 枚あります。㋐の部分の長さは、全部で何 cm ですか。

式

答え（　　　　）

6年間のまとめ⑥

学習日　　月　　日

時間 20 分　　/100　合格 70 点

答え 37ページ

1 Ｉダース入りのチョコレートが５箱あるとき、チョコレートは全部で何個ありますか。

式・答え 各2点(4点)

式

答え(　　　　)

2 長いすが12個あります。長いす１個に何人かずつ座(すわ)ります。

式・答え 各7点(28点)

(1) 6年生が、長いす１個に８人ずつ座ると15人が座れませんでした。6年生は何人いますか。

式

答え(　　　　)

(2) 5年生が、長いす１個に10人ずつ座ると、最後の長いすは４人しか座りませんでした。5年生は何人いますか。

式

答え(　　　　)

3 １ふくろ4.5 kg入りの肥料が７ふくろあります。肥料は全部で何kgありますか。

式・答え 各6点(12点)

式

答え(　　　　)

4 ダンボール１箱に、0.2 L入りの牛乳(ぎゅうにゅう)パックが24本はいっています。

式・答え 各6点(24点)

(1) ダンボールが16箱あるとき、牛乳パックは何本ありますか。

式

答え(　　　　)

(2) ダンボールが７箱あるとき、牛乳は何Lありますか。

式

答え(　　　　)

5 図工で、１人 $\frac{4}{9}$ mずつ針金(はりがね)を配ることにしました。6年のクラスは３クラスあり、１クラスの人数はどのクラスも24人です。

式・答え 各8点(32点)

(1) 針金は全部で何m必要ですか。

式

答え(　　　　)

(2) 針金は１束５mで売っています。全員に配るためには、何束買えばよいですか。

式

答え(　　　　)

6年間のまとめ⑦

学習日　月　日

時間 20 分　／100　合格 70 点

答え 38ページ

1 画用紙が 54 枚(まい)あります。子ども３人で分けるとき、１人分は何枚ですか。

式・答え 各4点(8点)

式

答え(　　　)

2 町内会で防犯用のひもを配ります。ひもは 20 m あり、68 家庭に同じ長さずつ配ります。できるだけ長く配るとき、１家庭の長さは何 cm になり、何 cm あまりますか。ただし、配る長さは cm の単位で整数とします。

式・答え 各6点(12点)

式

答え　１家庭(　　　)　あまり(　　　)

3 11.34 kg の小麦粉を 42 個の入れものに同じ重さずつ入れていきます。

式・答え 各6点(24点)

(1) １個の入れものには、何 kg の小麦粉がいりますか。

式

答え(　　　)

(2) 予備として、500 g を分けずにとっておくことにしました。残りを 42 個に分けると、１個あたり何 kg で、何 g あまりますか。１個あたりの重さを、$\frac{1}{100}$ の位まで求めましょう。

式

答え　１個あたり(　　　)

あまり(　　　)

4 小学生が９人、中学生が３人います。１人あたりえん筆と消しゴムを同じ数ずつ配ると、えん筆 48 本がすべて配れて、消しゴムが８個あまりました。

式・答え 各8点(32点)

(1) えん筆は１人に何本ずつ配りましたか。

式

答え(　　　)

(2) 配る前の消しゴムは、全部で何個ありましたか。

式

答え(　　　)

5 $\frac{4}{5}$ kg の砂糖(さとう)を、家庭科の調理実習で使います。

式・答え 各6点(24点)

(1) ８グループで分けるとき、１グループは何 kg になりますか。

式

答え(　　　)

(2) 調理実習で 11 グループに必要な量を計ると足りなかったので、先生は、追加で $\frac{2}{3}$ kg 用意しました。１グループは何 kg ずつになりますか。

式

答え(　　　)

6年間のまとめ⑧

学習日　月　日

時間 20 分　／100　合格 70 点

答え 38ページ

1 Ｉ人に折り紙を４枚（まい）ずつ配ります。子どもが１２人いるとき、全部で何枚必要ですか。

式・答え 各4点(8点)

式

答え(　　　　)

2 親子のイベントで動物園に来ました。動物園の入園料はおとなが１８００円、子どもが６００円です。人数を数えると、おとなは４２人、子どもは７９人いました。

式・答え 各6点(36点)

(1)おとなの入園料の合計代金は、何円ですか。

式

答え(　　　　)

(2)子どもの入園料の合計代金は、何円ですか。

式

答え(　　　　)

(3)動物園から、イベントのお土産（みやげ）として、ステッカーをプレゼントします。おとなにはＩ人Ｉ枚、子どもにはＩ人２枚ずつ渡（わた）すとき、ステッカーは何枚必要ですか。

式

答え(　　　　)

3 書道の授業で、ぼく汁（じゅう）と半紙を３６人の子どもに配ります。ぼく汁はＩ人0.08 L、半紙はＩ人６枚ずつ配ります。

式・答え 各8点(32点)

(1)ぼく汁は、全部で何Ｌ必要ですか。

式

答え(　　　　)

(2)全員に半紙を配ったら、９枚あまりました。半紙ははじめ、何枚ありましたか。

式

答え(　　　　)

4 レストランのステーキセットは、お肉が $\frac{1}{5}$ kg とソースが 30 mL です。このレストランは、毎朝、ステーキセットを２００人分用意します。

式・答え 各6点(24点)

(1)お肉は全部で何kg必要ですか。

式

答え(　　　　)

(2)ソースは全部で何Ｌ必要ですか。

式

答え(　　　　)

6年間のまとめ⑨

学習日　　月　　日

時間 20 分　　/100　合格 70 点

答え 39 ページ

1 6年1組の人数は38人です。5人の班と6人の班をあわせて7つつくります。5人の班と6人の班はそれぞれいくつできますか。　式・答え 各8点(24点)

式

答え　5人(　　　　)　6人(　　　　)

2 30人の子どもたちで、きば戦をします。4人1組できばをつくります。　式・答え 各8点(32点)

(1)きばは何組できますか。

式

答え(　　　　)

(2)あと何人いれば、もう1組できますか。

式

答え(　　　　)

3 6でわっても、8でわっても3あまる数のうち、2けたの数でもっとも大きい数はいくつですか。　(10点)

答え(　　　　)

4 ある年の5月1日は火曜日でした。　答え 各9点(18点)

(1)この年の5月31日は、何曜日ですか。

答え(　　　　)

(2)この年の7月1日は、何曜日ですか。

答え(　　　　)

5 みほさんのクラスでは、1週間ごとにそうじ当番が変わります。クラスの人数は28人で、出席番号の1番から6人ずつそうじ当番になり、最後まで当番がまわったら、1番の人にもどって、必ず6人ずつ当番になります。みほさんの出席番号は21番です。　答え 各8点(16点)

(1)1回目にみほさんがそうじ当番になるのは、そうじ当番が1番から始まってから何週目ですか。

答え(　　　　)

(2)2回目にみほさんがそうじ当番になるとき、いっしょのそうじ当番になるのは、出席番号が何番から何番の人ですか。

答え　出席番号が(　　)番から(　　)番の人

6年間のまとめ⑩

学習日　月　日

時間 20 分

／100

合格 70 点

答え 39ページ

1 6年1組で算数のテストをしました。グループごとに結果をまとめると、次の表のようになりました。　式・答え 各6点(48点)

Aグループ

①	②	③	④	⑤
72	85	64	91	78

(点)

Bグループ

⑥	⑦	⑧	⑨	⑩	⑪
81	79	80	73	94	67

(点)

Cグループ

⑫	⑬	⑭	⑮	⑯
65	86	74		89

(点)

(1) Aグループの平均(へいきん)点は何点ですか。

式

答え(　　　　)

(2) Bグループの平均点は何点ですか。

式

答え(　　　　)

(3) Cグループの平均点が80点のとき、⑮の人の点数は何点ですか。

式

答え(　　　　)

(4) (3)のとき、6年1組の平均点は、何点ですか。

式

答え(　　　　)

2 みささん、りかさん、まりさんが10歩歩いたときの長さは、次の表になりました。　式・答え 各6点(24点)

名前	みささん	りかさん	まりさん
10歩の長さ(m)	5.66	5.58	5.71

(1) 3人の10歩の長さの平均は何mですか。

式

答え(　　　　)

(2) 3人の歩はばの平均を上から2けたの概数(がいすう)で表すと、何mですか。

式

答え(　　　　)

3 ひろきさんは4回テストを受けます。
3回目までの点数の平均は78点でした。
4回の点数の平均を80点以上にしたいとき、4回目は何点以上とればよいですか。　式・答え 各6点(12点)

式

答え(　　　　)

4 家から駅までの1200mの道のりを、行きは分速60m、帰りは分速100mで歩きました。往復の平均の速さは分速何mですか。　式・答え 各8点(16点)

式

答え(　　　　)

6年間のまとめ⑪

学習日　月　日

時間 20 分　／100　合格 70 点

答え 40ページ

1 1班は、マット5枚に15人座っていて、2班はマット4枚に14人座っています。1班と2班のマットではどちらがこんでいますか。　式・答え 各6点(12点)

式

答え(　　　)

2 ガソリン18Lで270km走る自動車Aと、ガソリン34Lで578km走る自動車Bがあります。　式・答え 各6点(24点)

(1) 1Lあたりに走れるきょりを比べて、どちらの方が燃費がよいか求めましょう。

式

答え(　　　)

(2) 1kmあたりに使うガソリンの量を比べて、どちらの方が燃費がよいか求めましょう。

式

答え(　　　)

3 同じノートを、A店では5冊960円で、B店では8冊1552円で売っています。どちらのお店の方が安いですか。　式・答え 各5点(10点)

式

答え(　　　)

4 右の表は、A市とB市の面積と人口です。

	面積(km²)	人口(人)
A市	73	180000
B市	49	100000

式・答え 各6点(30点)

(1) $\frac{1}{10}$の位を四捨五入して、A市の人口密度を求めましょう。

式

答え(　　　)

(2) $\frac{1}{10}$の位を四捨五入して、B市の人口密度を求めましょう。

式

答え(　　　)

(3) どちらの方が面積のわりに人口が多いといえますか。

答え(　　　)

5 長さが56cmで重さが156.8gの針金があります。　式・答え 各6点(24点)

(1) 1cmあたり何gですか。

式

答え(　　　)

(2) この針金70cmの重さは何gですか。

式

答え(　　　)

6年間のまとめ⑫

学習日　　月　　日

時間 20 分　　／100　合格 70 点

答え 40ページ

1 はるみさんは分速 80 m の速さで歩きます。20 分間で進む道のりは何 m ですか。

式・答え 各6点(12点)

式

答え(　　　　)

2 15 分間で 960 m 歩く人の速さは分速何 m ですか。

式・答え 各6点(12点)

式

答え(　　　　)

3 時速 60 km の自動車が 12 km を進むのにかかる時間は何分ですか。

式・答え 各6点(12点)

式

答え(　　　　)

4 電車が秒速 15 m で走っています。20 分間に進む道のりは何 km ですか。

式・答え 各6点(12点)

式

答え(　　　　)

5 25 分間で 2 km 歩いた人の速さは分速何 m ですか。

式・答え 各6点(12点)

式

答え(　　　　)

6 分速 700 m で走るバスと、時速 50 km で走る自動車があります。

(1)式・答え 各8点　(2)答え 8点(24点)

(1)バスと自転車では、どちらが速いですか。

式

答え(　　　　)

(2)バスが 5 時間で進む道のりを、自動車は何時間何分で進みますか。

答え(　　　　)

7 秒速 25 m で走る、長さ 200 m の電車があります。この電車が、長さ 500 m の鉄橋をわたり始めてからわたり終わるまでにかかる時間は何秒ですか。

式・答え 各8点(16点)

式

答え(　　　　)

6年間のまとめ⑬

答え 41 ページ

1 公園の花だんの面積は 200 m² です。この花だんの $\frac{3}{8}$ にひまわりが植えてあります。ひまわりが植えてある面積は何 m² ですか。　式・答え 各6点(12点)

式

答え（　　　　）

2 3000 円のサッカーボールを買いに行きました。この日は雨の日の割引きで、10 % 割引きになりました。サッカーボールは、何円でしたか。　式・答え 各6点(12点)

式

答え（　　　　）

3 ボールを 15 回投げました。その内、3回はストライクでした。ストライクになった割合はいくつですか。　式・答え 各6点(12点)

式

答え（　　　　）

4 1 L のジュースがあります。こうきさんが全体の $\frac{2}{5}$ を飲み、弟は残りの $\frac{1}{3}$ を飲みました。ジュースはあと何 L 残っていますか。　式・答え 各8点(16点)

式

答え（　　　　）

5 放送クラブの人数は、6年生の男子は 15 人、6年生の女子は 20 人です。

式・答え 各6点(48点)

(1) 5年生の男子の人数は、6年生の男子の人数より 20 % 少ないです。5年生の男子の人数は何人ですか。

式

答え（　　　　）

(2) 5年生の女子の人数は、6年生の女子の人数の $\frac{7}{5}$ 倍です。5年生の女子の人数は何人ですか。

式

答え（　　　　）

(3) 5年生の人数は6年生の人数の何 % にあたりますか。小数第1位を四捨五入して整数で表しましょう。

式

答え（　　　　）

(4) 6年生の人数は、5年生と6年生をあわせた人数の何倍ですか。

式

答え（　　　　）

この「丸つけラクラク解答」はとりはずしてお使いください。

教科書ぴったりトレーニング

丸つけラクラク解答

全教科書版
文章題6年

「丸つけラクラク解答」では問題と同じ紙面に、赤字で答えを書いています。

①問題がとけたら、まずは答え合わせをしましょう。

②まちがえた問題やわからなかった問題は、てびきを読んだり、教科書を読み返したりしてもう一度見直しましょう。

おうちのかたへ では、次のようなものを示しています。

- 学習のねらいやポイント
- 学習内容のつながり
- まちがいやすいことやつまずきやすいところ

お子様への説明や、学習内容の把握などにご活用ください。

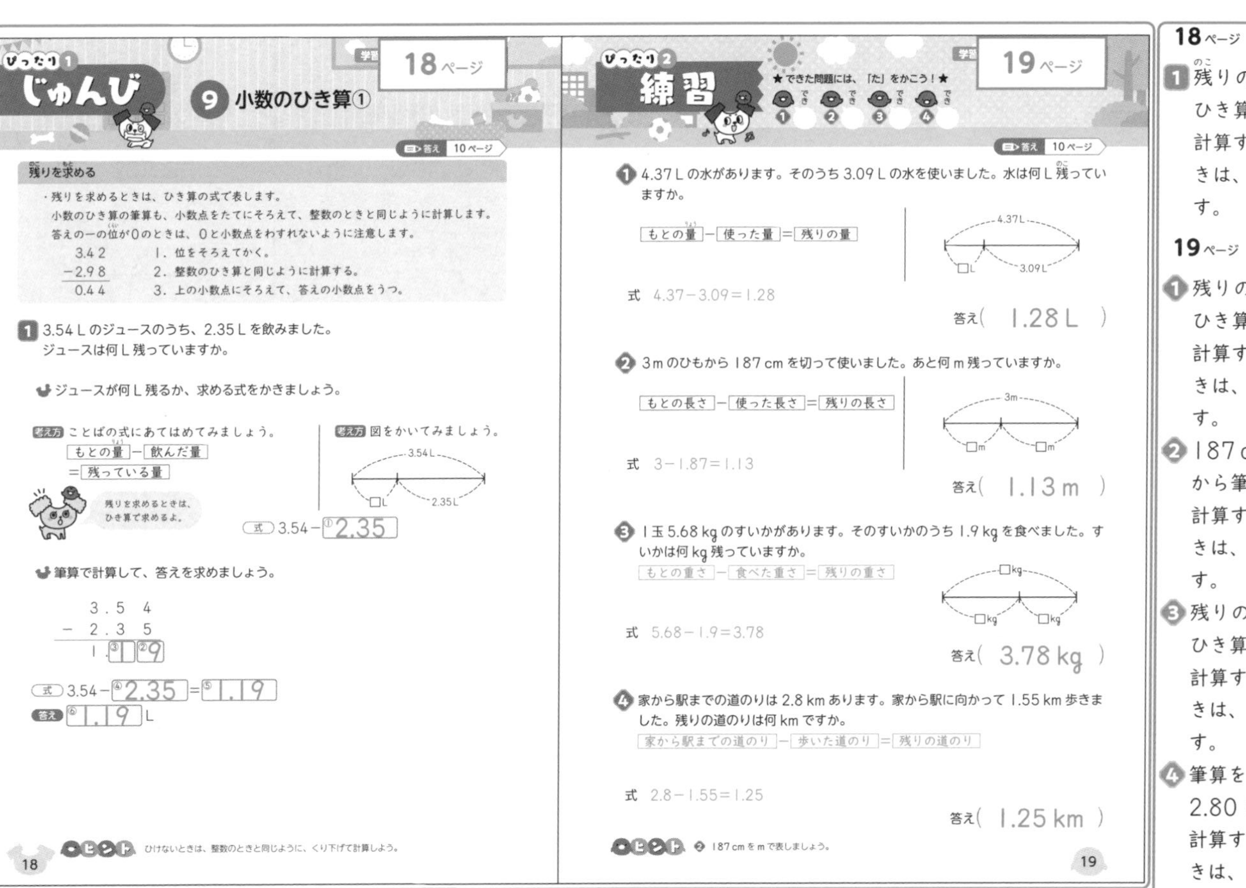

ぴったり1 じゅんび　9 小数のひき算①　18ページ

答え 10ページ

残りを求める

・残りを求めるときは、ひき算の式で表します。
小数のひき算の筆算も、小数点をたてにそろえて、整数のときと同じように計算します。
答えの一の位が0のときは、0と小数点をわすれないように注意します。

3.42 / −2.98 / 0.44

1. 位をそろえてかく。
2. 整数のひき算と同じように計算する。
3. 上の小数点にそろえて、答えの小数点をうつ。

1 3.54 L のジュースのうち、2.35 L を飲みました。ジュースは何 L 残っていますか。

ジュースが何 L 残るか、求める式をかきましょう。

考え方 ことばの式にあてはめてみましょう。
もとの量 − 飲んだ量 = 残っている量

残りを求めるときは、ひき算で求めるよ。

考え方 図をかいてみましょう。
3.54L　□L　2.35L

式 3.54−①2.35

筆算で計算して、答えを求めましょう。

3.54 / −2.35 / 1.②1③9

式 3.54−④2.35=⑤1.19

答え ⑥1.19 L

ヒント ひけないときは、整数のときと同じように、くり下げて計算しよう。

18

ぴったり2 練習　19ページ

★できた問題には、「た」をかこう！★ 1 2 3 4

答え 10ページ

1 4.37 L の水があります。そのうち 3.09 L の水を使いました。水は何 L 残っていますか。

もとの量 − 使った量 = 残りの量

4.37L　□L　3.09L

式 4.37−3.09=1.28

答え（ 1.28 L ）

2 3 m のひもから 187 cm を切って使いました。あと何 m 残っていますか。

もとの長さ − 使った長さ = 残りの長さ

3m　□m　□m

式 3−1.87=1.13

答え（ 1.13 m ）

3 1玉 5.68 kg のすいかがあります。そのすいかのうち 1.9 kg を食べました。すいかは何 kg 残っていますか。

もとの重さ − 食べた重さ = 残りの重さ

□kg　□kg　□kg

式 5.68−1.9=3.78

答え（ 3.78 kg ）

4 家から駅までの道のりは 2.8 km あります。家から駅に向かって 1.55 km 歩きました。残りの道のりは何 km ですか。

家から駅までの道のり − 歩いた道のり = 残りの道のり

式 2.8−1.55=1.25

答え（ 1.25 km ）

ヒント 2 187 cm を m で表しましょう。

19

18ページ

1 残りの量を求めるときは、ひき算を使います。筆算で計算するときにひけないときは、くり下げて計算します。

19ページ

1 残りの量を求めるときは、ひき算を使います。筆算で計算するときにひけないときは、くり下げて計算します。

2 187 cm=1.87 m として から筆算をします。筆算で計算するときにひけないときは、くり下げて計算します。

3 残りの量を求めるときは、ひき算を使います。筆算で計算するときにひけないときは、くり下げて計算します。

4 筆算をするときは、2.8 を 2.80 とかきます。筆算で計算するときにひけないときは、くり下げて計算します。

おうちのかたへ
答えの単位はどの単位か、注意が必要です。長さや重さなどの単位がそろっているか確認させましょう。1 m=100 cm です。忘れやすいですので、くり返し確認させましょう。

見やすい答え

おうちのかたへ

くわしいてびき

※紙面はイメージです。

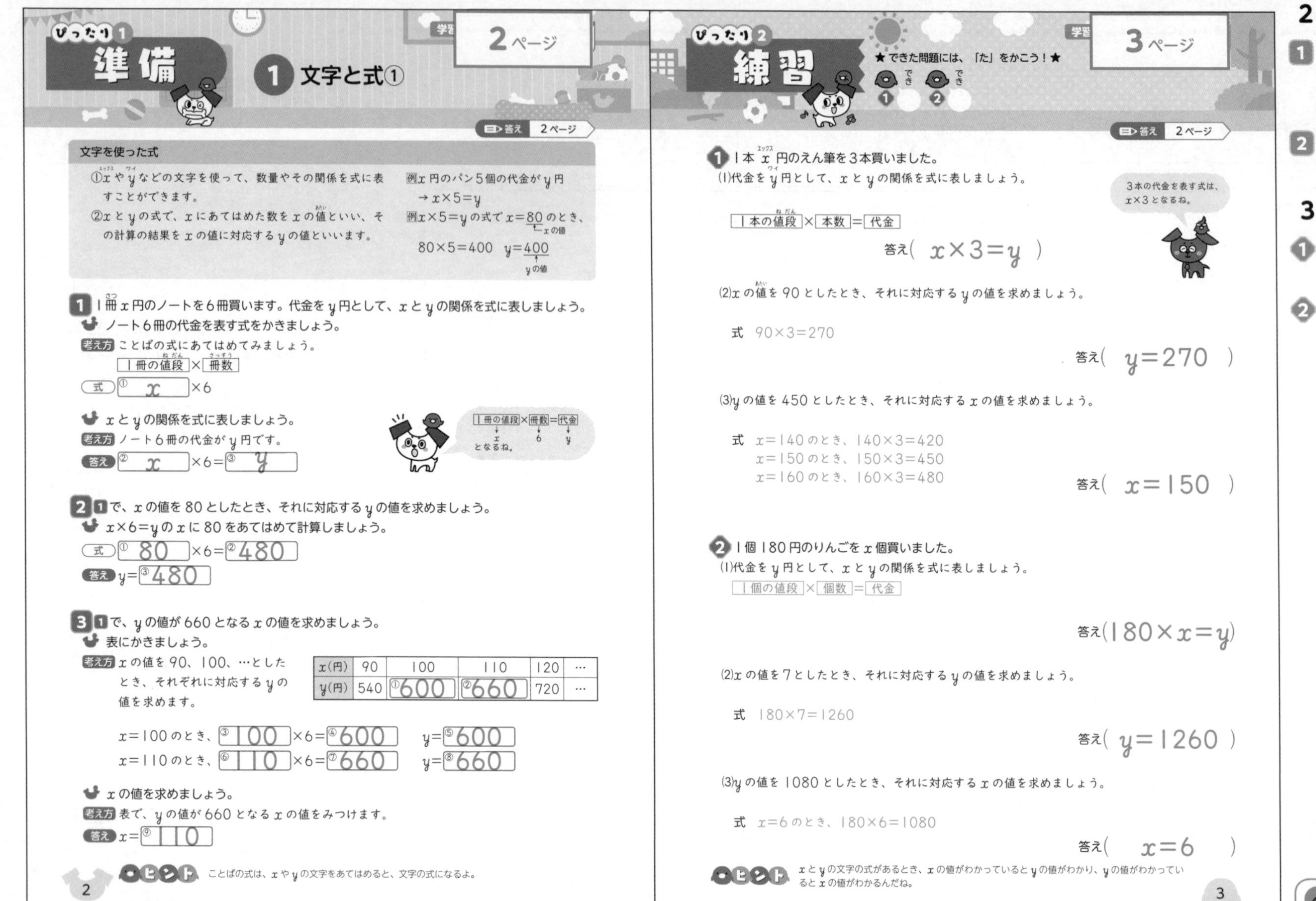

ぴったり1 準備

1 文字と式①

学習日 2ページ

答え 2ページ

文字を使った式

①x や y などの文字を使って、数量やその関係を式に表すことができます。

例 x 円のパン5個の代金が y 円 → $x×5=y$

②x と y の式で、x にあてはめた数を x の値といい、その計算の結果を x の値に対応する y の値といいます。

例 $x×5=y$ の式で $x=80$ のとき、（xの値）
$80×5=400$　$y=400$（yの値）

1 1冊 x 円のノートを6冊買います。代金を y 円として、x と y の関係を式に表しましょう。

ノート6冊の代金を表す式をかきましょう。

考え方 ことばの式にあてはめてみましょう。
1冊の値段×冊数

式 ①x ×6

x と y の関係を式に表しましょう。

考え方 ノート6冊の代金が y 円です。

答え ②x ×6=③y

2 1で、x の値を80としたとき、それに対応する y の値を求めましょう。

$x×6=y$ の x に80をあてはめて計算しましょう。

式 ①80 ×6=②480

答え y=③480

3 1で、y の値が660となる x の値を求めましょう。

表にかきましょう。

考え方 x の値を90、100、…としたとき、それぞれに対応する y の値を求めます。

x(円)	90	100	110	120	…
y(円)	540	①600	②660	720	…

x=100のとき、③100 ×6=④600　y=⑤600

x=110のとき、⑥110 ×6=⑦660　y=⑧660

x の値を求めましょう。

考え方 表で、y の値が660となる x の値をみつけます。

答え x=⑨110

ヒント ことばの式は、x や y の文字をあてはめると、文字の式になるよ。

2

ぴったり2 練習

★できた問題には、「た」をかこう！★ でき1 でき2

学習日 3ページ

答え 2ページ

1 1本 x 円のえん筆を3本買いました。

(1)代金を y 円として、x と y の関係を式に表しましょう。

1本の値段×本数=代金

答え（ $x×3=y$ ）

3本の代金を表す式は、x×3となるね。

(2)x の値を90としたとき、それに対応する y の値を求めましょう。

式 $90×3=270$

答え（ $y=270$ ）

(3)y の値を450としたとき、それに対応する x の値を求めましょう。

式 x=140のとき、140×3=420
x=150のとき、150×3=450
x=160のとき、160×3=480

答え（ $x=150$ ）

2 1個180円のりんごを x 個買いました。

(1)代金を y 円として、x と y の関係を式に表しましょう。

1個の値段×個数=代金

答え（ $180×x=y$ ）

(2)x の値を7としたとき、それに対応する y の値を求めましょう。

式 $180×7=1260$

答え（ $y=1260$ ）

(3)y の値を1080としたとき、それに対応する x の値を求めましょう。

式 x=6のとき、180×6=1080

答え（ $x=6$ ）

ヒント x と y の文字の式があるとき、x の値がわかっていると y の値がわかり、y の値がわかっていると x の値がわかるんだね。

3

2ページ

1 1冊の値段×冊数=代金に x、y の文字がどのように対応するか考えましょう。

2 x の値をあてはめれば、y の値がわかります。

3ページ

1 (2)(1)の式で、x に90をあてはめて、計算しましょう。

2 (3)(2)で x=7のとき、y=1260だったので、y=1080となる x の値は、7より小さい値を調べればよいことがわかります。

おうちのかたへ

今まで□で表していたものが、x や y に代わることに慣れさせていきましょう。文字に置きかえることが苦手な場合は、最初は言葉や□や数を使った式から考えさせるとよいでしょう。

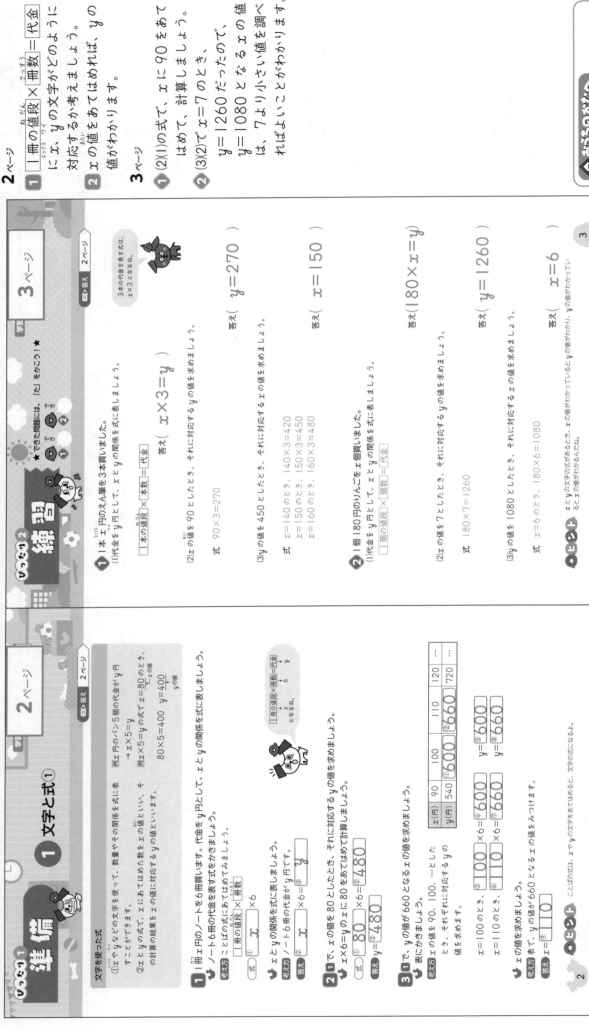

ぴったり1 準備　**4ページ**

2 文字と式②

答え 3ページ

文字を使った式

①x や y などの文字を使って、数量やその関係を式に表すことができます。
②式に使う計算は、×だけでなく、＋を使うこともあります。
③x と y の式で、ある y の値に対応する x の値を求めたいときは、x の値をいくつかあてはめて求めることができます。

例90 円のパン x 個と、120 円のジュース 1 本買うときの代金が y 円
→ $90\times x+120=y$

例$90\times x+120=y$ のとき、y の値が 300 となる x の値
→ $x=2$ のとき、$90\times 2+120=300$

1 1 個 300 g のりんごを何個かと、1 個 400 g のメロンが 1 個あります。りんごの個数を x 個、りんごとメロンをあわせた重さを y g として、x と y の関係を式に表しましょう。

あわせた重さを表す式をかきましょう。

考え方 ことばの式にあてはめてみましょう。
りんご 1 個の重さ × 個数 ＋ メロン 1 個の重さ

式 ①300 × ②x ＋400

x と y の関係を式に表しましょう。

考え方 りんご x 個と、メロン 1 個をあわせた重さが y g です。

答え 300×③x ＋④400 ＝⑤y

2 1で、x の値を4、5、6、…としたとき、それぞれに対応する y の値を求めて表にかきましょう。

1の式で、x に4や5や6をそれぞれあてはめて計算しましょう。

考え方 $x=4$ のとき、300×①4 ＋400＝②1600
$x=5$ のとき、300×③5 ＋400＝④1900
$x=6$ のとき、300×⑤6 ＋400＝⑥2200

表のあてはまるところに、求めた y の値をかきましょう。

考え方 $x=4$ のとき、$y=1600$ となるので、表の x が4の下に 1600 をかきます。

答え

x(個)	4	5	6	…
y(g)	⑦1600	⑧1900	⑨2200	…

3 1で、2000 g まではかれるはかりにのせるとき、400 g のメロン 1 個と、300 g のりんごを何個まではかることができますか。

2の表から、y の値が 2000 をこえない x の値をみつけましょう。

考え方 2の表から、$x=$①5 のとき、y は 1900 となるので 2000 をこえなくて、
$x=$②6 のとき、y は 2200 となり 2000 をこえています。

答え ③5 個

ヒント y の値がある値になるときの x の値を求めたいときは、x の値はてきとうな値をあてはめてしらべるよ。

ぴったり2 練習　**5ページ**

★できた問題には、「た」をかこう！★　でき 1　でき 2

答え 3ページ

1 60 g のたまごが何個かと、500 g の牛乳が 1 本あります。

(1)たまごの個数を x 個、たまごと牛乳をあわせた重さを y g として、x と y の関係を式に表しましょう。

たまご 1 個の重さ × 個数 ＋ 牛乳 1 本の重さ ＝ あわせた重さ

ことばの式にあてはめて考えよう。

答え（$60\times x+500=y$）

(2)x の値を7、8、9、…としたとき、それぞれに対応する y の値を求めて表にかきましょう。

$x=7$ のとき、$60\times 7+500=920$
$x=8$ のとき、$60\times 8+500=980$
$x=9$ のとき、$60\times 9+500=1040$

答え

x(個)	7	8	9
y(g)	920	980	1040

(3)1000 g まではかれるはかりにのせるとき、500 g の牛乳 1 本と 1 個 60 g のたまごを何個まではかることができますか。

(2)の表から、$x=8$ のときは y の値が 1000 をこえず、
$x=9$ のときは y の値が 1000 をこえる。

(2)の表から、みつけよう。

答え（ 8個 ）

2 70 円のえん筆を何本かと、180 円の消しゴムを 1 個買います。

(1)えん筆の本数を x 本、全部の代金を y 円として、x と y の関係を式に表しましょう。

えん筆 1 本の値段 × 本数 ＋ 消しゴム 1 個の値段 ＝ 代金

答え（$70\times x+180=y$）

(2)x の値を4、5、6、…としたとき、それぞれに対応する y の値を求めて表にかきましょう。

$x=4$ のとき、$70\times 4+180=460$
$x=5$ のとき、$70\times 5+180=530$
$x=6$ のとき、$70\times 6+180=600$

答え

x(本)	4	5	6
y(円)	460	530	600

(3)1000 円では、180 円の消しゴム 1 個と、70 円のえん筆を何本まで買うことができますか。

$x=11$ のとき、$70\times 11+180=950$　y の値は 1000 をこえない。
$x=12$ のとき、$70\times 12+180=1020$　y の値は 1000 をこえる。

答え（ 11本 ）

ヒント 2 (3)x の値を9、10、11…として、y の値が 1000 をこえない x の値でいちばん大きい数をみつけるよ。

4ページ

1 x と y の関係を式にし、x の値と y の値を求めて、表に表すことを練習しましょう。

2 表にかくときは、x の値を4、5、6としたとき、それぞれに対応する y の値を求めましょう。

3 表から、y が 2000 をこえない x の値でいちばん大きい数をみつけましょう。

5ページ

1 (3)y の値が 1000 をこえない x の値でいちばん大きい数をみつけましょう。

2 (3)y の値が 1000 をこえない x の値でいちばん大きい数をみつけましょう。

おうちのかたへ

文字を使うと、表現が簡潔で見やすくなります。文字には、いろいろな数をあてはめることができることを理解させてください。x、y の文字式がわからなくなったら、「ことばの式」にもどって、考える習慣をつけさせましょう。

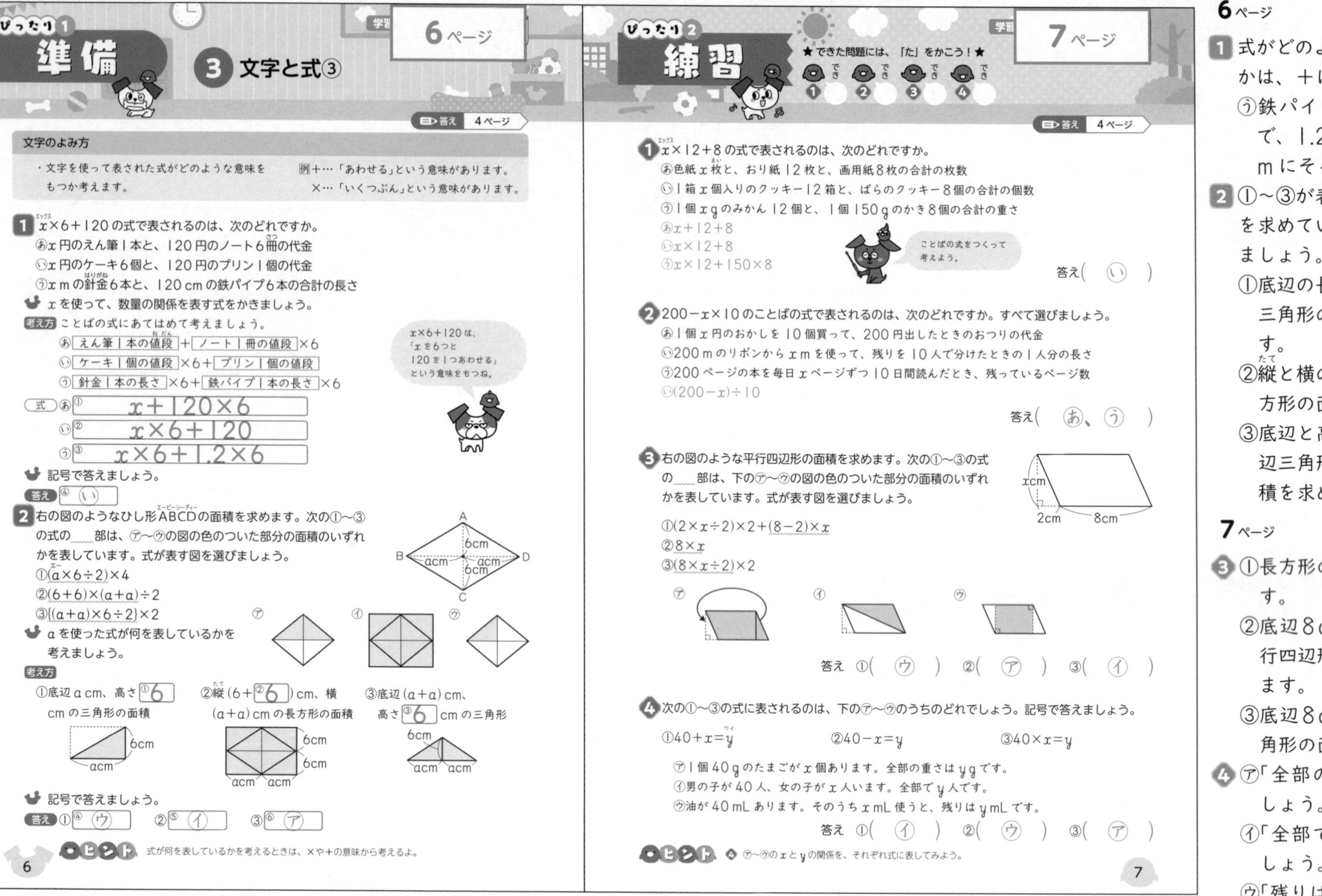
ぴったり1 準備　3 文字と式③　6ページ
答え 4ページ

文字のよみ方

・文字を使って表された式がどのような意味をもつか考えます。
例 +…「あわせる」という意味があります。
×…「いくつぶん」という意味があります。

1 $x\times6+120$ の式で表されるのは、次のどれですか。
あ x 円のえん筆1本と、120円のノート6冊の代金
い x 円のケーキ6個と、120円のプリン1個の代金
う x m の針金6本と、120 cm の鉄パイプ6本の合計の長さ

x を使って、数量の関係を表す式をかきましょう。

考え方 ことばの式にあてはめて考えましょう。
あ えん筆1本の値段＋ノート1冊の値段×6
い ケーキ1個の値段×6＋プリン1個の値段
う 針金1本の長さ×6＋鉄パイプ1本の長さ×6

式 あ ① $x+120\times6$
い ② $x\times6+120$
う ③ $x\times6+1.2\times6$

記号で答えましょう。
答え ④ い

2 右の図のようなひし形ABCDの面積を求めます。次の①〜③の式の＿部は、ア〜ウの図の色のついた部分の面積のいずれかを表しています。式が表す図を選びましょう。
① $(a\times6\div2)\times4$
② $(6+6)\times(a+a)\div2$
③ $\{(a+a)\times6\div2\}\times2$

a を使った式が何を表しているかを考えましょう。

考え方
①底辺 a cm、高さ ⑤6 cm の三角形の面積
②縦 (6+⑦6) cm、横 $(a+a)$ cm の長方形の面積
③底辺 $(a+a)$ cm、高さ ⑧6 cm の三角形

記号で答えましょう。
答え ① ④ ウ　② ⑤ イ　③ ⑥ ア

ヒント 式が何を表しているかを考えるときは、×や+の意味から考えるよ。

6

x×6+120は、「xを6つと120を1つあわせる」という意味をもつね。
6cm
acm
A
B
C
D

ぴったり2 練習　7ページ
★できた問題には、「た」をかこう！★
答え 4ページ

1 $x\times12+8$ の式で表されるのは、次のどれですか。
あ 色紙 x 枚と、おり紙12枚と、画用紙8枚の合計の枚数
い 1箱 x 個入りのクッキー12箱と、ばらのクッキー8個の合計の個数
う 1個 x g のみかん12個と、1個150 g のかき8個の合計の重さ
あ $x+12+8$
い $x\times12+8$
う $x\times12+150\times8$

答え（い）

ことばの式をつくって考えよう。

2 $200-x\times10$ のことばの式で表されるのは、次のどれですか。すべて選びましょう。
あ 1個 x 円のおかしを10個買って、200円出したときのおつりの代金
い 200 m のリボンから x m を使って、残りを10人で分けたときの1人分の長さ
う 200ページの本を毎日 x ページずつ10日間読んだとき、残っているページ数
い $(200-x)\div10$

答え（あ、う）

3 右の図のような平行四辺形の面積を求めます。次の①〜③の式の＿部は、下のア〜ウの図の色のついた部分の面積のいずれかを表しています。式が表す図を選びましょう。
① $(2\times x\div2)\times2+(8-2)\times x$
② $8\times x$
③ $(8\times x\div2)\times2$

xcm
2cm
8cm

答え ①（ウ）②（ア）③（イ）

4 次の①〜③の式に表されるのは、下のア〜ウのうちのどれでしょう。記号で答えましょう。
① $40+x=y$　② $40-x=y$　③ $40\times x=y$
ア 1個40 g のたまごが x 個あります。全部の重さは y g です。
イ 男の子が40人、女の子が x 人います。全部で y 人です。
ウ 油が40 mL あります。そのうち x mL 使うと、残りは y mL です。

答え ①（イ）②（ウ）③（ア）

ヒント 4 ア〜ウの x と y の関係を、それぞれ式に表してみよう。

7

おうちのかたへ

式にある＋、−、×、÷がどのような意味をもっているかに気づくことが、式の意味を明確化することになります。

7ページ

❶ ことばの式
あ 色紙の枚数＋おり紙の枚数＋画用紙の枚数
い 1箱に入ったクッキーの個数×箱の数＋ばらのクッキーの枚数
う みかん1個の重さ×個数＋150 g のかき8個の重さ

6ページ

1 式がどのような意味をもつのかは、＋に注目しましょう。
う 鉄パイプは120 cm なので、1.2 m です。長さは m にそろえておきます。

2 ①〜③が表す式がそれぞれ何を求めているのかを考えてみましょう。
①底辺の長さと高さを考えて、三角形の面積を求めています。
②縦と横の長さを考えて、長方形の面積を求めています。
③底辺と高さを考えて、二等辺三角形が2つ集まった面積を求めています。

7ページ

❸ ①長方形の面積を求めています。
②底辺8 cm 高さ x cm の平行四辺形の面積を求めています。
③底辺8 cm 高さ x cm の三角形の面積を求めています。

❹ ア「全部の重さ」に注目しましょう。
イ「全部で y 人」に注目しましょう。
ウ「残りは y mL」に注目しましょう。

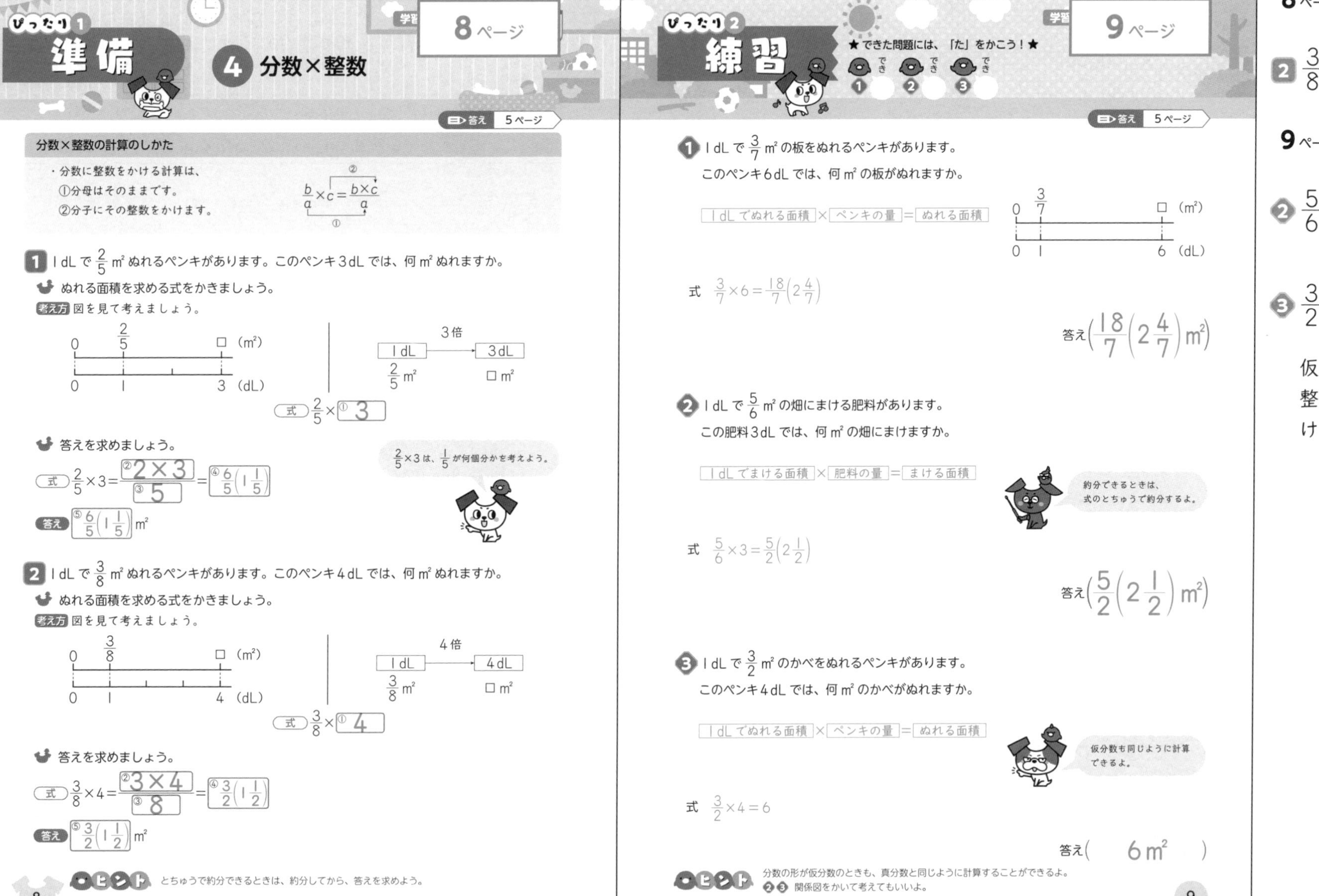

ぴったり1 準備 　4 分数×整数 　学習日 8ページ

答え 5ページ

分数×整数の計算のしかた

・分数に整数をかける計算は、
①分母はそのままです。
②分子にその整数をかけます。

$\frac{b}{a}\times c=\frac{b\times c}{a}$

1 1dL で $\frac{2}{5}$ m² ぬれるペンキがあります。このペンキ3dL では、何 m² ぬれますか。

ぬれる面積を求める式をかきましょう。

考え方 図を見て考えましょう。

0　$\frac{2}{5}$　□（m²）
0　1　3（dL）

1dL → 3倍 → 3dL
$\frac{2}{5}$ m²　□ m²

式 $\frac{2}{5}\times$ ① 3

答えを求めましょう。

式 $\frac{2}{5}\times3=\frac{②\,2\times3}{③\,5}=④\,\frac{6}{5}\left(1\frac{1}{5}\right)$

答え ⑤ $\frac{6}{5}\left(1\frac{1}{5}\right)$ m²

$\frac{2}{5}\times3$ は、$\frac{1}{5}$ が何個分かを考えよう。

2 1dL で $\frac{3}{8}$ m² ぬれるペンキがあります。このペンキ4dL では、何 m² ぬれますか。

ぬれる面積を求める式をかきましょう。

考え方 図を見て考えましょう。

0　$\frac{3}{8}$　□（m²）
0　1　4（dL）

1dL → 4倍 → 4dL
$\frac{3}{8}$ m²　□ m²

式 $\frac{3}{8}\times$ ① 4

答えを求めましょう。

式 $\frac{3}{8}\times4=\frac{②\,3\times4}{③\,8}=④\,\frac{3}{2}\left(1\frac{1}{2}\right)$

答え ⑤ $\frac{3}{2}\left(1\frac{1}{2}\right)$ m²

ヒント とちゅうで約分できるときは、約分してから、答えを求めよう。

8

ぴったり2 練習 　★できた問題には、「た」をかこう！★ 　学習日 9ページ

答え 5ページ

1 1dL で $\frac{3}{7}$ m² の板をぬれるペンキがあります。このペンキ6dL では、何 m² の板がぬれますか。

1dL でぬれる面積 × ペンキの量 ＝ ぬれる面積

0　$\frac{3}{7}$　□（m²）
0　1　6（dL）

式 $\frac{3}{7}\times6=\frac{18}{7}\left(2\frac{4}{7}\right)$

答え $\left(\frac{18}{7}\left(2\frac{4}{7}\right)\text{m}^2\right)$

2 1dL で $\frac{5}{6}$ m² の畑にまける肥料があります。この肥料3dL では、何 m² の畑にまけますか。

1dL でまける面積 × 肥料の量 ＝ まける面積

約分できるときは、式のとちゅうで約分するよ。

式 $\frac{5}{6}\times3=\frac{5}{2}\left(2\frac{1}{2}\right)$

答え $\left(\frac{5}{2}\left(2\frac{1}{2}\right)\text{m}^2\right)$

3 1dL で $\frac{3}{2}$ m² のかべをぬれるペンキがあります。このペンキ4dL では、何 m² のかべがぬれますか。

1dL でぬれる面積 × ペンキの量 ＝ ぬれる面積

仮分数も同じように計算できるよ。

式 $\frac{3}{2}\times4=6$

答え（ 6 m² ）

ヒント 分数の形が仮分数のときも、真分数と同じように計算することができるよ。
❷❸ 関係図をかいて考えてもいいよ。

9

8 ページ

2 $\frac{3}{8}\times4=\frac{3\times\overset{1}{\cancel{4}}}{\underset{2}{\cancel{8}}}=\frac{3}{2}$

9 ページ

2 $\frac{5}{6}\times3=\frac{5\times\overset{1}{\cancel{3}}}{\underset{2}{\cancel{6}}}=\frac{5}{2}$

3 $\frac{3}{2}\times4=\frac{3\times\overset{2}{\cancel{4}}}{\underset{1}{\cancel{2}}}=6$

仮分数の場合でも、分数×整数は、分子にその整数をかけて計算しましょう。

おうちのかたへ
5年で学習した約分には、公約数の理解も必要となります。理解不足の場合は、復習をさせておきましょう。

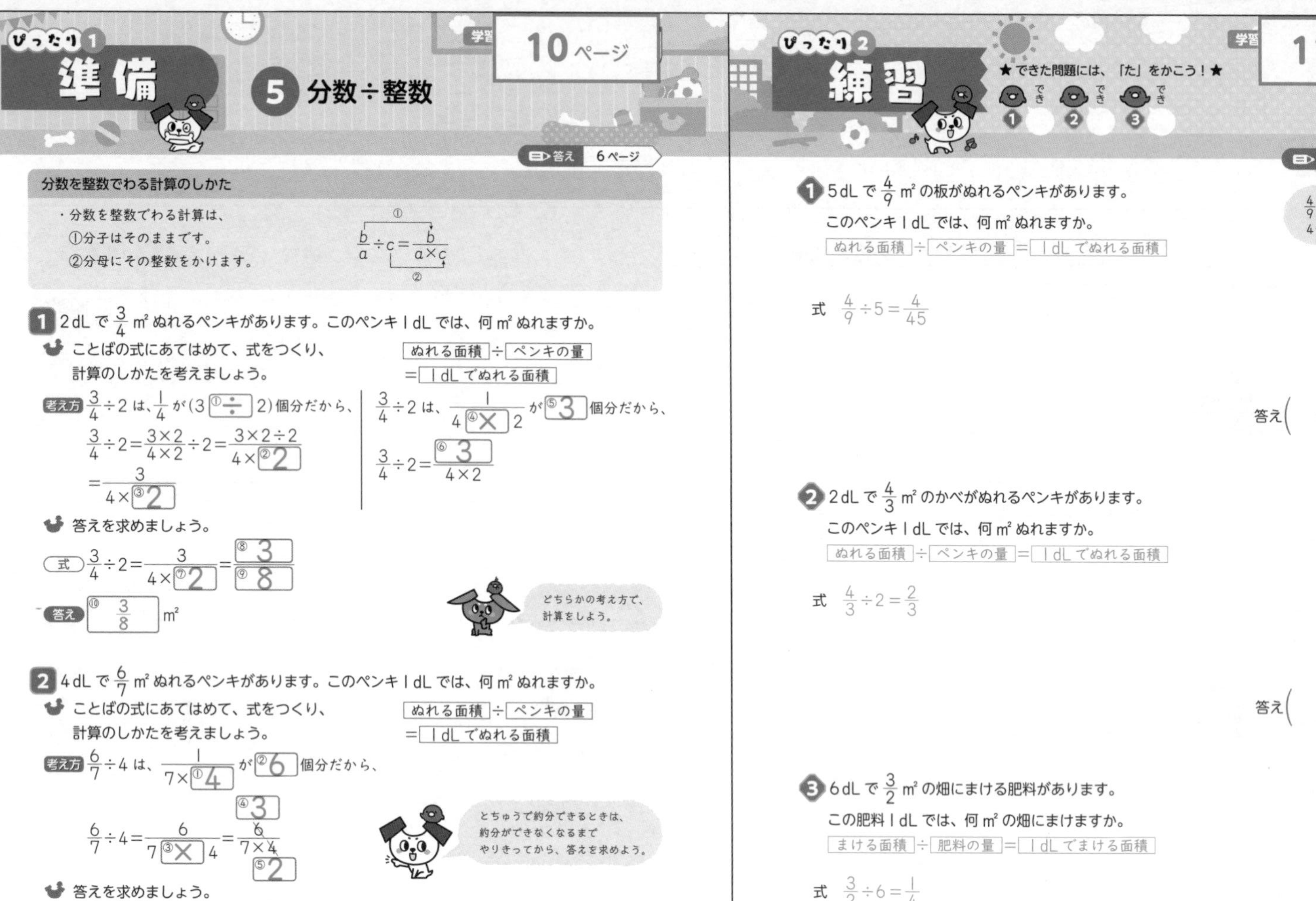

ぴったり1 準備 5 分数÷整数 学習 10ページ

答え 6ページ

分数を整数でわる計算のしかた

・分数を整数でわる計算は、
①分子はそのままです。
②分母にその整数をかけます。

$\frac{b}{a}\div c=\frac{b}{a\times c}$

1 2dL で $\frac{3}{4}$ m² ぬれるペンキがあります。このペンキ 1dL では、何 m² ぬれますか。

ことばの式にあてはめて、式をつくり、計算のしかたを考えましょう。 ぬれる面積 ÷ ペンキの量 = 1dL でぬれる面積

考え方 $\frac{3}{4}\div2$ は、$\frac{1}{4}$ が（3 ①÷ 2）個分だから、
$\frac{3}{4}\div2=\frac{3\times2}{4\times2}\div2=\frac{3\times2\div2}{4\times②2}=\frac{3}{4\times③2}$

$\frac{3}{4}\div2$ は、$\frac{1}{4④\times2}$ が ⑤3 個分だから、
$\frac{3}{4}\div2=\frac{⑥3}{4\times2}$

答えを求めましょう。

式 $\frac{3}{4}\div2=\frac{3}{4\times⑦2}=\frac{⑧3}{⑨8}$

答え ⑩ $\frac{3}{8}$ m²

どちらかの考え方で、計算をしよう。

2 4dL で $\frac{6}{7}$ m² ぬれるペンキがあります。このペンキ 1dL では、何 m² ぬれますか。

ことばの式にあてはめて、式をつくり、計算のしかたを考えましょう。 ぬれる面積 ÷ ペンキの量 = 1dL でぬれる面積

考え方 $\frac{6}{7}\div4$ は、$\frac{1}{7\times①4}$ が ②6 個分だから、

$\frac{6}{7}\div4=\frac{6}{7③\times4}=\frac{\overset{④3}{\cancel{6}}}{7\times\underset{⑤2}{\cancel{4}}}$

とちゅうで約分できるときは、約分ができなくなるまでやりきってから、答えを求めよう。

答えを求めましょう。

式 $\frac{6}{7}\div4=\frac{6}{⑥7\times4}=\frac{⑦3}{⑧14}$

答え ⑨ $\frac{3}{14}$ m²

10 ヒント 分数÷整数の計算では、整数を分母の数にかけて求めることができるよ。

ぴったり2 練習 ★できた問題には、「た」をかこう！★ 学習 11ページ

答え 6ページ

1 5dL で $\frac{4}{9}$ m² の板がぬれるペンキがあります。このペンキ 1dL では、何 m² ぬれますか。

ぬれる面積 ÷ ペンキの量 = 1dL でぬれる面積

$\frac{4}{9}\div5$ は、$\frac{1}{9\times5}$ が4個分と考えよう。

式 $\frac{4}{9}\div5=\frac{4}{45}$

答え（ $\frac{4}{45}$ m² ）

2 2dL で $\frac{4}{3}$ m² のかべがぬれるペンキがあります。このペンキ 1dL では、何 m² ぬれますか。

ぬれる面積 ÷ ペンキの量 = 1dL でぬれる面積

式 $\frac{4}{3}\div2=\frac{2}{3}$

答え（ $\frac{2}{3}$ m² ）

3 6dL で $\frac{3}{2}$ m² の畑にまける肥料があります。この肥料 1dL では、何 m² の畑にまけますか。

まける面積 ÷ 肥料の量 = 1dL でまける面積

式 $\frac{3}{2}\div6=\frac{1}{4}$

答え（ $\frac{1}{4}$ m² ）

ヒント ことばの式にあてはめて考えよう。 11

10ページ

1 1dL でぬれる面積を求めたいので、わり算で考えましょう。

2 計算のとちゅう、約分ができるときは、約分しながら計算を進めましょう。

11ページ

1 $\frac{4}{9}\div5=\frac{4}{9\times5}=\frac{4}{45}$

2 $\frac{4}{3}\div2=\frac{\overset{2}{\cancel{4}}}{3\times\underset{1}{\cancel{2}}}=\frac{2}{3}$

3 $\frac{3}{2}\div6=\frac{\overset{1}{\cancel{3}}}{2\times\underset{2}{\cancel{6}}}=\frac{1}{4}$

おうちのかたへ

1 式がわかりにくい場合には、2dL で 8m² をぬれるペンキなど、整数の場合で考えさせてあげましょう。

おうちのかたへ

分数×整数の場合のように、分子に整数をかけないように注意させましょう。

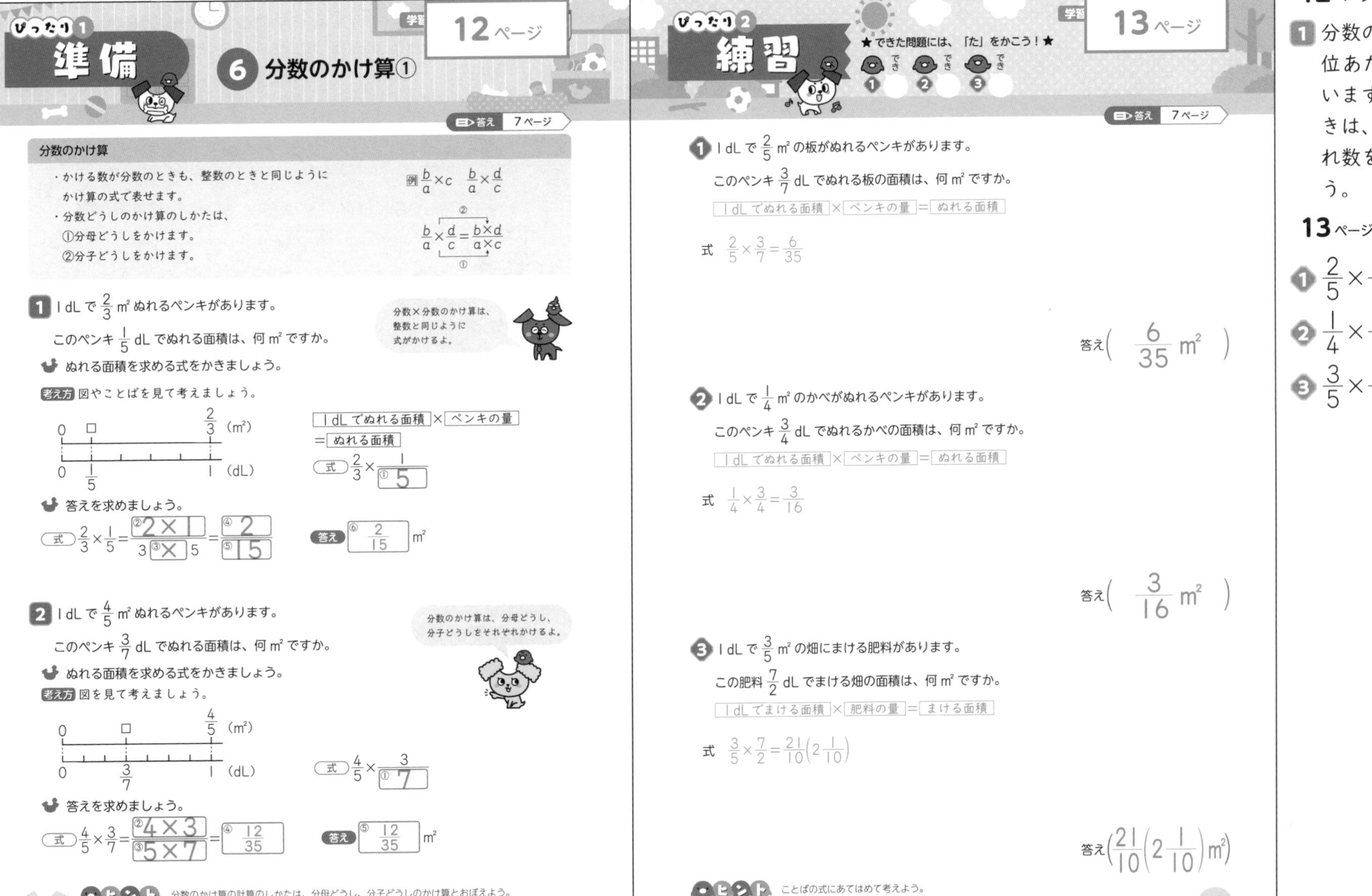

ぴったり1 準備

6 分数のかけ算①

12ページ

答え 7ページ

分数のかけ算

・かける数が分数のときも、整数のときと同じようにかけ算の式で表せます。

・分数どうしのかけ算のしかたは、
①分母どうしをかけます。
②分子どうしをかけます。

例 $\frac{b}{a}\times c$　$\frac{b}{a}\times\frac{d}{c}$

$\frac{b}{a}\times\frac{d}{c}=\frac{b\times d}{a\times c}$

1 1 dL で $\frac{2}{3}$ m² ぬれるペンキがあります。
このペンキ $\frac{1}{5}$ dL でぬれる面積は、何 m² ですか。

ぬれる面積を求める式をかきましょう。

考え方 図やことばを見て考えましょう。

1 dL でぬれる面積 × ペンキの量 = ぬれる面積

式 $\frac{2}{3}\times\frac{1}{5}$

答えを求めましょう。

式 $\frac{2}{3}\times\frac{1}{5}=\frac{2\times1}{3\times5}=\frac{2}{15}$　答え $\frac{2}{15}$ m²

2 1 dL で $\frac{4}{5}$ m² ぬれるペンキがあります。
このペンキ $\frac{3}{7}$ dL でぬれる面積は、何 m² ですか。

ぬれる面積を求める式をかきましょう。

考え方 図を見て考えましょう。

式 $\frac{4}{5}\times\frac{3}{7}$

答えを求めましょう。

式 $\frac{4}{5}\times\frac{3}{7}=\frac{4\times3}{5\times7}=\frac{12}{35}$　答え $\frac{12}{35}$ m²

ヒント 分数のかけ算の計算のしかたは、分母どうし、分子どうしのかけ算とおぼえよう。

12

ぴったり2 練習

13ページ

★できた問題には、「た」をかこう！★

答え 7ページ

1 1 dL で $\frac{2}{5}$ m² の板がぬれるペンキがあります。
このペンキ $\frac{3}{7}$ dL でぬれる板の面積は、何 m² ですか。

1 dL でぬれる面積 × ペンキの量 = ぬれる面積

式 $\frac{2}{5}\times\frac{3}{7}=\frac{6}{35}$

答え（$\frac{6}{35}$ m²）

2 1 dL で $\frac{1}{4}$ m² のかべがぬれるペンキがあります。
このペンキ $\frac{3}{4}$ dL でぬれるかべの面積は、何 m² ですか。

1 dL でぬれる面積 × ペンキの量 = ぬれる面積

式 $\frac{1}{4}\times\frac{3}{4}=\frac{3}{16}$

答え（$\frac{3}{16}$ m²）

3 1 dL で $\frac{3}{5}$ m² の畑にまける肥料があります。
この肥料 $\frac{7}{2}$ dL でまける畑の面積は、何 m² ですか。

1 dL でまける面積 × 肥料の量 = まける面積

式 $\frac{3}{5}\times\frac{7}{2}=\frac{21}{10}\left(2\frac{1}{10}\right)$

答え（$\frac{21}{10}\left(2\frac{1}{10}\right)$ m²）

ヒント ことばの式にあてはめて考えよう。

13

12 ページ

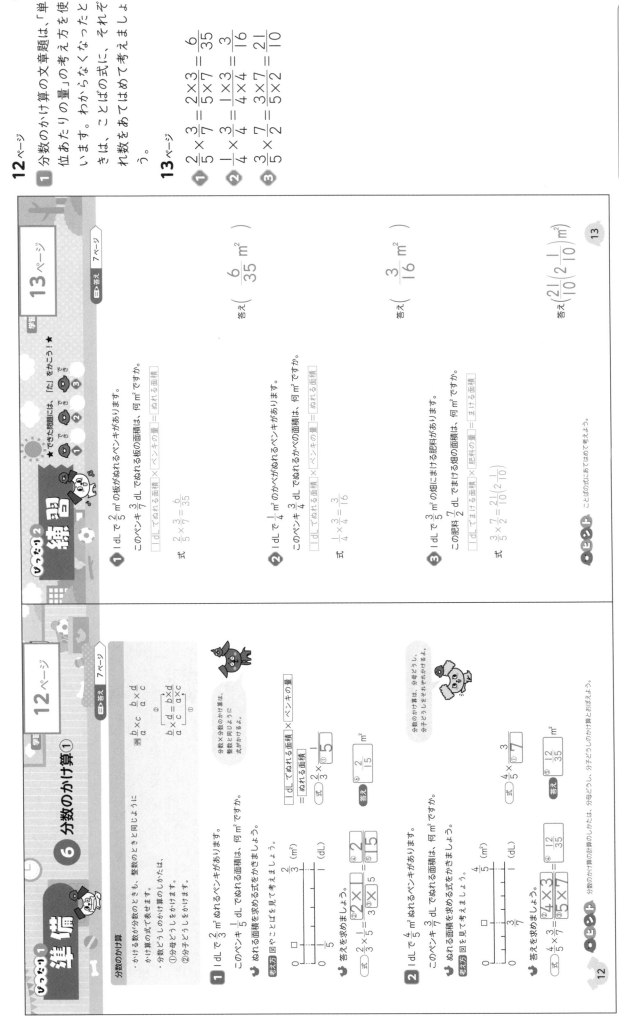

1 分数のかけ算の文章題は、「単位あたりの量」の考え方を使います。わからなくなったときは、ことばの式に、それぞれ数をあてはめて考えましょう。

13 ページ

1 $\frac{2}{5}\times\frac{3}{7}=\frac{2\times3}{5\times7}=\frac{6}{35}$

2 $\frac{1}{4}\times\frac{3}{4}=\frac{1\times3}{4\times4}=\frac{3}{16}$

3 $\frac{3}{5}\times\frac{7}{2}=\frac{3\times7}{5\times2}=\frac{21}{10}$

おうちのかたへ
分数のかけ算は、分子と分子、分母と分母をかけるという計算のきまりを身につければ、比較的わかりやすい計算です。

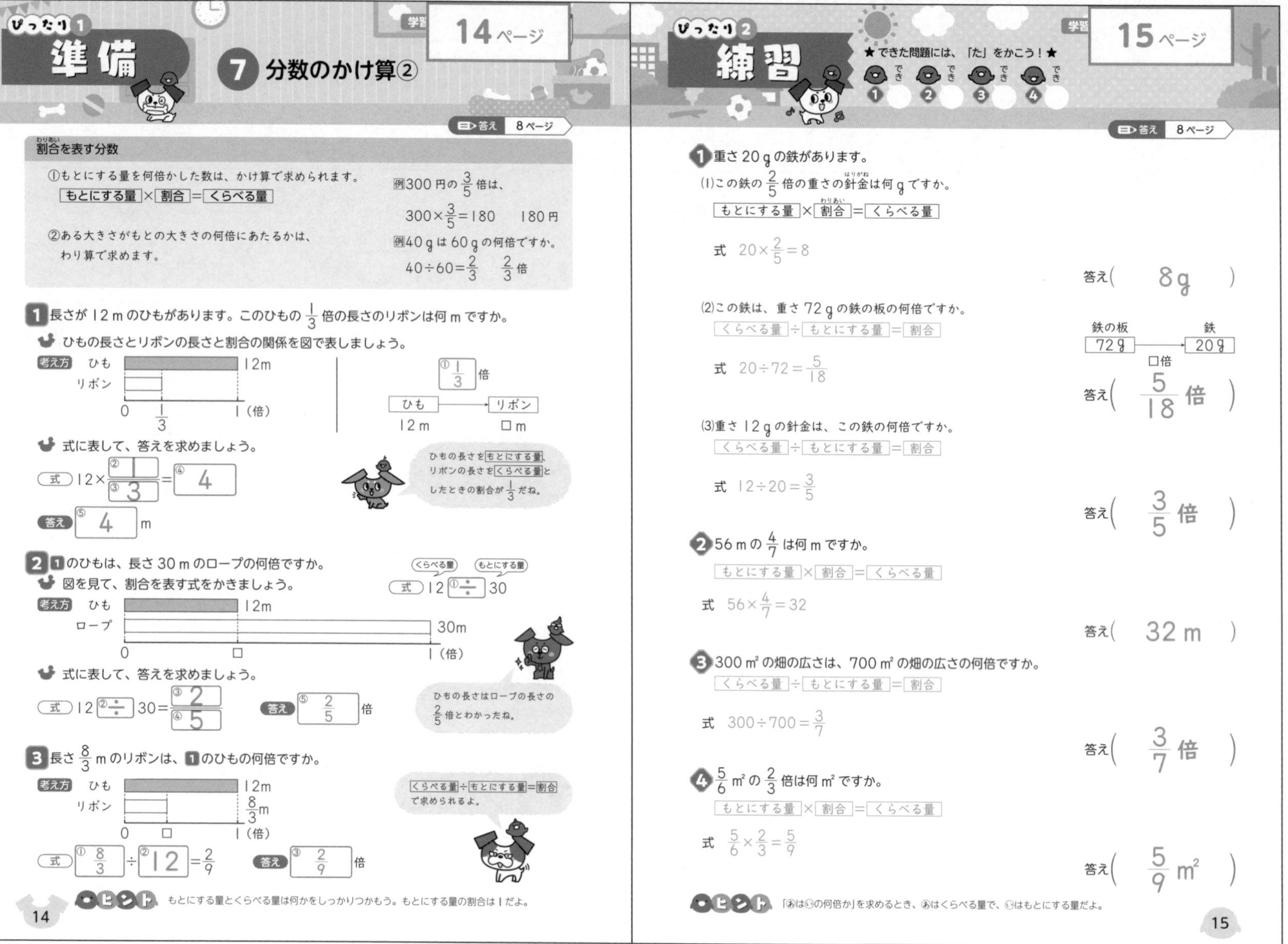

ぴったり1 準備　7 分数のかけ算②　14ページ　答え 8ページ

割合を表す分数

①もとにする量を何倍かした数は、かけ算で求められます。
もとにする量×割合＝くらべる量
例300円の$\frac{3}{5}$倍は、$300\times\frac{3}{5}=180$　180円

②ある大きさがもとの大きさの何倍にあたるかは、わり算で求めます。
例40gは60gの何倍ですか。$40\div60=\frac{2}{3}$　$\frac{2}{3}$倍

1 長さが12mのひもがあります。このひもの$\frac{1}{3}$倍の長さのリボンは何mですか。
ひもの長さとリボンの長さと割合の関係を図で表しましょう。
考え方　ひも 12m　リボン　0　$\frac{1}{3}$　1（倍）
ひも 12m →①$\frac{1}{3}$倍→ リボン □m
式に表して、答えを求めましょう。
式　$12\times\frac{1}{3}=4$
答え 4m
ひもの長さをもとにする量、リボンの長さをくらべる量としたときの割合が$\frac{1}{3}$だね。

2 1のひもは、長さ30mのロープの何倍ですか。
図を見て、割合を表す式をかきましょう。
考え方　ひも 12m　ロープ 30m　0　□　1（倍）
式　12（くらべる量）÷30（もとにする量）
式に表して、答えを求めましょう。
式　$12\div30=\frac{2}{5}$　答え $\frac{2}{5}$倍
ひもの長さはロープの長さの$\frac{2}{5}$倍とわかったね。

3 長さ$\frac{8}{3}$mのリボンは、1のひもの何倍ですか。
考え方　ひも 12m　リボン $\frac{8}{3}$m　0　□　1（倍）
式　$\frac{8}{3}\div12=\frac{2}{9}$　答え $\frac{2}{9}$倍
くらべる量÷もとにする量＝割合で求められるよ。

ヒント　もとにする量とくらべる量は何かをしっかりつかもう。もとにする量の割合は1だよ。

14

ぴったり2 練習　15ページ　答え 8ページ
★できた問題には、「た」をかこう！★　1　2　3　4

1 重さ20gの鉄があります。
(1)この鉄の$\frac{2}{5}$倍の重さの針金は何gですか。
もとにする量×割合＝くらべる量
式　$20\times\frac{2}{5}=8$　答え（8g）
(2)この鉄は、重さ72gの鉄の板の何倍ですか。
くらべる量÷もとにする量＝割合
式　$20\div72=\frac{5}{18}$　答え（$\frac{5}{18}$倍）
鉄の板 72g → □倍 → 鉄 20g
(3)重さ12gの針金は、この鉄の何倍ですか。
くらべる量÷もとにする量＝割合
式　$12\div20=\frac{3}{5}$　答え（$\frac{3}{5}$倍）

2 56mの$\frac{4}{7}$は何mですか。
もとにする量×割合＝くらべる量
式　$56\times\frac{4}{7}=32$　答え（32m）

3 300m²の畑の広さは、700m²の畑の広さの何倍ですか。
くらべる量÷もとにする量＝割合
式　$300\div700=\frac{3}{7}$　答え（$\frac{3}{7}$倍）

4 $\frac{5}{6}$m²の$\frac{2}{3}$倍は何m²ですか。
もとにする量×割合＝くらべる量
式　$\frac{5}{6}\times\frac{2}{3}=\frac{5}{9}$　答え（$\frac{5}{9}$m²）

ヒント　「あはいの何倍か」を求めるとき、あはくらべる量で、いはもとにする量だよ。

15

おうちのかたへ
1割合を表す図を作ることで、式がつくりやすくなります。小学3・4年で学習した線分図の書き方を復習させましょう。

14ページ

1 もとにする量は、12mのひもの長さです。

2 くらべる量は、12mのひもの長さです。もとにする量は、30mのロープの長さです。

3 くらべる量は、$\frac{8}{3}$mのリボンの長さ、もとにする量は、12mのひもの長さです。

15ページ

1 (2)(3) くらべる量÷もとにする量＝割合（何倍）で求めましょう。

2 単位のついていない分数が出てきたら、「倍」をつけて考えるとわかりやすくなります。

おうちのかたへ
ある量をもとにして、くらべる量がもとにする量の何倍にあたるかを表した数が割合の考え方です。5年で学習した、3つの式を確認させておきましょう。
割合
＝くらべる量÷もとにする量
くらべる量
＝もとにする量×割合
もとにする量
＝くらべる量÷割合

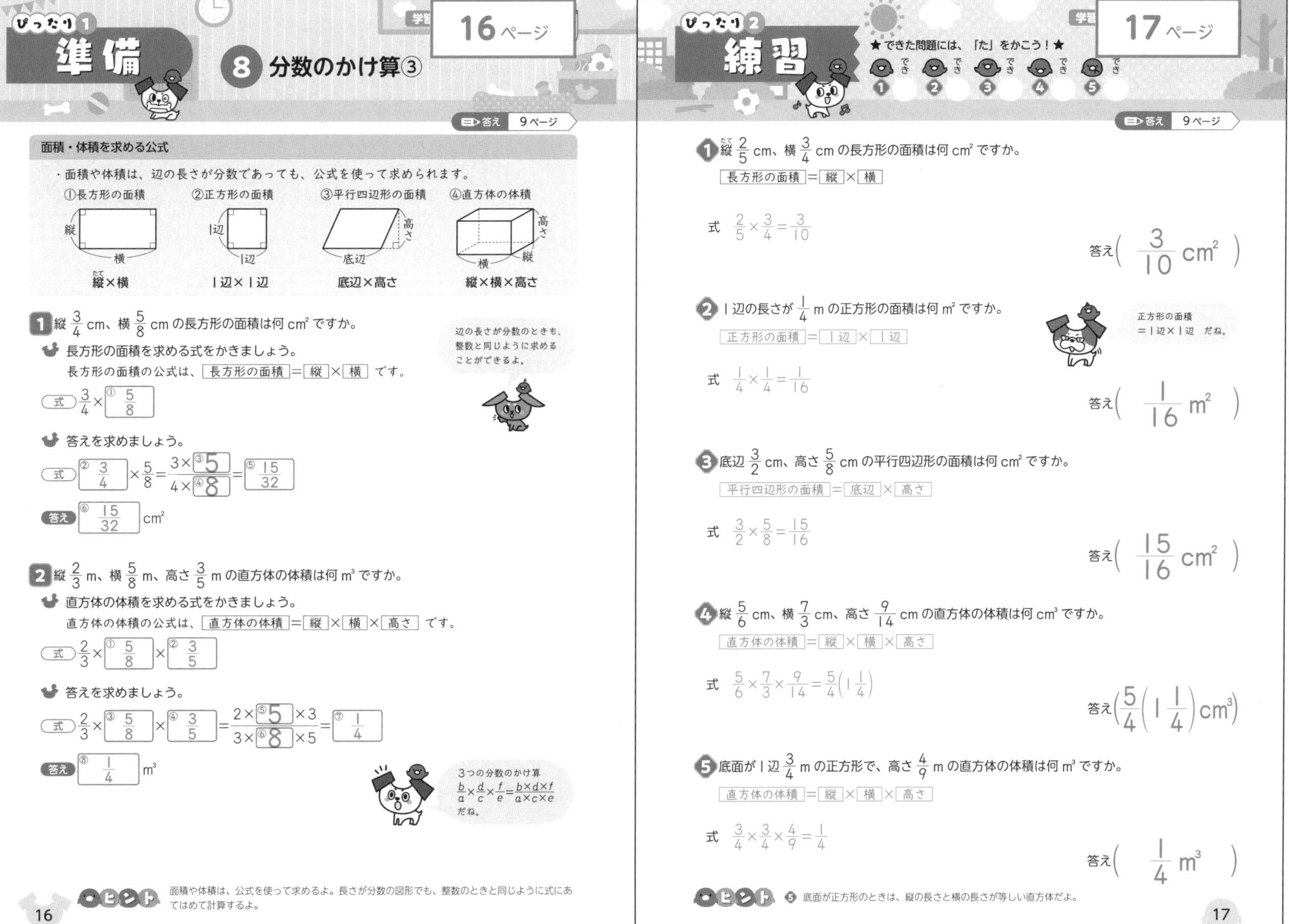

ぴったり1 準備 16ページ

8 分数のかけ算③

答え 9ページ

面積・体積を求める公式

・面積や体積は、辺の長さが分数であっても、公式を使って求められます。

①長方形の面積 縦×横　②正方形の面積 1辺×1辺　③平行四辺形の面積 底辺×高さ　④直方体の体積 縦×横×高さ

1 縦 $\frac{3}{4}$ cm、横 $\frac{5}{8}$ cm の長方形の面積は何 cm² ですか。

長方形の面積を求める式をかきましょう。
長方形の面積の公式は、長方形の面積＝縦×横 です。

式 $\frac{3}{4}\times\frac{5}{8}$

答えを求めましょう。

式 $\frac{3}{4}\times\frac{5}{8}=\frac{3\times5}{4\times8}=\frac{15}{32}$

答え $\frac{15}{32}$ cm²

2 縦 $\frac{2}{3}$ m、横 $\frac{5}{8}$ m、高さ $\frac{3}{5}$ m の直方体の体積は何 m³ ですか。

直方体の体積を求める式をかきましょう。
直方体の体積の公式は、直方体の体積＝縦×横×高さ です。

式 $\frac{2}{3}\times\frac{5}{8}\times\frac{3}{5}$

答えを求めましょう。

式 $\frac{2}{3}\times\frac{5}{8}\times\frac{3}{5}=\frac{2\times5\times3}{3\times8\times5}=\frac{1}{4}$

答え $\frac{1}{4}$ m³

辺の長さが分数のときも、整数と同じように求めることができるよ。
3つの分数のかけ算 $\frac{b}{a}\times\frac{d}{c}\times\frac{f}{e}=\frac{b\times d\times f}{a\times c\times e}$ だね。

ヒント 面積や体積は、公式を使って求めるよ。長さが分数の図形でも、整数のときと同じように式にあてはめて計算するよ。

ぴったり2 練習 17ページ

★できた問題には、「た」をかこう！★

答え 9ページ

1 縦 $\frac{2}{5}$ cm、横 $\frac{3}{4}$ cm の長方形の面積は何 cm² ですか。

長方形の面積＝縦×横

式 $\frac{2}{5}\times\frac{3}{4}=\frac{3}{10}$

答え（ $\frac{3}{10}$ cm² ）

2 1辺の長さが $\frac{1}{4}$ m の正方形の面積は何 m² ですか。

正方形の面積＝1辺×1辺

式 $\frac{1}{4}\times\frac{1}{4}=\frac{1}{16}$

答え（ $\frac{1}{16}$ m² ）

正方形の面積 ＝1辺×1辺 だね。

3 底辺 $\frac{3}{2}$ cm、高さ $\frac{5}{8}$ cm の平行四辺形の面積は何 cm² ですか。

平行四辺形の面積＝底辺×高さ

式 $\frac{3}{2}\times\frac{5}{8}=\frac{15}{16}$

答え（ $\frac{15}{16}$ cm² ）

4 縦 $\frac{5}{6}$ cm、横 $\frac{7}{3}$ cm、高さ $\frac{9}{14}$ cm の直方体の体積は何 cm³ ですか。

直方体の体積＝縦×横×高さ

式 $\frac{5}{6}\times\frac{7}{3}\times\frac{9}{14}=\frac{5}{4}\left(1\frac{1}{4}\right)$

答え（ $\frac{5}{4}\left(1\frac{1}{4}\right)$ cm³ ）

5 底面が1辺 $\frac{3}{4}$ m の正方形で、高さ $\frac{4}{9}$ m の直方体の体積は何 m³ ですか。

直方体の体積＝縦×横×高さ

式 $\frac{3}{4}\times\frac{3}{4}\times\frac{4}{9}=\frac{1}{4}$

答え（ $\frac{1}{4}$ m³ ）

ヒント 5 底面が正方形のときは、縦の長さと横の長さが等しい直方体だよ。

おうちのかたへ

分数のかけ算は分子と分子、分母と分母をかけるという計算のきまりを思い出させましょう。

16ページ

1 長方形の辺の長さが分数でも、縦×横の公式を使って、計算しましょう。

2 直方体の縦、横、高さの辺の長さが分数でも、縦×横×高さの公式を使って、計算しましょう。

$$\frac{2}{3}\times\frac{5}{8}\times\frac{3}{5}=\frac{\overset{1}{\cancel{2}}\times\overset{1}{\cancel{5}}\times\overset{1}{\cancel{3}}}{\underset{1}{\cancel{3}}\times\underset{4}{\cancel{8}}\times\underset{1}{\cancel{5}}}$$

$$=\frac{1}{4}$$

17ページ

1 $\frac{2}{5}\times\frac{3}{4}=\frac{\overset{1}{\cancel{2}}\times3}{5\times\underset{2}{\cancel{4}}}=\frac{3}{10}$

3 $\frac{3}{2}\times\frac{5}{8}=\frac{3\times5}{2\times8}=\frac{15}{16}$

4 $\frac{5}{6}\times\frac{7}{3}\times\frac{9}{14}$

$$=\frac{5\times\overset{1}{\cancel{7}}\times\overset{\overset{1}{\cancel{3}}}{\cancel{9}}}{\underset{2}{\cancel{6}}\times\underset{1}{\cancel{3}}\times\underset{2}{\cancel{14}}}=\frac{5}{4}\left(1\frac{1}{4}\right)$$

5 $\frac{3}{4}\times\frac{3}{4}\times\frac{4}{9}=\frac{\overset{1}{\cancel{3}}\times\overset{1}{\cancel{3}}\times\overset{1}{\cancel{4}}}{\underset{1}{\cancel{4}}\times4\times\underset{\underset{1}{\cancel{3}}}{\cancel{9}}}$

$$=\frac{1}{4}$$

おうちのかたへ

辺の長さが分数で表されていても、整数や小数と同様に面積や体積を公式を使って、求められることを伝えましょう。

ぴったり1 準備 **18ページ**

9 分数のかけ算④

答え 10ページ

時間と分数

①分数で表された時間の単位を分の単位に変えるには、60 をその分数にかけます。　例 $\frac{1}{3}$ 時間→ $60\times\frac{1}{3}=20$　20 分

②分の単位を時間の単位に変えるには、分で表された数を 60 でわります。　例 40 分→ $40\div60=\frac{2}{3}$　$\frac{2}{3}$ 時間

1 16 m² のかべにペンキをぬるのに 1 時間かかります。15 分間でぬれる面積は何 m² ですか。

15 分は何時間かを求めましょう。

考え方 分の単位を時間の単位に変えます。

60 分 → 15 分（□倍）　1 時間 → □時間

式 $15\div60=$ ① $\frac{1}{4}$　② $\frac{1}{4}$ 時間

ことばの式に表して、ぬれる面積を求める式をつくりましょう。

考え方 1 時間にぬれる面積 × 時間 だから、③ 16 × ④ $\frac{1}{4}$

式に表し、答えを求めましょう。

式 $16\times\frac{1}{4}=\frac{16\times⑤1}{⑥4}=$ ⑦ 4

答え ⑧ 4 m²

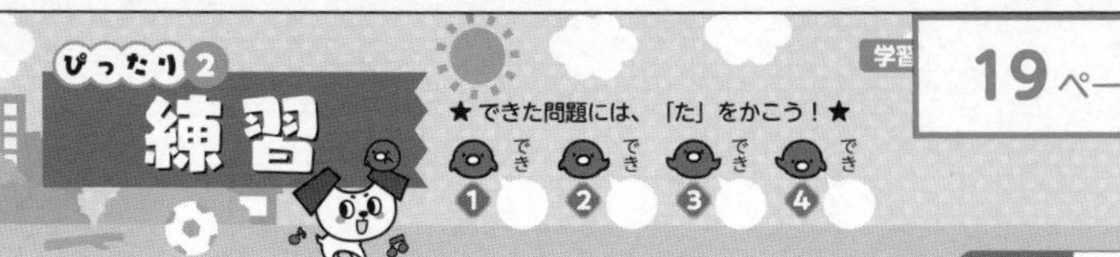

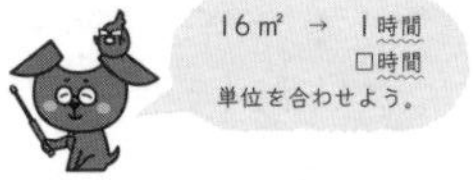

2 15 m² のかべにペンキをぬるのに 1 時間かかります。27 分間でぬれる面積は何 m² ですか。

27 分は何時間かを求めましょう。

考え方 分の単位を時間の単位に変えます。

60 分 → 27 分（□倍）　1 時間 → □時間

式 $27\div60=$ ① $\frac{9}{20}$　② $\frac{9}{20}$ 時間

ことばの式に表して、ぬれる面積を求める式をつくりましょう。

考え方 1 時間にぬれる面積 × 時間 だから、③ 15 × ④ $\frac{9}{20}$

式に表し、答えを求めましょう。

式 $15\times\frac{9}{20}=\frac{15\times⑤9}{⑥20}=$ ⑦ $\frac{27}{4}\left(6\frac{3}{4}\right)$

答え ⑧ $\frac{27}{4}\left(6\frac{3}{4}\right)$ m²

ヒント ○分を時間になおすときは、○÷60 として分数で表そう。

ぴったり2 練習 **19ページ**

★できた問題には、「た」をかこう！★ 1 2 3 4

答え 10ページ

1 18 m² のかべにペンキをぬるのに 1 時間かかります。20 分間でぬれる面積は何 m² ですか。

1 時間にぬれる面積 × 時間 = ペンキをぬれる面積

$20\div60=\frac{1}{3}$　$\frac{1}{3}$ 時間

式 $18\times\frac{1}{3}=6$

答え（ 6 m² ）

2 25 m² のかべにペンキをぬるのに 1 時間かかります。12 分間でぬれる面積は何 m² ですか。

1 時間にぬれる面積 × 時間 = ペンキをぬれる面積

12 分 →(÷60) ($\frac{1}{5}$) 時間

$12\div60=\frac{1}{5}$　$\frac{1}{5}$ 時間

式 $25\times\frac{1}{5}=5$

答え（ 5 m² ）

3 時速 72 km の自動車があります。この自動車は 10 分間で何 km 進みますか。

道のり = 速さ × 時間

$10\div60=\frac{1}{6}$　$\frac{1}{6}$ 時間

式 $72\times\frac{1}{6}=12$

答え（ 12 km ）

4 時速 210 km の電車があります。この電車は 80 分間で何 km 進みますか。

道のり = 速さ × 時間

$80\div60=\frac{4}{3}$　$\frac{4}{3}$ 時間

式 $210\times\frac{4}{3}=280$

答え（ 280 km ）

ヒント 3 1 時間で進む道のりがわかっているので、10 分を時間の単位で表そう。

18ページ

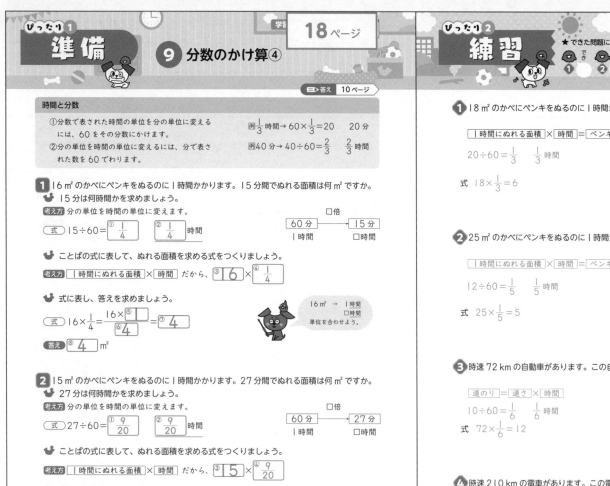

1 時間と分数の関係をおぼえておくと、問題がときやすくなります。

$\frac{1}{6}$ 時間＝10 分、$\frac{1}{4}$ 時間＝15 分、$\frac{1}{3}$ 時間＝20 分

19ページ

1 $20\div60=\frac{\overset{1}{\cancel{20}}}{\underset{3}{\cancel{60}}}=\frac{1}{3}$

$18\times\frac{1}{3}=\frac{\overset{6}{\cancel{18}}\times1}{\underset{1}{\cancel{3}}}=6$

2 $12\div60=\frac{\overset{1}{\cancel{12}}}{\underset{5}{\cancel{60}}}=\frac{1}{5}$

$25\times\frac{1}{5}=\frac{\overset{5}{\cancel{25}}\times1}{\underset{1}{\cancel{5}}}=5$

3 $10\div60=\frac{\overset{1}{\cancel{10}}}{\underset{6}{\cancel{60}}}=\frac{1}{6}$

$72\times\frac{1}{6}=\frac{\overset{12}{\cancel{72}}\times1}{\underset{1}{\cancel{6}}}=12$

4 $80\div60=\frac{\overset{4}{\cancel{80}}}{\underset{3}{\cancel{60}}}=\frac{4}{3}$

$210\times\frac{4}{3}=\frac{\overset{70}{\cancel{210}}\times4}{\underset{1}{\cancel{3}}}$

$=280$

おうちのかたへ

1 時間は 60 分で、60 分の $\frac{1}{3}$ 倍は、$60\times\frac{1}{3}=20$、つまり 20 分と考えます。実際に時計を見ながら説明するとわかりやすいでしょう。

ぴったり1 準備　10 分数のわり算①

学習 20ページ

答え 11ページ

分数のわり算

・わる数が分数のときも、整数のときと同じように わり算の式で表すことができます。

・分数のわり算では、わる数の逆数をかけます。

例 $4 \div \frac{2}{3}$

例 $\frac{b}{a} \div \frac{d}{c} = \frac{b}{a} \times \frac{c}{d}$

1 $\frac{2}{3}$ dL で $\frac{2}{5}$ m² ぬれるペンキがあります。このペンキ 1 dL でぬれる面積は何 m² ですか。

ぬれる面積を求める式をかきましょう。

考え方

0
2/5
□ (m²)
0
2/3
1 (dL)

ぬれる面積 ÷ ペンキの量 ＝ 1 dL でぬれる面積

式 ① $\frac{2}{5}$ ÷ ② $\frac{2}{3}$

答えを求めましょう。

式 $\frac{2}{5} \div$ ③ $\frac{2}{3}$ $= \frac{2}{5} \times$ ④ $\frac{3}{2}$ $= \frac{2 \times ⑤3}{5 \times ⑥2} =$ ⑦ $\frac{3}{5}$

答え ⑧ $\frac{3}{5}$ m²

分数でわるときは、わる数の逆数をかけよう。

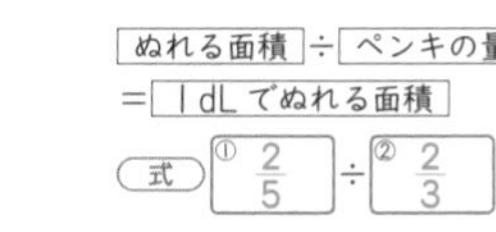

2 $\frac{1}{4}$ dL で $\frac{5}{6}$ m² ぬれるペンキがあります。このペンキ 1 dL でぬれる面積は何 m² ですか。

ぬれる面積を求める式をかきましょう。

考え方

0
5/6
□ (m²)
0
1/4
1 (dL)

ぬれる面積 ÷ ペンキの量 ＝ 1 dL でぬれる面積

式 ① $\frac{5}{6}$ ÷ ② $\frac{1}{4}$

答えを求めましょう。

式 $\frac{5}{6} \div$ ③ $\frac{1}{4}$ $= \frac{5}{6} \times$ ④ 4 $= \frac{5 \times ⑤4}{6} =$ ⑥ $\frac{10}{3}\left(3\frac{1}{3}\right)$

答え ⑦ $\frac{10}{3}\left(3\frac{1}{3}\right)$ m²

計算のとちゅうで約分できるときは、約分してから答えを求めよう。

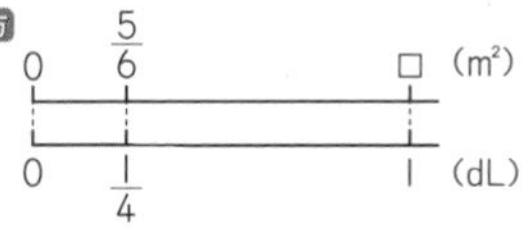

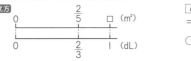

ヒント **1** 1 dL でぬれる面積は、$\frac{2}{3}$ dL でぬれる面積より大きくなるよ。

ぴったり2 練習

学習 21ページ

★できた問題には、「た」をかこう！★　でき 1　でき 2　でき 3

答え 11ページ

1 $\frac{2}{5}$ dL で $\frac{3}{4}$ m² ぬれるペンキがあります。このペンキ 1 dL でぬれる面積は何 m² ですか。

ぬれる面積 ÷ ペンキの量 ＝ 1 dL でぬれる面積

式 $\frac{3}{4} \div \frac{2}{5} = \frac{15}{8}\left(1\frac{7}{8}\right)$

答え $\frac{15}{8}\left(1\frac{7}{8}\right)$ m²

2 $\frac{1}{3}$ dL で $\frac{10}{9}$ m² ぬれるペンキがあります。このペンキ 1 dL でぬれる面積は何 m² ですか。

ぬれる面積 ÷ ペンキの量 ＝ 1 dL でぬれる面積

式 $\frac{10}{9} \div \frac{1}{3} = \frac{10}{3}\left(3\frac{1}{3}\right)$

答え $\frac{10}{3}\left(3\frac{1}{3}\right)$ m²

3 長さ $\frac{2}{3}$ m の重さが $\frac{8}{9}$ kg の鉄の棒（ぼう）があります。この鉄の棒 1 m の重さは何 kg ですか。

棒の重さ ÷ 棒の長さ ＝ 1 m の重さ

式 $\frac{8}{9} \div \frac{2}{3} = \frac{4}{3}\left(1\frac{1}{3}\right)$

答え $\frac{4}{3}\left(1\frac{1}{3}\right)$ kg

ヒント 逆数とは分母と分子を入れかえた分数だよ。分子が 1 のとき、その逆数は整数になるよ。

20ページ

1 整数でわるときも分数でわるときも、わる数を逆数になおしてかけ算にして計算しましょう。

21ページ

1 $\frac{3}{4} \div \frac{2}{5} = \frac{3}{4} \times \frac{5}{2} = \frac{3 \times 5}{4 \times 2}$

$= \frac{15}{8}$

2 $\frac{10}{9} \div \frac{1}{3} = \frac{10}{9} \times 3$

$= \frac{10 \times \overset{1}{\cancel{3}}}{\underset{3}{\cancel{9}}} = \frac{10}{3}$

3 $\frac{8}{9} \div \frac{2}{3} = \frac{8}{9} \times \frac{3}{2} = \frac{\overset{4}{\cancel{8}} \times \overset{1}{\cancel{3}}}{\underset{3}{\cancel{9}} \times \underset{1}{\cancel{2}}}$

$= \frac{4}{3}$

おうちのかたへ

2つの数のかけ算の答えが 1 になるとき、一方の数を他方の数の逆数といいます。計算のしかたがわからないときは、逆数の意味を確認しましょう。

11 分数のわり算②

答え 12ページ

割合を表す分数

①もとにする量の何倍かは、わり算で求めることができます。
くらべる量 ÷ もとにする量 = 割合(倍)

例 $\frac{2}{7}$ m は $\frac{3}{5}$ m の何倍ですか。
$\frac{2}{7}\div\frac{3}{5}=\frac{10}{21}$ (倍)

②もとにする量を求めるときは、わり算で求めることができます。

例 20円が $\frac{1}{10}$ にあたるとき、
$20\div\frac{1}{10}=200$(円)

1 赤のリボンの長さは $\frac{3}{4}$ m で、青のリボンの長さは $\frac{5}{4}$ m です。赤のリボンの長さは、青のリボンの長さの何倍ですか。

割合を求める式をかきましょう。

考え方
赤のリボン $\frac{3}{4}$ m
青のリボン $\frac{5}{4}$ m
0　□　1 (倍)

青 $\frac{5}{4}$ m → □倍 → 赤 $\frac{3}{4}$ m

式 ① $\frac{3}{4}$ ÷ ② $\frac{5}{4}$

答えを求めましょう。

式 $\frac{3}{4}\div\frac{5}{4}=\frac{3}{4}\times$ ③ $\frac{4}{5}$ = $\frac{3\times ④4}{⑤4\times5}$ = ⑥ $\frac{3}{5}$

答え ⑦ $\frac{3}{5}$ 倍

2 ジュースの量は $\frac{6}{5}$ L で、牛乳の量は $\frac{3}{4}$ L です。ジュースの量は、牛乳の量の何倍ですか。

割合を求める式をかきましょう。

考え方
ジュース $\frac{6}{5}$ L
牛乳 $\frac{3}{4}$ L
0　1　□(倍)

牛乳 $\frac{3}{4}$ L → □倍 → ジュース $\frac{6}{5}$ L

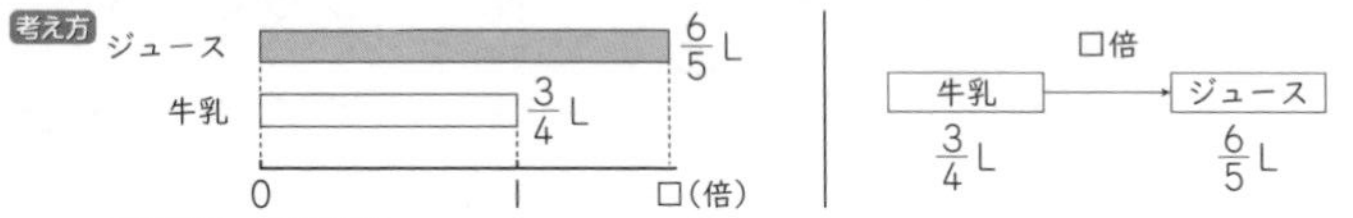

式 ① $\frac{6}{5}$ ÷ ② $\frac{3}{4}$

答えを求めましょう。

式 $\frac{6}{5}\div\frac{3}{4}=\frac{6}{5}\times$ ③ $\frac{4}{3}$ = $\frac{6\times ④4}{⑤5\times3}$ = ⑥ $\frac{8}{5}\left(1\frac{3}{5}\right)$

答え ⑦ $\frac{8}{5}\left(1\frac{3}{5}\right)$ 倍

ヒント くらべる量ともとにする量となる長さや量が、どちらなのかをまちがえないようにしよう。

★できた問題には、「た」をかこう！★ ① ② ③ ④

答え 12ページ

1 赤のリボンの長さは $\frac{5}{2}$ m で、青のリボンの長さは $\frac{2}{3}$ m です。赤のリボンの長さは、青のリボンの長さの何倍ですか。

くらべる量(赤) ÷ もとにする量(青) = 割合(倍)

式 $\frac{5}{2}\div\frac{2}{3}=\frac{15}{4}\left(3\frac{3}{4}\right)$

答え $\left(\frac{15}{4}\left(3\frac{3}{4}\right)倍\right)$

2 青の棒の長さは $\frac{1}{4}$ m で、赤の棒の長さは $\frac{1}{8}$ m です。青の棒の長さは、赤の棒の長さの何倍ですか。

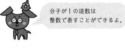

くらべる量(青) ÷ もとにする量(赤) = 割合(倍)

分子が1の逆数は整数で表すことができるよ。

式 $\frac{1}{4}\div\frac{1}{8}=2$

答え (2倍)

3 ジュースの量は $\frac{4}{5}$ L で、牛乳の量は $\frac{2}{7}$ L です。ジュースの量は、牛乳の量の何倍ですか。

くらべる量(ジュース) ÷ もとにする量(牛乳) = 割合(倍)

式 $\frac{4}{5}\div\frac{2}{7}=\frac{14}{5}\left(2\frac{4}{5}\right)$

答え $\left(\frac{14}{5}\left(2\frac{4}{5}\right)倍\right)$

4 コップにはいっている水の量は $\frac{3}{8}$ L で、バケツにはいっている水の量は $2\frac{1}{4}$ L です。コップにはいっている水の量は、バケツにはいっている水の量の何倍ですか。

くらべる量(コップ) ÷ もとにする量(バケツ) = 割合(倍)

式 $\frac{3}{8}\div2\frac{1}{4}=\frac{1}{6}$

答え ($\frac{1}{6}$ 倍)

ヒント 4 帯分数は仮分数になおしてから、計算しよう。

22ページ

1 もとにする量は、青のリボンの長さ、くらべる量は、赤のリボンの長さです。

2 もとにする量は、牛乳の量、くらべる量は、ジュースの量です。

23ページ

1 $\frac{5}{2}\div\frac{2}{3}=\frac{5}{2}\times\frac{3}{2}=\frac{5\times3}{2\times2}$
$=\frac{15}{4}$

2 $\frac{1}{4}\div\frac{1}{8}=\frac{1}{4}\times8=\frac{1\times\overset{2}{\cancel{8}}}{\underset{1}{\cancel{4}}}$
$=2$

3 $\frac{4}{5}\div\frac{2}{7}=\frac{4}{5}\times\frac{7}{2}=\frac{\overset{2}{\cancel{4}}\times7}{5\times\underset{1}{\cancel{2}}}$
$=\frac{14}{5}$

4 $\frac{3}{8}\div2\frac{1}{4}=\frac{3}{8}\div\frac{9}{4}$
$=\frac{3}{8}\times\frac{4}{9}=\frac{\overset{1}{\cancel{3}}\times\overset{1}{\cancel{4}}}{\underset{2}{\cancel{8}}\times\underset{3}{\cancel{9}}}=\frac{1}{6}$

おうちのかたへ
割合を表す図をつくることで、式をつくりやすくなります。小学3・4年で学習した線分図のかき方を復習させるとよいでしょう。

おうちのかたへ
AはBの何倍と表すとき、分数でも使えることを教えてあげましょう。

ぴったり1 準備 学習日 24ページ

12 分数のわり算③

答え 13ページ

整数、小数、分数が混じったかけ算

・小数は分数になおして計算します。

例$6\div0.4=\frac{6}{1}\div\frac{4}{10}=\frac{6}{1}\times\frac{10}{4}=\frac{\overset{3}{\cancel{6}}\times\overset{5}{\cancel{10}}}{1\times\underset{\underset{1}{\cancel{2}}}{\cancel{4}}}=15$

例$0.2\div\frac{2}{3}=\frac{2}{10}\div\frac{2}{3}=\frac{2}{10}\times\frac{3}{2}=\frac{\overset{1}{\cancel{2}}\times3}{10\times\underset{1}{\cancel{2}}}=\frac{3}{10}$

1 長さが $\frac{2}{3}$ m、重さが 0.7 kg の棒があります。この棒 1 m の重さは何 kg ですか。

1 m の重さを求める式をかきましょう。

考え方 ことばの式にあてはめて考えましょう。

棒の重さ ÷ 棒の長さ ＝ 1 m の重さ

式 $0.7\div$ ① $\frac{2}{3}$

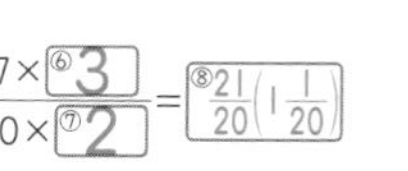

0.7 は 0.1 が 7 こ分なので、$\frac{1}{10}$ が 7 こだね。

答えを求めましょう。

式 $0.7\div\frac{2}{3}=\frac{②7}{③10}\div\frac{2}{3}=\frac{7}{10}\times\frac{④3}{⑤2}=\frac{7\times⑥3}{10\times⑦2}=$ ⑧ $\frac{21}{20}\left(1\frac{1}{20}\right)$

答え ⑨ $\frac{21}{20}\left(1\frac{1}{20}\right)$ kg

2 0.25 L で $\frac{3}{8}$ m² ぬれるペンキがあります。
このペンキ 1.8 L でぬれる面積は何 m² ですか。

ぬれる面積を求める式を 1 つの式にかきましょう。

考え方 まず、1 L で何 m² ぬれるか考えて、
次に 1.8 L で何 m² ぬれるか考えましょう。

ぬれる面積 ÷ ペンキの量 ＝ 1 L でぬれる面積 で求められるね。

式 $\frac{3}{8}\div$ ① 0.25 × ② 1.8

答えを求めましょう。

式 $\frac{3}{8}\div0.25\times1.8=\frac{3}{8}\div\frac{③25}{100}\times\frac{18}{④10}=\frac{3}{8}\times\frac{100}{⑤25}\times\frac{⑥18}{10}=$ ⑦ $\frac{27}{10}\left(2\frac{7}{10}\right)$

答え ⑧ $\frac{27}{10}\left(2\frac{7}{10}\right)$ m²

ヒント 小数を分数にするときは、小数点以下の数の分だけ、分母に0をつけるよ。

24

ぴったり2 練習 学習日 25ページ

★できた問題には、「た」をかこう！★ 1 2 3 4

答え 13ページ

1 $\frac{5}{4}$ L で重さが 0.3 kg の砂があります。この砂 1 L の重さは何 kg ですか。

砂の重さ ÷ 砂の量 ＝ 1 L あたりの重さ

式 $0.3\div\frac{5}{4}=\frac{6}{25}$

答え（ $\frac{6}{25}$ kg ）

2 横の長さが 1.4 m の長方形があり、面積は $\frac{7}{9}$ m² です。
この長方形の縦の長さは何 m ですか。

長方形の面積 ÷ 横 ＝ 縦

1.4m　□m　$\frac{7}{9}$m²

式 $\frac{7}{9}\div1.4=\frac{5}{9}$

答え（ $\frac{5}{9}$ m ）

3 0.6 m の鉄パイプの重さは $\frac{4}{5}$ kg です。この鉄パイプ $\frac{2}{3}$ m の重さは何 kg ですか。

鉄パイプの重さ ÷ 鉄パイプの長さ ＝ 1 m の重さ

$\frac{2}{3}$ m の重さは、1 m の重さ × $\frac{2}{3}$

式 $\frac{4}{5}\div0.6\times\frac{2}{3}=\frac{8}{9}$

答え（ $\frac{8}{9}$ kg ）

4 $\frac{1}{2}$ m の鉄パイプの重さは 2.25 kg です。この鉄パイプ $\frac{2}{3}$ m の重さは何 kg ですか。

鉄パイプの重さ ÷ 鉄パイプの長さ ＝ 1 m の重さ

$\frac{2}{3}$ m の重さは、1 m の重さ × $\frac{2}{3}$

式 $2.25\div\frac{1}{2}\times\frac{2}{3}=3$

答え（ 3 kg ）

ヒント かけ算とわり算の混じった計算では、わり算をかけ算になおして、1 つの分数の形にまとめることができるよ。

25

おうちのかたへ
分数を小数に表すと、$\frac{2}{3}=0.66\cdots$のようにわり切れない場合があります。そのために、小数、分数、整数が混じった計算では、すべて分数で表して計算します。

24ページ

1 小数は分数になおして計算しましょう。

2 計算の途中で約分できる場合は、約分して進みましょう。

25ページ

1 $0.3\div\frac{5}{4}=\frac{3}{10}\div\frac{5}{4}$
$=\frac{3}{10}\times\frac{4}{5}=\frac{3\times\overset{2}{\cancel{4}}}{\underset{5}{\cancel{10}}\times5}$
$=\frac{6}{25}$

2 $\frac{7}{9}\div1.4=\frac{7}{9}\div\frac{14}{10}$
$=\frac{7}{9}\times\frac{10}{14}=\frac{\overset{1}{\cancel{7}}\times\overset{5}{\cancel{10}}}{9\times\underset{\underset{1}{\cancel{2}}}{\cancel{14}}}$
$=\frac{5}{9}$

3 $\frac{4}{5}\div0.6\times\frac{2}{3}=\frac{4}{5}\div\frac{6}{10}\times\frac{2}{3}$
$=\frac{4}{5}\times\frac{10}{6}\times\frac{2}{3}=\frac{4\times\overset{2}{\cancel{10}}\times\overset{1}{\cancel{2}}}{\underset{1}{\cancel{5}}\times\underset{3}{\cancel{6}}\times3}$
$=\frac{8}{9}$

4 $2.25\div\frac{1}{2}\times\frac{2}{3}=\frac{225}{100}\div\frac{1}{2}\times\frac{2}{3}$
$=\frac{225}{100}\times2\times\frac{2}{3}=\frac{\overset{\overset{3}{\cancel{9}}}{\cancel{225}}\times\overset{1}{\cancel{2}}\times\overset{1}{\cancel{2}}}{\underset{\underset{\underset{1}{\cancel{2}}}{\cancel{4}}}{\cancel{100}}\times1\times\underset{1}{\cancel{3}}}$
$=3$

26ページ

ぴったり1 準備

13 比①

答え 14ページ

比の表し方

・2つの量 a、b の大きさの割合を $a:b$ と表し、「a 対 b」と読みます。これを「a と b の比」といいます。

例 3mと5mの長さの比　3：5（3対5）

1 油 30 mL としょう油 20 mL を混ぜあわせて、ドレッシングをつくりました。油としょう油の量の比をかきましょう。

2つの量の大きさの割合を、2つの数を使って表しましょう。

考え方 油の量は 30 mL、しょう油の量は 20 mL だから、量の割合は、①30：②20 と表すことができます。

答え ③30：④20

比で表すときは単位をとるよ。

2 赤のリボンが 40 cm、青のリボンが 60 cm あります。赤と青のリボンの長さの比をかきましょう。

長さの比を求めるので、2つの長さの数を使って表しましょう。

考え方 赤のリボンの長さは 40 cm、青のリボンの長さは 60 cm だから、長さの割合は、①40：②60 と表すことができます。

答え ③40：④60

3 たまごが2パック、うずらのたまごが1パックあります。たまごと、うずらのたまごのパックの数の比をかきましょう。

考え方 パックの数は、たまごは2パック、うずらのたまごは1パックだから、パックの数の割合は、①2：②1 と表すことができます。

答え ③2：④1

4 **3**のとき、どちらのたまごも1パックは12個入りです。このとき、たまごと、うずらのたまごの個数の比をかきましょう。

たまごの個数と、うずらのたまごの個数を求めて、個数の比をかきましょう。

考え方 たまごの個数は、12×①2＝24（個）、うずらのたまごの個数は、12×1＝②12（個）

答え ③24：④12

個数の比を求めるから、それぞれの個数を求めよう。

ヒント 比で表すときは、何の何に対する比で表すのかを確認しよう。

26

27ページ

ぴったり2 練習

★できた問題には、「た」をかこう！★　1 2 3 4 5

答え 14ページ

1 油 15 mL としょう油 10 mL を混ぜあわせて、ドレッシングをつくりました。油としょう油の量の比をかきましょう。

油の量：しょう油の量＝15：10

油の量としょう油の量を比（：）で表そう。

答え（15：10）

2 赤の色紙が 120 枚、青の色紙が 90 枚あります。赤の色紙と青の色紙の枚数の比をかきましょう。

赤の色紙の枚数：青の色紙の枚数＝120：90

色紙の枚数を比で表そう。

答え（120：90）

3 赤のリボンが3m、青のリボンが8mあります。赤と青のリボンの長さの比をかきましょう。

赤のリボンの長さ：青のリボンの長さ＝3：8

答え（3：8）

4 りんごジュースが 0.5 L、みかんジュースが 1.5 L あります。りんごジュースとみかんジュースの量の比をかきましょう。

りんごジュースの量：みかんジュースの量＝0.5：1.5

答え（0.5：1.5）

5 赤の色紙が4ふくろ、青の色紙が6ふくろあります。

(1)赤の色紙と青の色紙のふくろの数の比をかきましょう。

赤の色紙のふくろの数：青の色紙のふくろの数＝4：6

答え（4：6）

(2) 1ふくろの枚数は 100 枚です。赤の色紙と青の色紙の枚数の比をかきましょう。

赤の色紙の枚数は、100×4＝400（枚）
青の色紙の枚数は、100×6＝600（枚）
赤の色紙の枚数：青の色紙の枚数＝400：600

答え（400：600）

ヒント **5** (2)赤の色紙と青の色紙の枚数の比にしたいので、赤の色紙の枚数と青の色紙の枚数をそれぞれ求めよう。

27

おうちのかたへ
ドレッシング作りなど、身近な例にすると比の考え方がわかりやすくなります。生活の中にも比が使われていることを教えてあげましょう。

26ページ

1 割合の表す順番をまちがえないように、よく問題を読みましょう。

27ページ

2 数が大きくても、比で表すことができます。

3 長さを比にしましょう。

4 ジュースの量を比にしましょう。値が小数のときも、整数と同じように比で表すことができます。

5 (1)ふくろの数を比にしましょう。

(2)色紙の枚数を求めて、その枚数を比にしましょう。

おうちのかたへ
比と比例とは別の考えなので、まちがえないようにさせましょう。

ぴったり1 準備 14 比②

28ページ

答え 15ページ

比の値と等しい比

①$a:b$で、aがbの何倍になっているかを表す数を比の値といいます。
$a:b$の比の値は、$a÷b$で求められます。
②2つの比で、それぞれの比の値が等しいとき、2つの比は等しいといいます。
$a:b$と$c:d$が等しいとき、$a:b=c:d$とかきます。

例4：5の比の値は、
$4÷5=\frac{4}{5}(=0.8)$
例2：3　比の値は$\frac{2}{3}$
12：18　比の値は$\frac{2}{3}$　等しい
→2：3＝12：18

1 6年1組の子どもは男子18人、女子20人です。男子と女子の人数の比をかきましょう。
考え方 男子と女子の人数の比は、男子の人数：女子の人数で表します。
答え ①18：②20

2 1で、比の値を求めましょう。
1の比の値を求める式をかきましょう。
考え方 男子の人数が女子の人数の何倍になっているかを考えます。
式 ①18÷②20
答えを求めましょう。
式 18÷③20＝④$\frac{9}{10}$(0.9)　答え ⑤$\frac{9}{10}$(0.9)

3 6年生36人と5年生42人で遠足に行きました。6年生と5年生の人数の比をかきましょう。
考え方 6年生と5年生の人数の比は、6年生の人数：5年生の人数で表します。
答え ①36：②42

4 3で、比の値を求めましょう。
3の比の値を求める式をかきましょう。
考え方 6年生の人数が5年生の人数の何倍になっているかを考えます。
式 ①36÷②42
答えを求めましょう。
式 36÷③42＝④$\frac{6}{7}$　答え ⑤$\frac{6}{7}$

ヒント 2 4 2つの数量aとbの比は$a:b$、比の値は$a÷b$だよ。順番をまちがえないように気をつけよう。

28

2つの数量aとbの比は、$a:b$だね。
$a:b$の比の値は、$a÷b=\frac{a}{b}$となるよ。
比の値は分数で表そう。

ぴったり2 練習

29ページ

★できた問題には、「た」をかこう！★ 1 2 3

答え 15ページ

1 赤のリボンが4m、青のリボンが9mあります。
(1)赤のリボンと青のリボンの長さの比をかきましょう。
答え（4：9）
(2)(1)の比の値を求めましょう。
$4÷9=\frac{4}{9}$
答え（$\frac{4}{9}$）

2 ジュースが2L、麦茶が1Lあります。
(1)ジュースと麦茶の量の比をかきましょう。
ジュースの量：麦茶の量＝2：1
答え（2：1）
(2)(1)の比の値を求めましょう。
2÷1＝2
答え（2）

3 りんごが40個とみかんが16個あります。
(1)りんごとみかんの個数の比をかきましょう。
りんごの個数：みかんの個数＝40：16
答え（40：16）
(2)(1)の比の値を求めましょう。
$40÷16=\frac{40}{16}=\frac{5}{2}(2.5)$
答え（$\frac{5}{2}$(2.5)）

ヒント 2 (2)比の値は整数になることもあるよ。

29

赤のリボンと青のリボンの長さの比は、赤のリボンの長さ：青のリボンの長さで表すよ。

28ページ

2 くらべる量をもとにする量でわった商を比の値といいます。比の左側の数字を右側の数字でわった答えです。比の値は、小数を使って答えてもよいです。

29ページ

1 (2) 赤のリボンの長さ÷青のリボンの長さで比の値を求めましょう。

2 (2) ジュースの量÷麦茶の量で比の値を求めましょう。

3 (2) りんごの個数÷みかんの個数で比の値を求めましょう。

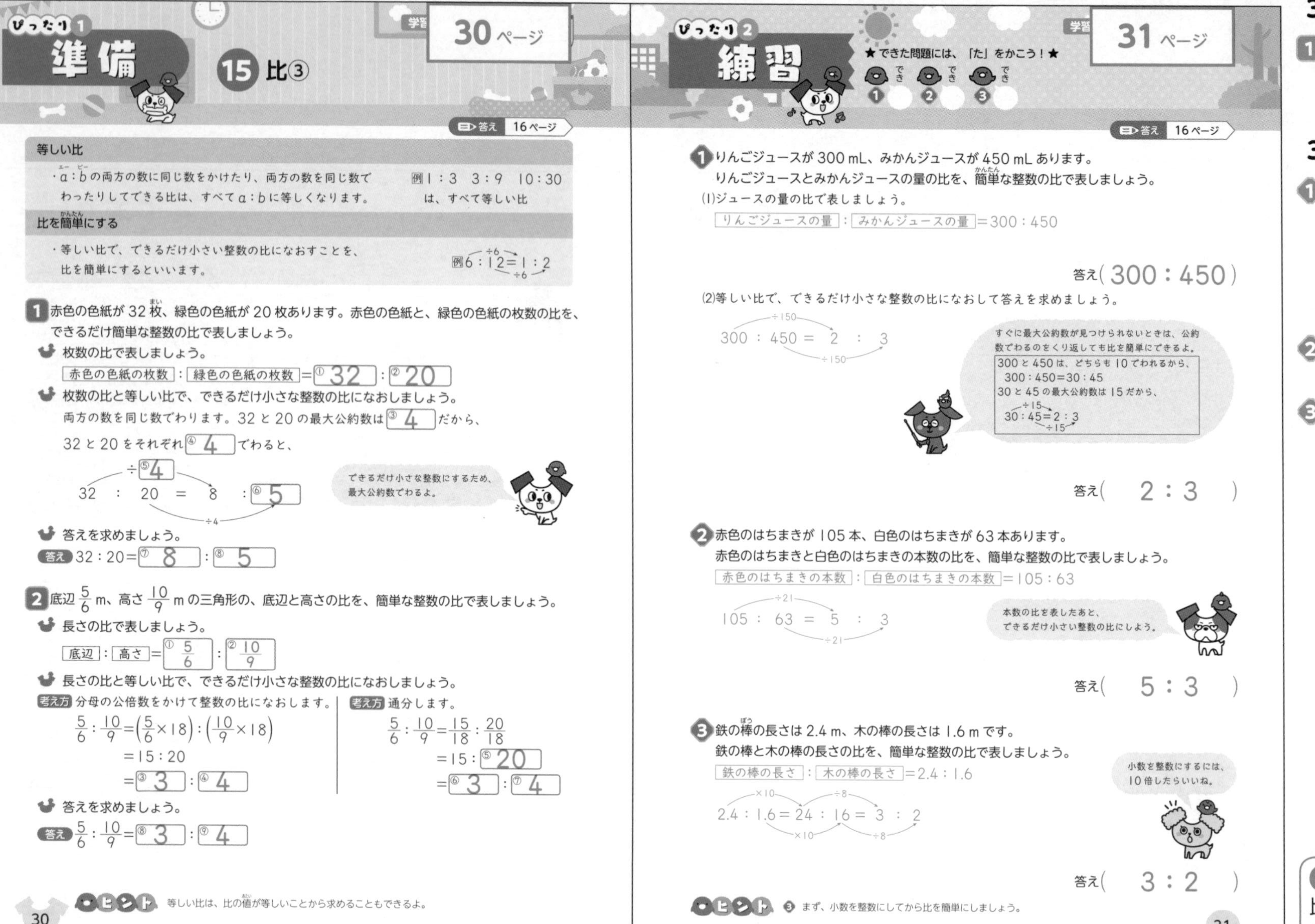

ぴったり1 準備 15 比③

学習 30ページ

答え 16ページ

等しい比

・$a:b$ の両方の数に同じ数をかけたり、両方の数を同じ数でわったりしてできる比は、すべて $a:b$ に等しくなります。　例 1：3　3：9　10：30 は、すべて等しい比

比を簡単にする

・等しい比で、できるだけ小さい整数の比になおすことを、比を簡単にするといいます。　例 6：12＝1：2（÷6）

1 赤色の色紙が 32 枚、緑色の色紙が 20 枚あります。赤色の色紙と、緑色の色紙の枚数の比を、できるだけ簡単な整数の比で表しましょう。

枚数の比で表しましょう。

赤色の色紙の枚数：緑色の色紙の枚数＝① 32：② 20

枚数の比と等しい比で、できるだけ小さな整数の比になおしましょう。

両方の数を同じ数でわります。32 と 20 の最大公約数は ③ 4 だから、

32 と 20 をそれぞれ ④ 4 でわると、

32：20＝8：⑥ 5（÷⑤ 4）

答えを求めましょう。

答え 32：20＝⑦ 8：⑧ 5

2 底辺 $\frac{5}{6}$ m、高さ $\frac{10}{9}$ m の三角形の、底辺と高さの比を、簡単な整数の比で表しましょう。

長さの比で表しましょう。

底辺：高さ＝① $\frac{5}{6}$：② $\frac{10}{9}$

長さの比と等しい比で、できるだけ小さな整数の比になおしましょう。

考え方 分母の公倍数をかけて整数の比になおします。

$\frac{5}{6}:\frac{10}{9}=\left(\frac{5}{6}\times18\right):\left(\frac{10}{9}\times18\right)$

＝15：20

＝③ 3：④ 4

考え方 通分します。

$\frac{5}{6}:\frac{10}{9}=\frac{15}{18}:\frac{20}{18}$

＝15：⑤ 20

＝⑥ 3：⑦ 4

答えを求めましょう。

答え $\frac{5}{6}:\frac{10}{9}$＝⑧ 3：⑨ 4

ヒント 等しい比は、比の値が等しいことから求めることもできるよ。

30

できるだけ小さな整数にするため、最大公約数でわるよ。

ぴったり2 練習

★できた問題には、「た」をかこう！★

学習 31ページ

答え 16ページ

1 りんごジュースが 300 mL、みかんジュースが 450 mL あります。りんごジュースとみかんジュースの量の比を、簡単な整数の比で表しましょう。

(1)ジュースの量の比で表しましょう。

りんごジュースの量：みかんジュースの量＝300：450

答え（300：450）

(2)等しい比で、できるだけ小さな整数の比になおして答えを求めましょう。

300：450＝2：3（÷150）

答え（2：3）

2 赤色のはちまきが 105 本、白色のはちまきが 63 本あります。赤色のはちまきと白色のはちまきの本数の比を、簡単な整数の比で表しましょう。

赤色のはちまきの本数：白色のはちまきの本数＝105：63

105：63＝5：3（÷21）

答え（5：3）

3 鉄の棒の長さは 2.4 m、木の棒の長さは 1.6 m です。鉄の棒と木の棒の長さの比を、簡単な整数の比で表しましょう。

鉄の棒の長さ：木の棒の長さ＝2.4：1.6

2.4：1.6＝24：16＝3：2（×10、÷8）

答え（3：2）

ヒント ③ まず、小数を整数にしてから比を簡単にしましょう。

31

すぐに最大公約数が見つけられないときは、公約数でわるのをくり返しても比を簡単にできるよ。
300 と 450 は、どちらも 10 でわれるから、300：450＝30：45
30 と 45 の最大公約数は 15 だから、30：45＝2：3
本数の比を表したあと、できるだけ小さい整数の比にしよう。
小数を整数にするには、10 倍したらいいね。

30ページ

1 等しい比の間にある関係を見つけましょう（両方の数が最大公約数でわれる）。

31ページ

1 (1)りんごジュースの量：みかんジュースの量に表します。

(2)300 と 450 の最大公約数は 150 です。

2 105 と 63 の最大公約数は 21 です。

3 小数は、整数になおしてから、比を簡単にしましょう。

おうちのかたへ

比を簡単にするには、2つの数に同じ数をかけたり、2つの数を同じ数でわったりします。小数で表された比は、10、100、…をかけて整数の比になおしてから簡単にします。分数で表された比は、分母の最小公倍数をかけて、整数の比になおします。

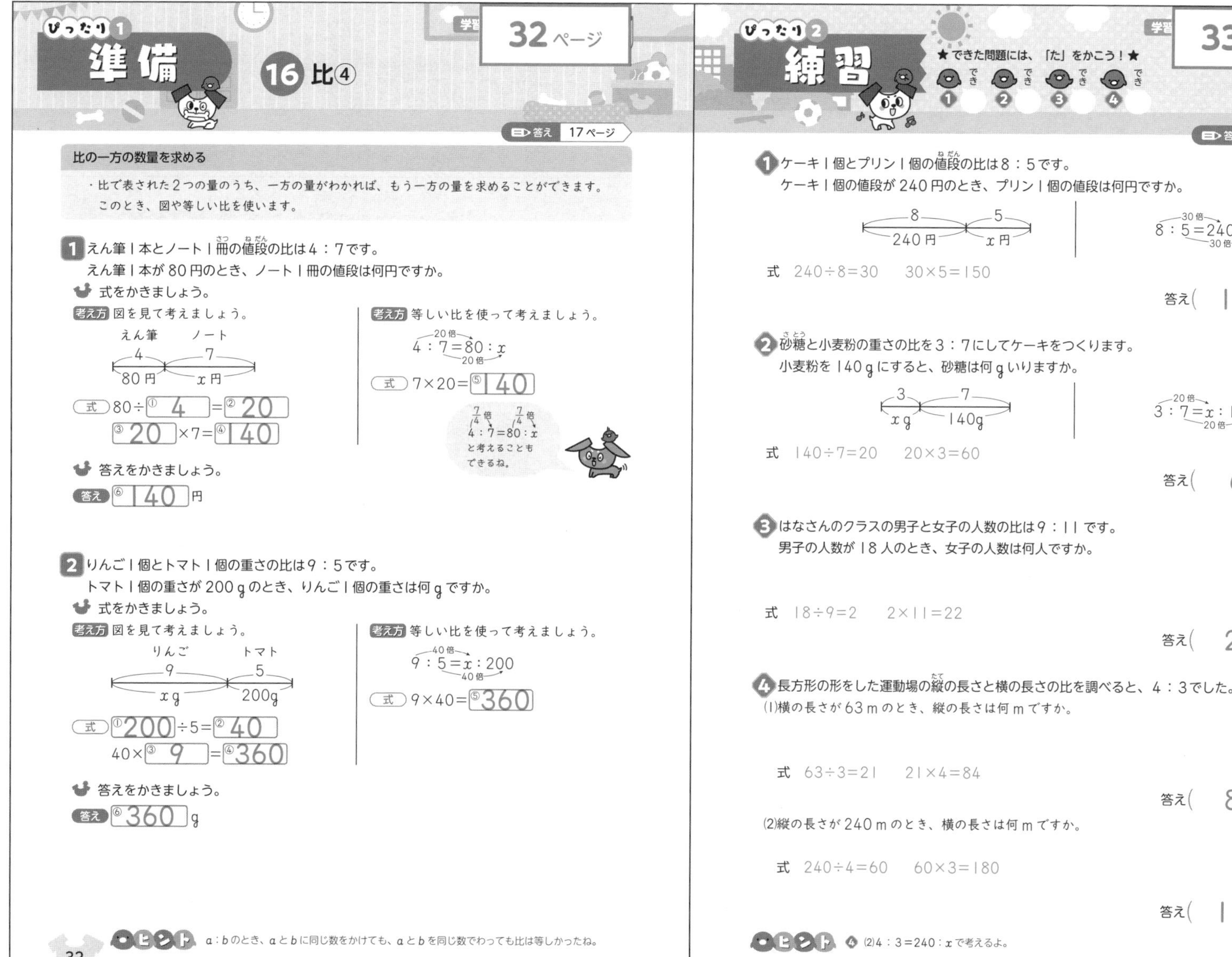

ぴったり1 準備 16 比④

32ページ

答え 17ページ

比の一方の数量を求める

・比で表された2つの量のうち、一方の量がわかれば、もう一方の量を求めることができます。このとき、図や等しい比を使います。

1 えん筆1本とノート1冊の値段の比は4：7です。
えん筆1本が80円のとき、ノート1冊の値段は何円ですか。

式をかきましょう。

考え方 図を見て考えましょう。

えん筆 4　ノート 7
80円　x円

式 80÷① 4 ＝② 20
③ 20 ×7＝④ 140

考え方 等しい比を使って考えましょう。

$4:7=80:x$（20倍）

式 7×20＝⑤ 140

$\frac{7}{4}$倍　$4:7=80:x$ と考えることもできるね。

答えをかきましょう。

答え ⑥ 140 円

2 りんご1個とトマト1個の重さの比は9：5です。
トマト1個の重さが200gのとき、りんご1個の重さは何gですか。

式をかきましょう。

考え方 図を見て考えましょう。

りんご 9　トマト 5
xg　200g

式 ① 200 ÷5＝② 40
40×③ 9 ＝④ 360

考え方 等しい比を使って考えましょう。

$9:5=x:200$（40倍）

式 9×40＝⑤ 360

答えをかきましょう。

答え ⑥ 360 g

ヒント $a:b$のとき、aとbに同じ数をかけても、aとbを同じ数でわっても比は等しかったね。

32

ぴったり2 練習

★できた問題には、「た」をかこう！★

33ページ

答え 17ページ

1 ケーキ1個とプリン1個の値段の比は8：5です。
ケーキ1個の値段が240円のとき、プリン1個の値段は何円ですか。

8　5
240円　x円

$8:5=240:x$（30倍）

式 240÷8＝30　30×5＝150

答え（ 150円 ）

2 砂糖と小麦粉の重さの比を3：7にしてケーキをつくります。
小麦粉を140gにすると、砂糖は何gいりますか。

3　7
xg　140g

$3:7=x:140$（20倍）

式 140÷7＝20　20×3＝60

答え（ 60g ）

3 はなさんのクラスの男子と女子の人数の比は9：11です。
男子の人数が18人のとき、女子の人数は何人ですか。

式 18÷9＝2　2×11＝22

答え（ 22人 ）

4 長方形の形をした運動場の縦の長さと横の長さの比を調べると、4：3でした。
(1)横の長さが63mのとき、縦の長さは何mですか。

式 63÷3＝21　21×4＝84

答え（ 84m ）

(2)縦の長さが240mのとき、横の長さは何mですか。

式 240÷4＝60　60×3＝180

答え（ 180m ）

ヒント 4 (2)$4:3=240:x$で考えるよ。

33

32ページ

1 $4:7=80:x$と考えると、4の20倍が80なので、7の20倍はいくつかを求めましょう。

2 $9:5=x:200$と考えると、5の40倍が200なので、9の40倍はいくつか考えましょう。

33ページ

1 比の1は30円です。

2 比の1は20gです。

3 $9:11=18:x$と考えると、9の2倍が18なので、11の2倍で女子の人数を求めることもできます。

4 (1)$4:3=x:63$と考えると、3の21倍が63なので、4の21倍で縦の長さを求めることもできます。

(2)$4:3=240:x$と考えると、4の60倍が240なので、3の60倍で横の長さを求めることもできます。

おうちのかたへ

○：△＝(○×□)：(△×□)の関係式で、比とはどういうことなのかを説明しましょう。わかりにくければ、簡単な数を入れて確認させましょう。

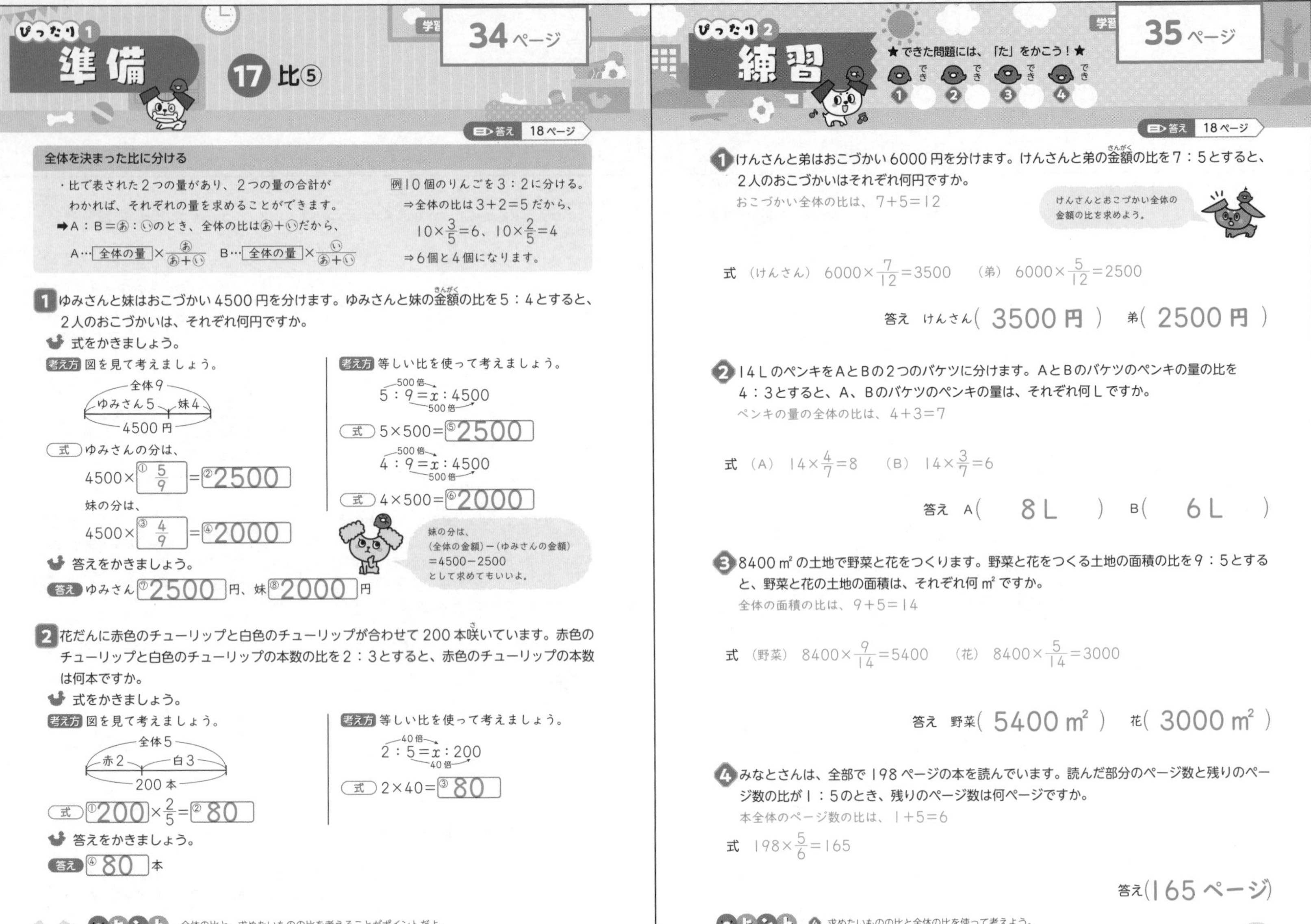

ぴったり1 準備　17 比⑤　34ページ

答え 18ページ

全体を決まった比に分ける

・比で表された2つの量があり、2つの量の合計がわかれば、それぞれの量を求めることができます。
➡A：B＝あ：いのとき、全体の比はあ＋いだから、
A…全体の量×$\frac{あ}{あ+い}$　B…全体の量×$\frac{い}{あ+い}$

例 10個のりんごを3：2に分ける。
⇒全体の比は3＋2＝5だから、
$10\times\frac{3}{5}=6$、$10\times\frac{2}{5}=4$
⇒6個と4個になります。

1 ゆみさんと妹はおこづかい4500円を分けます。ゆみさんと妹の金額(きんがく)の比を5：4とすると、2人のおこづかいは、それぞれ何円ですか。

式をかきましょう。

考え方 図を見て考えましょう。
全体9　ゆみさん5　妹4　4500円

式 ゆみさんの分は、
$4500\times$ ① $\frac{5}{9}$ ＝ ② 2500
妹の分は、
$4500\times$ ③ $\frac{4}{9}$ ＝ ④ 2000

考え方 等しい比を使って考えましょう。
5：9＝x：4500（500倍）
式 5×500＝ ⑤ 2500
4：9＝x：4500（500倍）
式 4×500＝ ⑥ 2000

妹の分は、(全体の金額)−(ゆみさんの金額)＝4500−2500 として求めてもいいよ。

答えをかきましょう。
答え ゆみさん ⑦ 2500 円、妹 ⑧ 2000 円

2 花だんに赤色のチューリップと白色のチューリップが合わせて200本咲(さ)いています。赤色のチューリップと白色のチューリップの本数の比を2：3とすると、赤色のチューリップの本数は何本ですか。

式をかきましょう。

考え方 図を見て考えましょう。
全体5　赤2　白3　200本

式 ① 200 $\times\frac{2}{5}$＝ ② 80

考え方 等しい比を使って考えましょう。
2：5＝x：200（40倍）
式 2×40＝ ③ 80

答えをかきましょう。
答え ④ 80 本

ヒント 全体の比と、求めたいものの比を考えることがポイントだよ。

34

ぴったり2 練習　35ページ

★できた問題には、「た」をかこう！★　1 2 3 4

答え 18ページ

1 けんさんと弟はおこづかい6000円を分けます。けんさんと弟の金額(きんがく)の比を7：5とすると、2人のおこづかいはそれぞれ何円ですか。
おこづかい全体の比は、7＋5＝12

けんさんとおこづかい全体の金額の比を求めよう。

式 （けんさん）$6000\times\frac{7}{12}=3500$　（弟）$6000\times\frac{5}{12}=2500$

答え けんさん（ 3500円 ）　弟（ 2500円 ）

2 14Lのペンキを A と B の2つのバケツに分けます。AとBのバケツのペンキの量の比を4：3とすると、A、Bのバケツのペンキの量は、それぞれ何Lですか。
ペンキの量の全体の比は、4＋3＝7

式 （A）$14\times\frac{4}{7}=8$　（B）$14\times\frac{3}{7}=6$

答え A（ 8L ）　B（ 6L ）

3 8400 m² の土地で野菜と花をつくります。野菜と花をつくる土地の面積の比を9：5とすると、野菜と花の土地の面積は、それぞれ何 m² ですか。
全体の面積の比は、9＋5＝14

式 （野菜）$8400\times\frac{9}{14}=5400$　（花）$8400\times\frac{5}{14}=3000$

答え 野菜（ 5400 m² ）　花（ 3000 m² ）

4 みなとさんは、全部で198ページの本を読んでいます。読んだ部分のページ数と残りのページ数の比が1：5のとき、残りのページ数は何ページですか。
本全体のページ数の比は、1＋5＝6

式 $198\times\frac{5}{6}=165$

答え（165ページ）

ヒント 4 求めたいものの比と全体の比を使って考えよう。

35

34ページ

1 全体の比は9なので、ゆみさんの分は $\frac{5}{9}$、妹の分は $\frac{4}{9}$ となります。

2 全体の比は5なので、赤色のチューリップは $\frac{2}{5}$ になります。

35ページ

1 おこづかい全体の金額(きんがく)の比は
7＋5＝12なので、
けんさんの金額：おこづかい全体の金額＝7：12

2 ペンキの量の全体の比は
4＋3＝7なので、
Aのペンキの量：ペンキの全体の量＝4：7

3 土地全体の面積の比は
9＋5＝14
野菜の土地の面積：土地全体の面積＝9：14

4 本全体のページ数の比は
1＋5＝6
残りのページ数：本全体のページ数＝5：6

おうちのかたへ
全体の比と求めたいものの比で考えることに慣れさせましょう。

18 割合を使って①

答え 19ページ

割合を使って表す

・全体の道のりを1とすると、かかった時間から、1分間に進む道のりを割合で表すことができます。

例家から駅までの道のりを歩くと20分かかる。
⇒家から駅までの道のりを1とすると、
1分間に歩く道のりは $\frac{1}{20}$

1 家から駅までの道のりを、歩いて行くと40分かかり、走って行くと20分かかります。はじめ、家を出発してから12分歩き、残りの道のりを走ります。歩き始めてから駅に着くまでの時間は何分ですか。

1分間に歩く道のりと走る道のりを、全体の道のりを1としたときの大きさで表しましょう。

歩く（1分／40分）　歩くと40分だから、歩く道のりは、$1 \div 40 =$ ① $\frac{1}{40}$

走る（1分／20分）　走ると20分だから、走る道のりは、$1 \div$ ② 20 $= \frac{1}{20}$

全体の道のりを1としたとき、走った道のりは、家から駅までの道のりのどれだけにあたるかを求めましょう。

はじめ、12分歩きます。1分間に歩く道のりは ③ $\frac{1}{40}$ だから、

歩いた道のりは、$\frac{1}{40} \times$ ④ 12 $=$ ⑤ $\frac{3}{10}$

全体の道のりは ⑥ 1 だから、

走った道のりは、⑦ 1 $-$ ⑧ $\frac{3}{10} = \frac{7}{10}$

（図：1　歩いた道のり／走った道のり）

走った時間を求めて、歩き始めてから駅に着くまでの時間を求めましょう。

全体の道のりを1としたときの走った道のりは、$\frac{7}{10}$ の大きさにあたります。

1分間に走る道のりは ⑨ $\frac{1}{20}$ だから、

走った時間は、⑩ $\frac{7}{10} \div \frac{1}{20} =$ ⑪ 14

家から駅までにかかった時間は、⑫ 12 $+ 14 =$ ⑬ 26（分）

答え ⑭ 26 分

かかる時間＝道のり÷1分間に走る道のり で求めることができるね。

求めるのは、家から駅までにかかった時間であることに注意しよう。

ヒント　家から駅までの道のりが具体的な値としてわからなくても、かかった時間を使って、速さを割合で表すことができるよ。

★できた問題には、「た」をかこう！★

答え 19ページ

1 部屋のそうじをするのに、ゆみさんだけですると30分かかり、お母さんだけですると15分かかります。はじめ、ゆみさんが18分そうじをし、残りをお母さんがそうじしました。

(1)部屋全体の面積を1として、それぞれの1分間にそうじできる面積は、部屋全体のどれだけにあたるかを求めましょう。

（図：ゆみさん 1／30分　お母さん 1／15分）

式　部屋全体の面積を1とすると、
ゆみさんが1分間にそうじする面積は、$1 \div 30 = \frac{1}{30}$
お母さんが1分間にそうじする面積は、$1 \div 15 = \frac{1}{15}$

答え　ゆみさん（ $\frac{1}{30}$ ）　お母さん（ $\frac{1}{15}$ ）

(2)ゆみさんが18分間でそうじした面積が部屋全体のどれだけにあたるかを求めてから、お母さんがそうじした時間を求めましょう。

ゆみさんが18分間でそうじした面積は、
$\frac{1}{30} \times 18 = \frac{3}{5}$
お母さんがそうじする面積は、
$1 - \frac{3}{5} = \frac{2}{5}$
お母さんがそうじした時間は、
$\frac{2}{5} \div \frac{1}{15} = 6$

そうじした面積は、（1分間にそうじできる面積）×（そうじした時間）だよ。

答え　ゆみさんがそうじした面積（ $\frac{2}{5}$ ）
お母さんがそうじした時間（ 6分 ）

ヒント　1 部屋全体の面積を1とするよ。ゆみさんとお母さんが1分間でそうじできる面積を割合を使って表そう。

36ページ

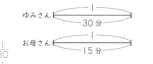

1 全体の比の1に対応する、それぞれの割合(わりあい)を見つけます。歩くと40分なので、道のりを1とした速さを求めることができます。次に、道のりを1としたときに歩いた道のりと走った道のりを求めます。速さの式を使って、走った時間が求められます。

37ページ

1 (1)部屋全体の面積を1として、ゆみさんとお母さんが1分間にそうじできる面積の割合をそれぞれ求めましょう。

(2)ゆみさんが1分間にそうじできる面積は $\frac{1}{30}$ だから、ゆみさんが18分間でそうじした面積は、$\frac{1}{30} \times 18$、お母さんが1分間にそうじできる面積は $\frac{1}{15}$ だから、お母さんがそうじした時間は、$\frac{2}{5} \div \frac{1}{15}$

おうちのかたへ
5年で学習した「割合」の発展的な内容です。問題文から何を全体の1とするかを考えさせます。線分図などに表し、割合の計算をさせましょう。

ぴったり1 **準備**

19 割合を使って②

学習 **38ページ**

答え 20ページ

割合を使って表す

・水そう全体を1とおくと、水そうをいっぱいにするためにかかる時間から、1分間に入れられる水の量を割合で表すことができます。

例 水そうにA管で水を入れると10分でいっぱいになった
⇒水そう全体を1とすると、A管で1分間で入れられる水の量は $\frac{1}{10}$

1 水そうにA、B2つの管を使って水を入れます。A管だけを使って水を入れると、20分でいっぱいになり、B管だけを使って水を入れると、30分でいっぱいになります。A管とB管の両方を使って水を入れると、水を入れ始めてから水そうがいっぱいになるまでの時間は何分ですか。

水そう全体を1としたとき、A管、B管が1分間に入れられる水の量は水そう全体のどれだけにあたるかを求めましょう。

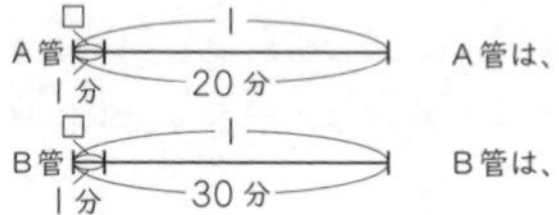

水そう全体を1とすると、1分間に入れられる水の量は、

A管は、 $1 \div$ ① 20 $= \frac{1}{20}$

B管は、 $1 \div 30 =$ ② $\frac{1}{30}$

水そう全体を1としたとき、A管とB管の両方を使うと、1分間に入れられる水の量は水そう全体のどれだけにあたるかを求めましょう。

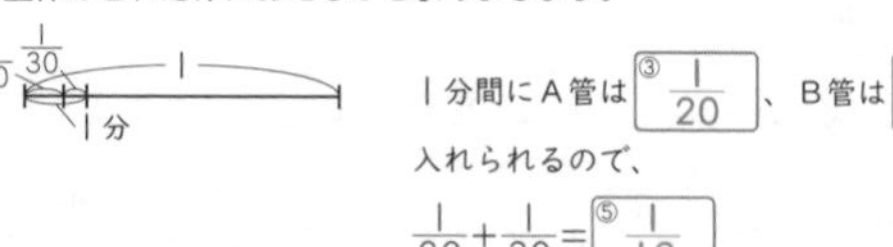

1分間にA管は ③ $\frac{1}{20}$、B管は ④ $\frac{1}{30}$ の水の量を入れられるので、

$\frac{1}{20} + \frac{1}{30} =$ ⑤ $\frac{1}{12}$

式をかいて、答えを求めましょう。

式 水そう全体を1とすると、

$1 \div \frac{1}{12} =$ ⑥ 12

答え ⑦ 12 分

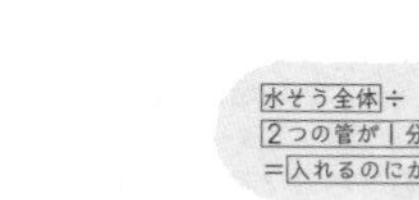

ヒント A管とB管の両方を使って水を入れるとき、1分間に入れる水の量はA管＋B管で求められるよ。分数はとちゅうで約分しよう。

38

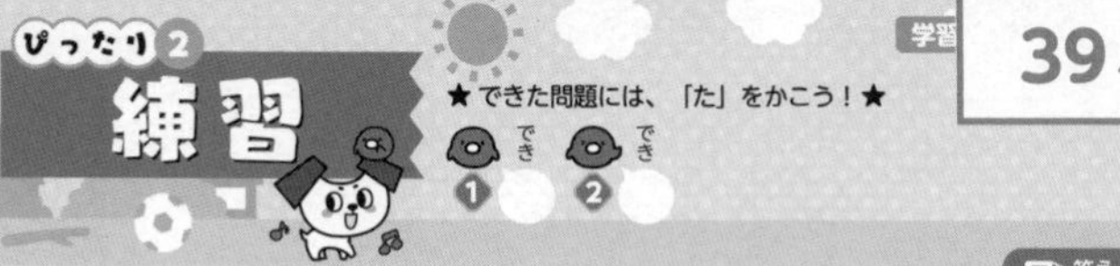

ぴったり2 **練習**

★できた問題には、「た」をかこう！★ ① ②

学習 **39ページ**

答え 20ページ

1 水そうにA、B2つの管を使って水を入れます。A管だけを使って水を入れると16分でいっぱいになり、B管だけを使って水を入れると48分でいっぱいになります。はじめからA管とB管の両方を使って水を入れると、水を入れ始めてから水そうがいっぱいになるまでの時間は何分ですか。

水そう全体を1とすると、1分間に入れられる水の量は、

A管は、 $1 \div 16 = \frac{1}{16}$

B管は、 $1 \div 48 = \frac{1}{48}$

式 水そう全体を1とすると、

$1 \div \left(\frac{1}{16} + \frac{1}{48}\right) = 12$

答え（ 12分 ）

2 水そうにA、B2つの管を使って水を入れます。A管だけを使って水を入れると15分でいっぱいになり、B管だけを使って水を入れると21分でいっぱいになります。はじめからA管とB管の両方を使って水を入れると、水を入れ始めてから水そうがいっぱいになるまでの時間は何分何秒ですか。

水そう全体を1とすると、1分間に入れられる水の量は、

A管は、 $1 \div 15 = \frac{1}{15}$

B管は、 $1 \div 21 = \frac{1}{21}$

式 水そう全体を1とすると、

$1 \div \left(\frac{1}{15} + \frac{1}{21}\right) = \frac{35}{4} = 8\frac{3}{4}$（分）

$60 \times \frac{3}{4} = 45$（秒）

答え（ 8分45秒 ）

ヒント ①② A管とB管の両方を使ったときにかかる時間は、A管だけ、B管だけを使ったときより短くなるよ。

39

38ページ

1 1分間に入れる水の量は、2つの管を使うので、A管＋B管となります。

39ページ

1 1分間に入れる水の量は、2つの管を使うので、A管＋B管になります。

$1 \div \left(\frac{1}{16} + \frac{1}{48}\right)$

$= 1 \div \left(\frac{3}{48} + \frac{1}{48}\right)$

$= 1 \div \frac{4}{48} = 1 \div \frac{1}{12} = 12$

2 $1 \div \left(\frac{1}{15} + \frac{1}{21}\right)$

$= 1 \div \left(\frac{7}{105} + \frac{5}{105}\right)$

$= 1 \div \frac{12}{105} = 1 \div \frac{4}{35}$

$= \frac{35}{4}$

$\frac{35}{4}$ 分 $= 8\frac{3}{4}$ 分、

$\frac{3}{4} \times 60 = 45$ より、45秒

だから、水がいっぱいになるまでの時間は8分45秒となります。

おうちのかたへ
2つの管を使って、1分間に入れる水の量は、それぞれの管だけを使ったときより、短くなることに注意させましょう。

20 割合を使って③

答え 21ページ

割合を使って表す

・水そう全体を1として、1分間に入れられる水の量を表すと、条件を変えたときにかかる時間を求められます。

例 1分間にA管は$\frac{1}{5}$、B管は$\frac{1}{6}$、C管は$\frac{1}{3}$の水が入れられるとすると、
⇒A管、B管、C管全部を使って入れられる水の量は、$\frac{1}{5}+\frac{1}{6}+\frac{1}{3}$

1 水そうに、A、B、C3つの管を使って水を入れます。A管だけを使って水を入れると10分でいっぱいになり、B管だけを使って水を入れると12分でいっぱいになり、C管だけを使って水を入れると60分でいっぱいになります。はじめから、A管、B管、C管全部を使って水を入れると、水を入れ始めてから水そうがいっぱいになるまでの時間は何分ですか。

水そう全体を1としたとき、A管、B管、C管が1分間に入れられる水の量は水そう全体のどれだけにあたるかを求めましょう。

(図：A管 □ 1分 1 10分／B管 □ 1分 1 12分／C管 □ 1分 1 60分)

水そう全体を1とすると、
A管は10分でいっぱいにできるから、
A管が1分間に入れられる水の量は、$1\div10=$ ① $\frac{1}{10}$
B管は、$1\div12=$ ② $\frac{1}{12}$
C管は、$1\div60=$ ③ $\frac{1}{60}$

水そう全体を1としたとき、A管、B管、C管全部を使うと、1分間に入れられる水の量は水そう全体のどれだけにあたるかを求めましょう。

(図：$\frac{1}{10}$ $\frac{1}{12}$ $\frac{1}{60}$ 1 1分)

A管、B管、C管全部を使って1分間に入れられる水の量は、
$\frac{1}{10}+$ ④ $\frac{1}{12}$ $+$ ⑤ $\frac{1}{60}$ $=$ ⑥ $\frac{1}{5}$

式をかいて、答えを求めましょう。

式 水そう全体を1とすると、
$1\div\frac{1}{5}=$ ⑦ 5

答え ⑧ 5 分

ヒント A管、B管、C管と管が増えても、全体を1とみて、単位時間あたりの割合を考えるのは、管が2本のときと同じだよ。

ぴったり2
練習

★できた問題には、「た」をかこう！★ でき 1 でき 2

答え 21ページ

1 水そうに、A、B、C3つの管を使って水を入れます。A管だけを使って水を入れると6分でいっぱいになり、B管だけを使って水を入れると4分でいっぱいになり、C管だけを使って水を入れると12分でいっぱいになります。
はじめから、A管、B管、C管全部を使って水を入れると、水を入れ始めてから水そうがいっぱいになるまでの時間は何分ですか。

水そう全体を1とすると、1分間に入れられる水の量は、
A管は、$1\div6=\frac{1}{6}$　B管は、$1\div4=\frac{1}{4}$
C管は、$1\div12=\frac{1}{12}$

水の量をたすとき、最小公倍数で通分できるといいね。

式 $1\div\left(\frac{1}{6}+\frac{1}{4}+\frac{1}{12}\right)=2$

答え（　2分　）

2 水そうに、A、B、C3つの管を使って水を入れます。A管だけを使って水を入れると45分でいっぱいになり、B管だけを使って水を入れると9分でいっぱいになり、C管だけを使って水を入れると15分でいっぱいになります。
はじめから、A管、B管、C管全部を使って水を入れると、水を入れ始めてから水そうがいっぱいになるまでの時間は何分ですか。

水そう全体を1とすると、1分間に入れられる水の量は、
A管は、$1\div45=\frac{1}{45}$　B管は、$1\div9=\frac{1}{9}$　C管は、$1\div15=\frac{1}{15}$

式 $1\div\left(\frac{1}{45}+\frac{1}{9}+\frac{1}{15}\right)=5$

答え（　5分　）

ヒント 水そう全体を1とみて考えよう。

40ページ

1 3つの管を全部使って1分間に入れる水の量も、考え方は同じです。全体を1とみて、1分間の割合（わりあい）を計算しましょう。
1分間に入れる水の量は、3つの管を使うので、A管＋B管＋C管となります。

41ページ

1 $1\div\left(\frac{1}{6}+\frac{1}{4}+\frac{1}{12}\right)$
$=1\div\left(\frac{2}{12}+\frac{3}{12}+\frac{1}{12}\right)$
$=1\div\frac{6}{12}=1\div\frac{1}{2}=2$

2 $1\div\left(\frac{1}{45}+\frac{1}{9}+\frac{1}{15}\right)$
$=1\div\left(\frac{1}{45}+\frac{5}{45}+\frac{3}{45}\right)$
$=1\div\frac{9}{45}=1\div\frac{1}{5}=5$

おうちのかたへ
分数を通分した計算が出てきます。最小公倍数で通分することを思い出させましょう。

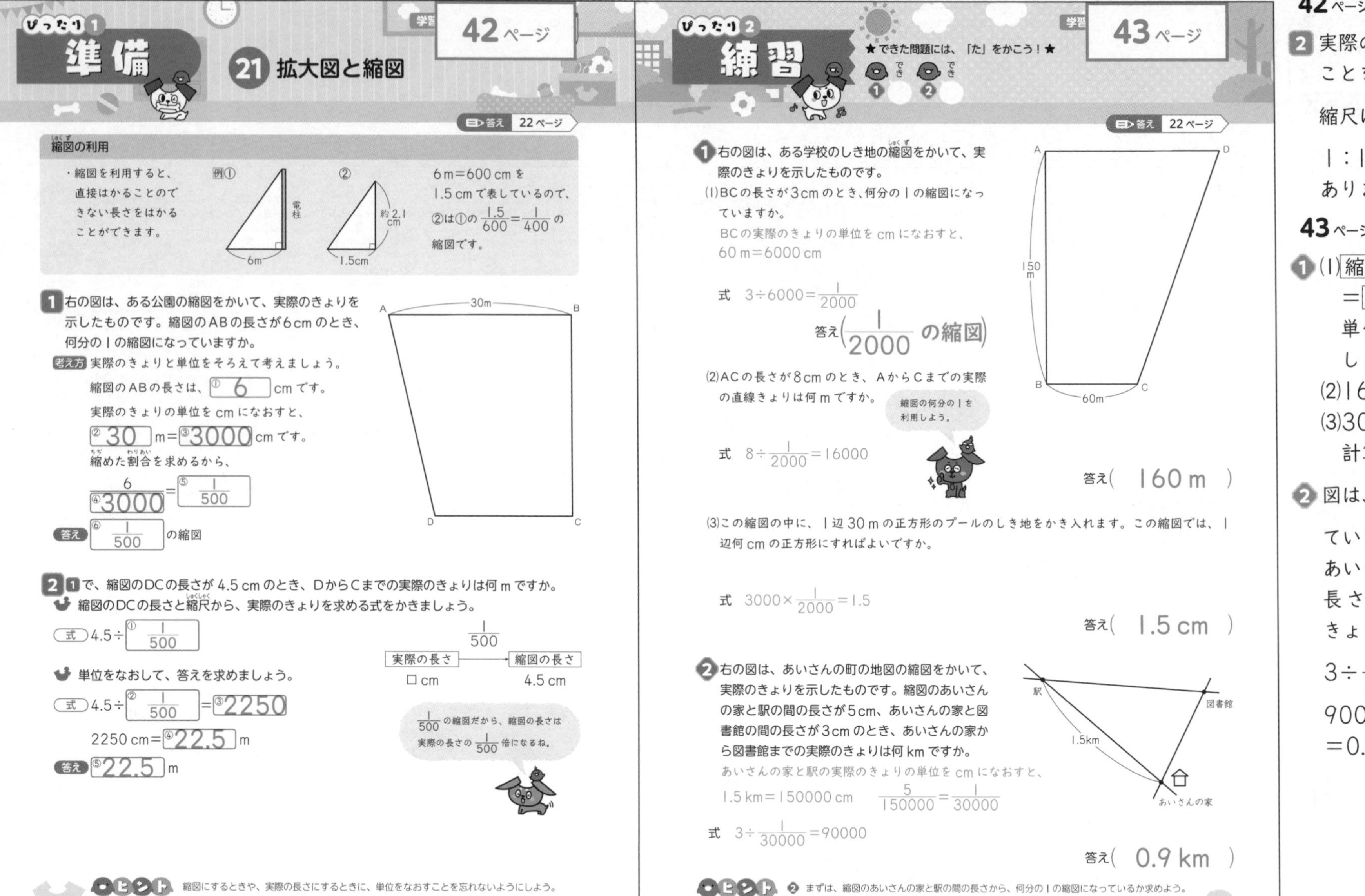

ぴったり1 準備

21 拡大図と縮図

42ページ

答え 22ページ

縮図の利用

・縮図を利用すると、直接はかることのできない長さをはかることができます。

例① 電柱 6m

② 約2.1 cm 1.5cm

6m＝600 cm を 1.5 cm で表しているので、②は①の $\frac{1.5}{600}=\frac{1}{400}$ の縮図です。

1 右の図は、ある公園の縮図をかいて、実際のきょりを示したものです。縮図の AB の長さが 6 cm のとき、何分の1の縮図になっていますか。

考え方 実際のきょりと単位をそろえて考えましょう。

縮図の AB の長さは、① 6 cm です。

実際のきょりの単位を cm になおすと、

② 30 m＝③ 3000 cm です。

縮めた割合を求めるから、

$\frac{6}{④3000}=⑤\frac{1}{500}$

答え ⑥ $\frac{1}{500}$ の縮図

A B C D 30m

2 **1** で、縮図の DC の長さが 4.5 cm のとき、D から C までの実際のきょりは何 m ですか。

縮図の DC の長さと縮尺から、実際のきょりを求める式をかきましょう。

式 4.5÷① $\frac{1}{500}$

単位をなおして、答えを求めましょう。

式 4.5÷② $\frac{1}{500}$ ＝③ 2250

2250 cm＝④ 22.5 m

答え ⑤ 22.5 m

実際の長さ □cm → $\frac{1}{500}$ → 縮図の長さ 4.5 cm

$\frac{1}{500}$ の縮図だから、縮図の長さは実際の長さの $\frac{1}{500}$ 倍になるね。

ヒント 縮図にするときや、実際の長さにするときに、単位をなおすことを忘れないようにしよう。

42

ぴったり2 練習

43ページ

★できた問題には、「た」をかこう！★ でき 1 でき 2

答え 22ページ

1 右の図は、ある学校のしき地の縮図をかいて、実際のきょりを示したものです。

(1) BC の長さが 3 cm のとき、何分の1の縮図になっていますか。

BC の実際のきょりの単位を cm になおすと、60 m＝6000 cm

式 $3÷6000=\frac{1}{2000}$

答え（$\frac{1}{2000}$ の縮図）

(2) AC の長さが 8 cm のとき、A から C までの実際の直線きょりは何 m ですか。

縮図の何分の1を利用しよう。

式 $8÷\frac{1}{2000}=16000$

答え（160 m）

(3) この縮図の中に、1辺 30 m の正方形のプールのしき地をかき入れます。この縮図では、1辺何 cm の正方形にすればよいですか。

式 $3000×\frac{1}{2000}=1.5$

答え（1.5 cm）

A D B C 150 m 60m

2 右の図は、あいさんの町の地図の縮図をかいて、実際のきょりを示したものです。縮図のあいさんの家と駅の間の長さが 5 cm、あいさんの家と図書館の間の長さが 3 cm のとき、あいさんの家から図書館までの実際のきょりは何 km ですか。

あいさんの家と駅の実際のきょりの単位を cm になおすと、

1.5 km＝150000 cm　$\frac{5}{150000}=\frac{1}{30000}$

式 $3÷\frac{1}{30000}=90000$

答え（0.9 km）

駅 図書館 1.5km あいさんの家

ヒント **2** まずは、縮図のあいさんの家と駅の間の長さから、何分の1の縮図になっているか求めよう。

43

42ページ

2 実際のきょりを縮めた割合のことを「縮尺」といいます。

縮尺には、$\frac{1}{10000}$、1：10000 などの表し方があります。

43ページ

1 (1) 縮図の長さ÷実際の長さ＝縮めた割合

単位をあわせて計算しましょう。

(2) 16000 cm＝160 m

(3) 30 m＝3000 cm として計算しましょう。

2 図は、$\frac{1}{30000}$ の縮図になっています。

あいさんの家と図書館の間の長さは 3 cm だから実際のきょりは、

$3÷\frac{1}{30000}=90000$

90000 cm＝900 m

＝0.9 km

おうちのかたへ

単位の変換をまちがえないように注意させましょう。

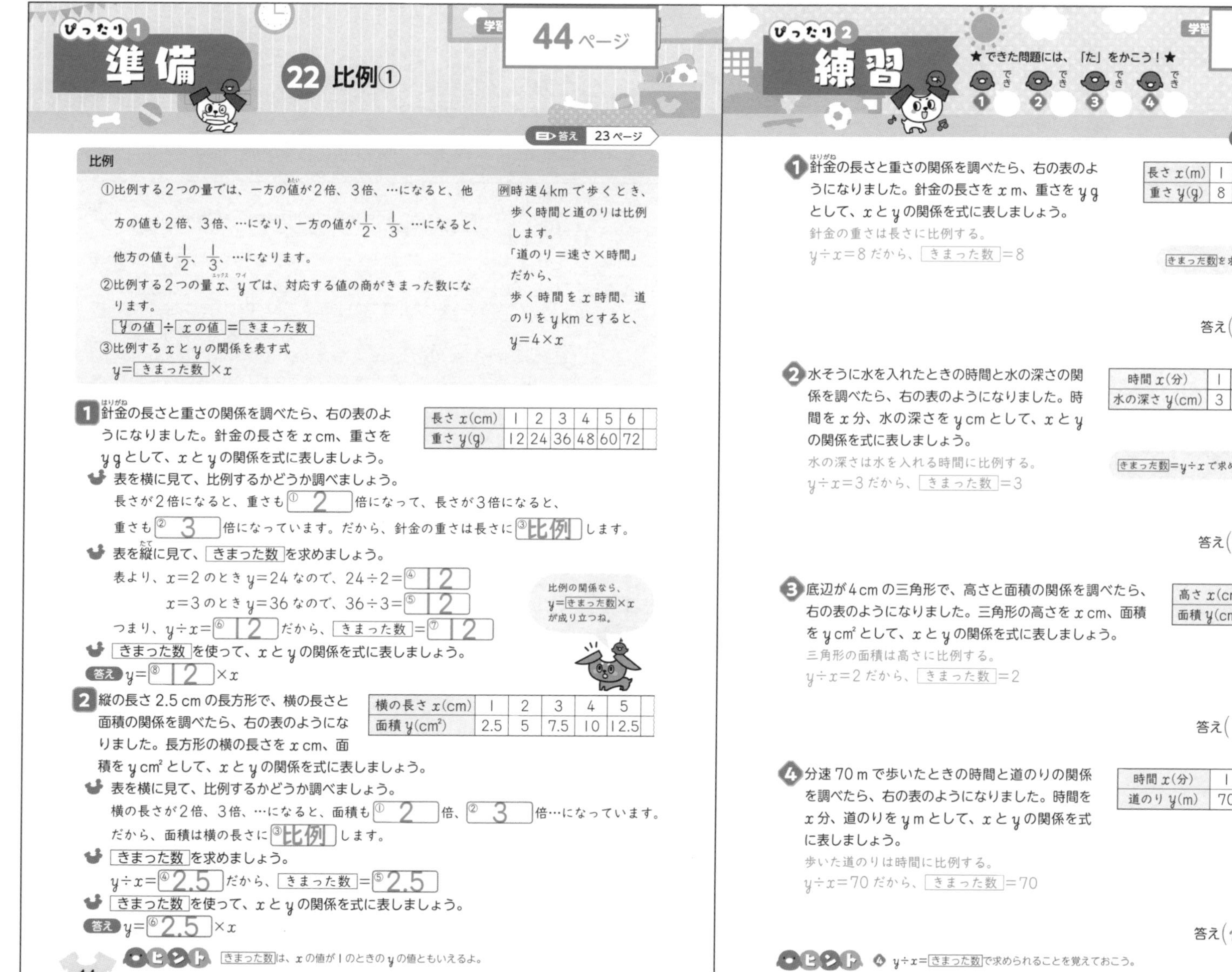

ぴったり1 準備 学習 44ページ

22 比例①

答え 23ページ

比例

①比例する2つの量では、一方の値が2倍、3倍、…になると、他方の値も2倍、3倍、…になり、一方の値が$\frac{1}{2}$、$\frac{1}{3}$、…になると、他方の値も$\frac{1}{2}$、$\frac{1}{3}$、…になります。

②比例する2つの量 x、y では、対応する値の商がきまった数になります。

yの値 ÷ xの値 ＝ きまった数

③比例する x と y の関係を表す式

y＝ きまった数 ×x

例 時速4kmで歩くとき、歩く時間と道のりは比例します。「道のり＝速さ×時間」だから、歩く時間を x 時間、道のりを y kmとすると、$y=4×x$

1 針金の長さと重さの関係を調べたら、右の表のようになりました。針金の長さを x cm、重さを y gとして、x と y の関係を式に表しましょう。

長さ x(cm)	1	2	3	4	5	6
重さ y(g)	12	24	36	48	60	72

表を横に見て、比例するかどうか調べましょう。

長さが2倍になると、重さも ① 2 倍になって、長さが3倍になると、重さも ② 3 倍になっています。だから、針金の重さは長さに ③比例 します。

表を縦に見て、きまった数 を求めましょう。

表より、$x=2$ のとき $y=24$ なので、$24÷2=$ ④ 12

$x=3$ のとき $y=36$ なので、$36÷3=$ ⑤ 12

つまり、$y÷x=$ ⑥ 12 だから、きまった数 ＝ ⑦ 12

きまった数 を使って、x と y の関係を式に表しましょう。

答え $y=$ ⑧ 12 $×x$

2 縦の長さ2.5cmの長方形で、横の長さと面積の関係を調べたら、右の表のようになりました。長方形の横の長さを x cm、面積を y cm² として、x と y の関係を式に表しましょう。

横の長さ x(cm)	1	2	3	4	5
面積 y(cm²)	2.5	5	7.5	10	12.5

表を横に見て、比例するかどうか調べましょう。

横の長さが2倍、3倍、…になると、面積も ① 2 倍、② 3 倍…になっています。だから、面積は横の長さに ③比例 します。

きまった数 を求めましょう。

$y÷x=$ ④ 2.5 だから、きまった数 ＝ ⑤ 2.5

きまった数 を使って、x と y の関係を式に表しましょう。

答え $y=$ ⑥ 2.5 $×x$

ヒント きまった数は、x の値が1のときの y の値ともいえるよ。

44

ぴったり2 練習 学習 45ページ

★できた問題には、「た」をかこう！★ でき 1 でき 2 でき 3 でき 4

答え 23ページ

1 針金の長さと重さの関係を調べたら、右の表のようになりました。針金の長さを x m、重さを y gとして、x と y の関係を式に表しましょう。

長さ x(m)	1	2	3	4	5	6
重さ y(g)	8	16	24	32	40	48

針金の重さは長さに比例する。

$y÷x=8$ だから、きまった数 ＝8

答え（ $y=8×x$ ）

2 水そうに水を入れたときの時間と水の深さの関係を調べたら、右の表のようになりました。時間を x 分、水の深さを y cmとして、x と y の関係を式に表しましょう。

時間 x(分)	1	2	3	4	5	6
水の深さ y(cm)	3	6	9	12	15	18

水の深さは水を入れる時間に比例する。

$y÷x=3$ だから、きまった数 ＝3

答え（ $y=3×x$ ）

3 底辺が4cmの三角形で、高さと面積の関係を調べたら、右の表のようになりました。三角形の高さを x cm、面積を y cm² として、x と y の関係を式に表しましょう。

高さ x(cm)	1	2	3	4
面積 y(cm²)	2	4	6	8

三角形の面積は高さに比例する。

$y÷x=2$ だから、きまった数 ＝2

答え（ $y=2×x$ ）

4 分速70mで歩いたときの時間と道のりの関係を調べたら、右の表のようになりました。時間を x 分、道のりを y mとして、x と y の関係を式に表しましょう。

時間 x(分)	1	2	3	4
道のり y(m)	70	140	210	280

歩いた道のりは時間に比例する。

$y÷x=70$ だから、きまった数 ＝70

答え（ $y=70×x$ ）

ヒント 4 $y÷x$＝きまった数 で求められることを覚えておこう。

45

44ページ

表を縦にみて、y の値を x の値でわると、「きまった数」がわかります。

2 x の値が2のとき y の値が5なので、$5÷2=2.5$ より、きまった数 は2.5です。

45ページ

1 x の値が2のとき y の値が16なので、$16÷2=8$ より、きまった数 は8です。

2 x の値が2のとき y の値が6なので、$6÷2=3$ より、きまった数 は3です。

3 x の値が2のとき y の値が4なので、$4÷2=2$ より、きまった数 は2です。

4 道のりは時間に比例します。きまった数 は速さになります。x の値が2のとき y の値が140なので、$140÷2=70$ となり、きまった数 は70です。

おうちのかたへ

表から、比例関係をみつけることが大切です。表を縦に見て、y の値÷x の値＝きまった数になっていれば、2つの量は比例するといえます。

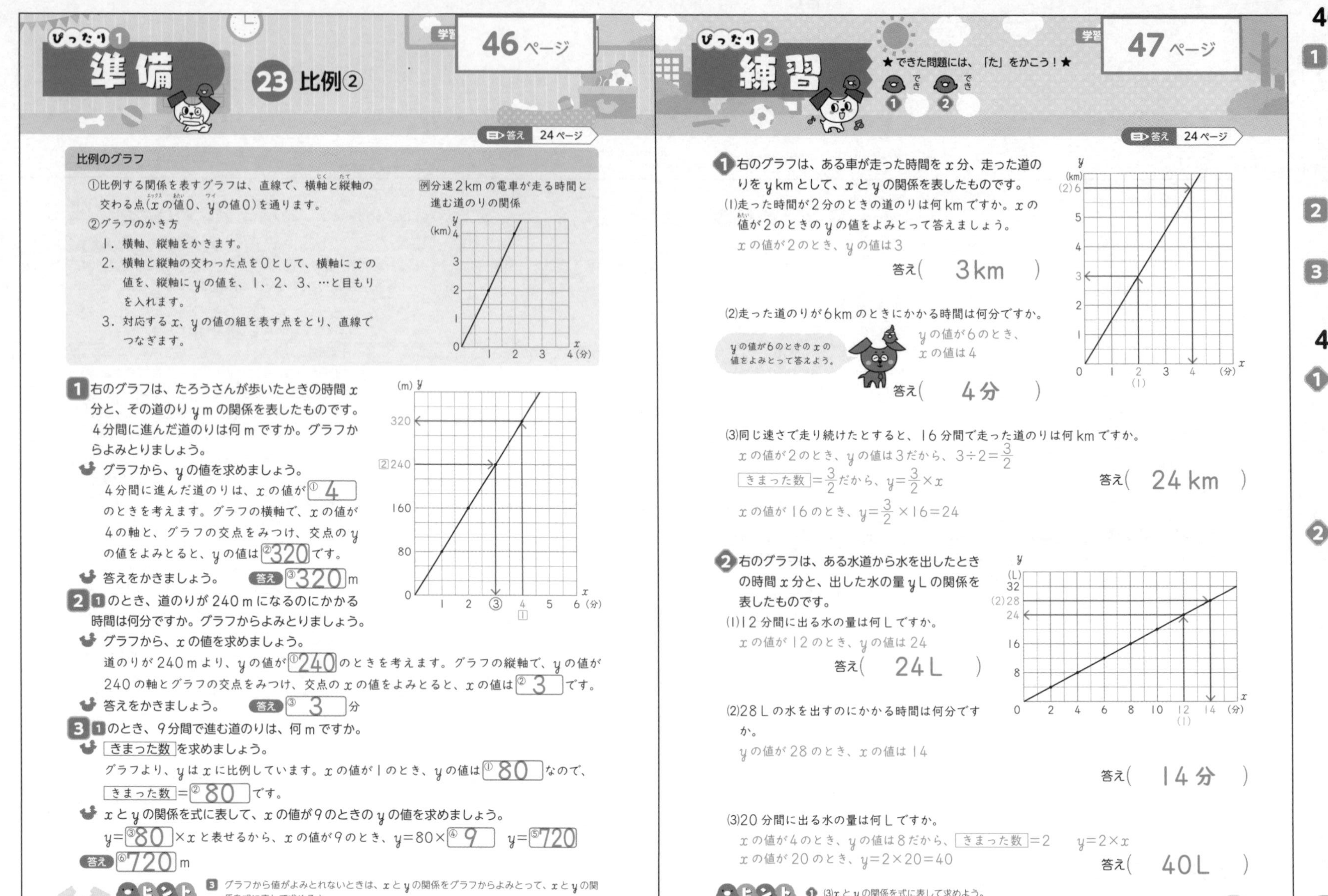

ぴったり1 準備

23 比例②

46ページ

答え 24ページ

比例のグラフ

①比例する関係を表すグラフは、直線で、横軸と縦軸の交わる点（x の値0、y の値0）を通ります。

②グラフのかき方

1. 横軸、縦軸をかきます。
2. 横軸と縦軸の交わった点を0として、横軸に x の値を、縦軸に y の値を、1、2、3、…と目もりを入れます。
3. 対応する x、y の値の組を表す点をとり、直線でつなぎます。

例 分速2kmの電車が走る時間と進む道のりの関係

1 右のグラフは、たろうさんが歩いたときの時間 x 分と、その道のり y mの関係を表したものです。4分間に進んだ道のりは何mですか。グラフからよみとりましょう。

グラフから、y の値を求めましょう。

4分間に進んだ道のりは、x の値が①4のときを考えます。グラフの横軸で、x の値が4の軸と、グラフの交点をみつけ、交点の y の値をよみとると、y の値は②320です。

答えをかきましょう。　答え ③320 m

2 1のとき、道のりが240mになるのにかかる時間は何分ですか。グラフからよみとりましょう。

グラフから、x の値を求めましょう。

道のりが240mより、y の値が①240のときを考えます。グラフの縦軸で、y の値が240の軸とグラフの交点をみつけ、交点の x の値をよみとると、x の値は②3です。

答えをかきましょう。　答え ③3 分

3 1のとき、9分間で進む道のりは、何mですか。

きまった数を求めましょう。

グラフより、y は x に比例しています。x の値が1のとき、y の値は①80なので、きまった数＝②80です。

x と y の関係を式に表して、x の値が9のときの y の値を求めましょう。

y＝③80×x と表せるから、x の値が9のとき、y＝80×④9　y＝⑤720

答え ⑥720 m

ヒント 3 グラフから値がよみとれないときは、x と y の関係をグラフからよみとって、x と y の関係を式に表して求めるよ。

46

ぴったり2 練習

47ページ

★できた問題には、「た」をかこう！★

答え 24ページ

1 右のグラフは、ある車が走った時間を x 分、走った道のりを y kmとして、x と y の関係を表したものです。

(1)走った時間が2分のときの道のりは何kmですか。x の値が2のときの y の値をよみとって答えましょう。

x の値が2のとき、y の値は3

答え（ 3km ）

(2)走った道のりが6kmのときにかかる時間は何分ですか。

y の値が6のときの x の値をよみとって答えよう。

y の値が6のとき、x の値は4

答え（ 4分 ）

(3)同じ速さで走り続けたとすると、16分間で走った道のりは何kmですか。

x の値が2のとき、y の値は3だから、$3÷2=\frac{3}{2}$

きまった数＝$\frac{3}{2}$だから、$y=\frac{3}{2}×x$

x の値が16のとき、$y=\frac{3}{2}×16=24$

答え（ 24km ）

2 右のグラフは、ある水道から水を出したときの時間 x 分と、出した水の量 y Lの関係を表したものです。

(1)12分間に出る水の量は何Lですか。

x の値が12のとき、y の値は24

答え（ 24L ）

(2)28Lの水を出すのにかかる時間は何分ですか。

y の値が28のとき、x の値は14

答え（ 14分 ）

(3)20分間に出る水の量は何Lですか。

x の値が4のとき、y の値は8だから、きまった数＝2　y＝2×x

x の値が20のとき、y＝2×20＝40

答え（ 40L ）

ヒント 1 (3)x と y の関係を式に表して求めよう。

47

46ページ

1 グラフの横軸がたろうさんが歩いた時間、縦軸がその道のりを表しています。グラフの横軸からグラフの交点をよみとりましょう。

2 グラフの縦軸からグラフの交点をよみとりましょう。

3 x と y の関係を表す式から求めます。

47ページ

1 グラフの横軸がある車が走った時間、縦軸が走った道のりを表しています。

グラフから x の値、y の値をよみとって答えましょう。

2 (1)12分より、x の値が12のときのグラフの y の値をよみとります。

(2)28Lの水の量より、y の値が28のときのグラフの x の値をよみとります。

(3)x と y の関係を表す式から求めます。x の値が4のとき、y の値は8だから、

8÷4＝2

きまった数＝2

y＝2×x となります。

おうちのかたへ

比例する2つの数量の関係を表すグラフは、直線になり、横軸と縦軸が交わる点を通ります。比例のグラフは右上がりの直線になります。じょうぎを使って直線をひかせるようにしましょう。

24 比例③

学習 **48ページ**

答え 25ページ

比例を使って文章題を解く

・比例する2つの量は、一方の値が2倍、3倍、…になると、他方の値も2倍、3倍、…になります。
この関係を使って、およその数量を求めることができます。

例 長さ20cmの針金の重さが8gのとき、重さ18gの針金の長さ
⇒1gあたりの長さは、20÷8=2.5(cm)
2.5×18=45(cm)
⇒重さが18÷8=2.25(倍)だから、
20×2.25=45(cm)

1 ふくろの中に同じ種類のくぎが入っています。全部のくぎの重さは約270gです。このくぎ15本の重さをはかると18gでした。ふくろの中に入っているくぎの数はおよそ何本ですか。

くぎの重さが、その本数に比例することを使って、式をかきましょう。

考え方 比例の性質を使います。

本数(本)	15	
重さ(g)	18	270

式 270÷18=①15
15×②15=③225

考え方 くぎ1本の重さを求めて、比例の性質を使います。

本数(本)	1	15	
重さ(g)		18	270

式 18÷15=④1.2（くぎ1本の重さ）
270÷⑤1.2=⑥225

答えをかきましょう。 答え およそ⑦225本

2 同じ種類のノートが何冊か重ねてあります。厚さは約32.2cmです。このノートを8冊重ねると、厚さは5.6cmでした。はじめに重ねてあったノートは全部でおよそ何冊ですか。

ノートの厚さが、その冊数に比例することを利用しましょう。

考え方 ノートの厚さは、その冊数に①比例するから、全体の厚さとノート1冊の②厚さがわかれば、およその冊数がわかります。
ノート1冊の厚さは、③5.6÷8

ノート(冊)	8	
厚さ(cm)	5.6	32.2

比例の関係から式をかいて、答えを求めましょう。

式 5.6÷8=④0.7
⑤32.2÷0.7=⑥46

答え およそ⑦46冊

答えに「およそ」をつけることを忘れないようにしよう。

ヒント 比例の関係を使うと、同じものがたくさんあるときに、およその数をくふうして求めることができるよ。

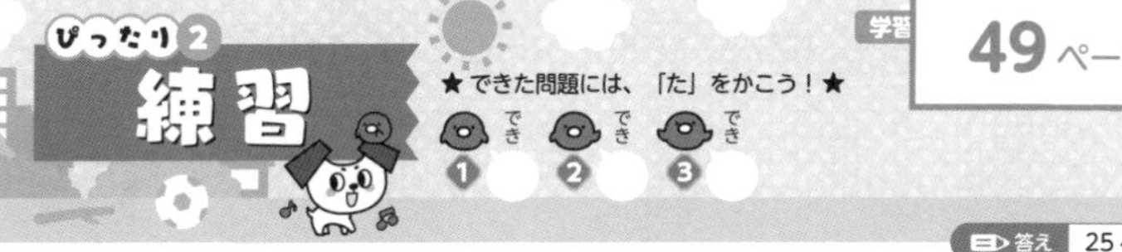

★できた問題には、「た」をかこう！★ ①でき ②でき ③でき

学習 **49ページ**

答え 25ページ

1 同じ種類のベニヤ板が重ねてあります。全部の厚さは、約26cmです。このベニヤ板を4枚重ねると、厚さは2.6cmでした。はじめに重ねてあったベニヤ板はおよそ何枚ですか。

ベニヤ板の厚さ ÷ ベニヤ板の枚数 = ベニヤ板1枚あたりの厚さ

式 2.6÷4=0.65
26÷0.65=40

答え（およそ40枚）

2 用意したくぎは同じ種類です。全部のくぎの重さをはかると、約60gです。このくぎ20本の重さは16gでした。はじめにあったくぎはおよそ何本ですか。

くぎの重さ ÷ くぎの本数 = くぎ1本の重さ

比例の関係を利用しよう。

式 16÷20=0.8
60÷0.8=75

答え（およそ75本）

3 あるボール紙の上に地図をかいて切りとります。この地図で400km²分を切りとって重さをはかると、約1.2gあります。北海道の地図を切りとって重さをはかると、234gありました。

(1) この地図の100km²あたりの重さはおよそ何gですか。

100km²あたりの重さを求めるので、400÷100=4

式 1.2÷4=0.3

答え（およそ0.3g）

(2) 北海道の面積はおよそ何km²ですか。

式 234÷0.3=780
780×100=78000

答え（およそ78000km²）

ヒント 3 単位に気をつけよう。また、小数の計算では、小数点の位置に注意しよう。

48ページ

1 比例の性質を使って、yの値（重さ）が□倍になるとxの値（本数）も□倍になります。

49ページ

1 比例の性質を使って、yの値（ベニヤ板の厚さ）が□倍になるとxの値（ベニヤ板の枚数）も□倍になります。

2 比例の性質を使って、yの値（くぎの重さ）が□倍になるとxの値（くぎの本数）も□倍になります。

3 (2) 100km²あたりの重さでわっているので、答えは×100することに気をつけましょう。

おうちのかたへ
比例する2つの量は、一方の値が2倍、3倍…になると、他方の値も2倍、3倍…になります。「比例の関係」と「比例でない関係」のちがいを明確に理解させておきましょう。

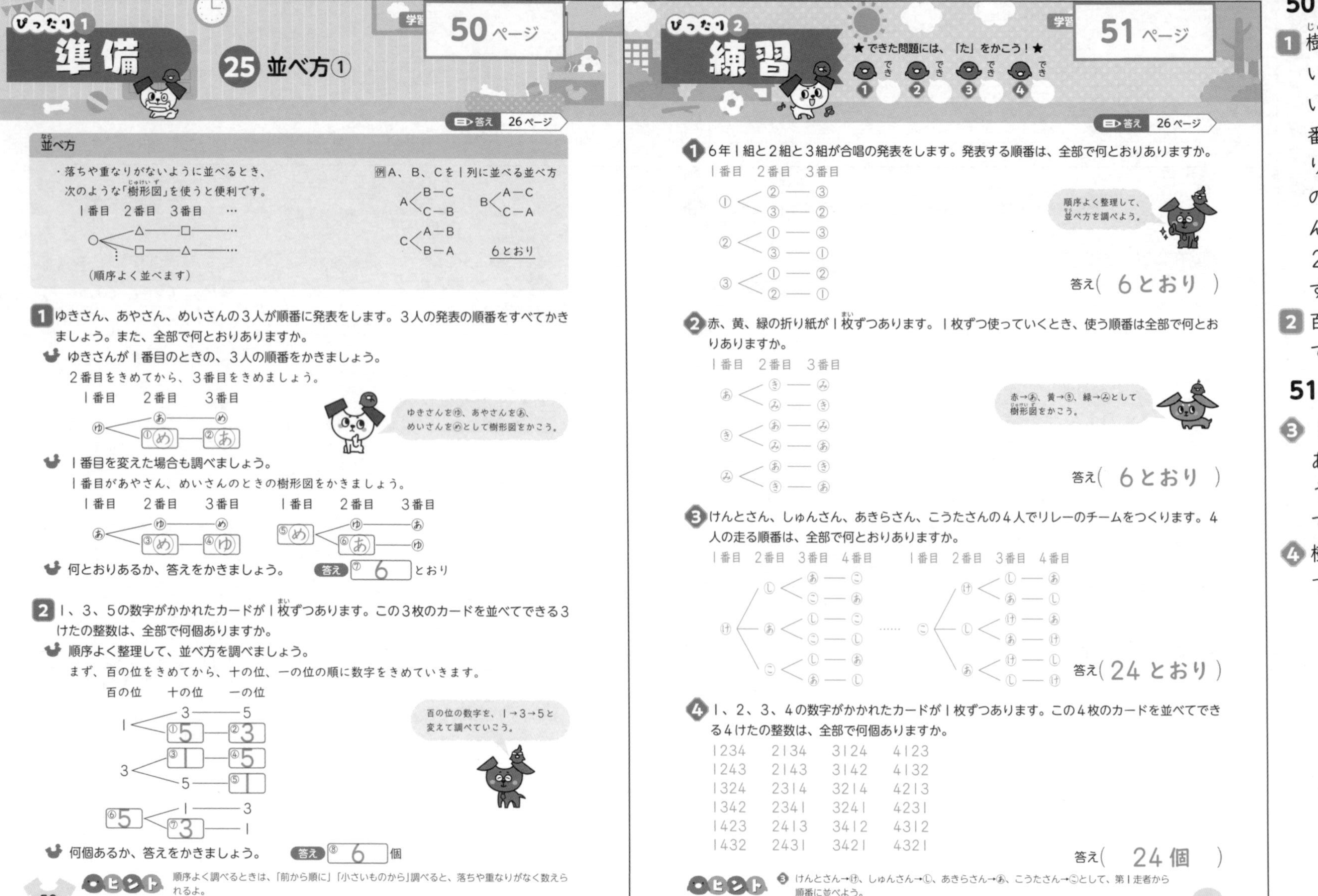

ぴったり1 準備 25 並べ方①

学習 50ページ

答え 26ページ

並べ方

・落ちや重なりがないように並べるとき、次のような「樹形図」を使うと便利です。

1番目 2番目 3番目 …

○＜△—□—… / □—△—…

（順序よく並べます）

例A、B、Cを1列に並べる並べ方

A＜B—C / C—B　B＜A—C / C—A　C＜A—B / B—A　6とおり

1 ゆきさん、あやさん、めいさんの3人が順番に発表をします。3人の発表の順番をすべてかきましょう。また、全部で何とおりありますか。

ゆきさんが1番目のときの、3人の順番をかきましょう。2番目をきめてから、3番目をきめましょう。

1番目 2番目 3番目

ゆ＜あ—め / ①め—②あ

1番目を変えた場合も調べましょう。1番目があやさん、めいさんのときの樹形図をかきましょう。

1番目 2番目 3番目　1番目 2番目 3番目

あ＜ゆ—め / ③め—④ゆ　⑤め＜ゆ—あ / ⑥あ—ゆ

何とおりあるか、答えをかきましょう。　答え ⑦6 とおり

2 1、3、5の数字がかかれたカードが1枚ずつあります。この3枚のカードを並べてできる3けたの整数は、全部で何個ありますか。

順序よく整理して、並べ方を調べましょう。まず、百の位をきめてから、十の位、一の位の順に数字をきめていきます。

百の位 十の位 一の位

1＜3—5 / ①5—②3

3＜③1—④5 / 5—⑤1

⑥5＜1—3 / ⑦3—1

何個あるか、答えをかきましょう。　答え ⑧6 個

ヒント 順序よく調べるときは、「前から順に」「小さいものから」調べると、落ちや重なりがなく数えられるよ。

50

ぴったり2 練習

★できた問題には、「た」をかこう！★

学習 51ページ

答え 26ページ

1 6年1組と2組と3組が合唱の発表をします。発表する順番は、全部で何とおりありますか。

1番目 2番目 3番目

①＜②—③ / ③—②

②＜①—③ / ③—①

③＜①—② / ②—①

答え（ 6とおり ）

2 赤、黄、緑の折り紙が1枚ずつあります。1枚ずつ使っていくとき、使う順番は全部で何とおりありますか。

1番目 2番目 3番目

あ＜き—み / み—き

き＜あ—み / み—あ

み＜あ—き / き—あ

答え（ 6とおり ）

3 けんとさん、しゅんさん、あきらさん、こうたさんの4人でリレーのチームをつくります。4人の走る順番は、全部で何とおりありますか。

1番目 2番目 3番目 4番目　1番目 2番目 3番目 4番目

け＜し＜あ—こ / こ—あ；あ＜し—こ / こ—し；こ＜し—あ / あ—し　……　こ＜け＜し—あ / あ—し；し＜け—あ / あ—け；あ＜け—し / し—け

答え（ 24とおり ）

4 1、2、3、4の数字がかかれたカードが1枚ずつあります。この4枚のカードを並べてできる4けたの整数は、全部で何個ありますか。

1234	2134	3124	4123
1243	2143	3142	4132
1324	2314	3214	4213
1342	2341	3241	4231
1423	2413	3412	4312
1432	2431	3421	4321

答え（ 24個 ）

ヒント 3 けんとさん→け、しゅんさん→し、あきらさん→あ、こうたさん→ことして、第1走者から順番に並べよう。

51

50ページ

1 樹形図は、落ちや重なりがないように組み合わせてかいていきましょう。ゆきさんが1番目のときの並べ方が2とおり、あやさんが1番目のときの並べ方が2とおり、めいさんが1番目のときの並べ方が2とおりが、全部の並べ方です。

2 百の位の小さい数字から調べていきましょう。

51ページ

3 1番目がしゅんさんのときとあきらさんのときも、同じように樹形図をつくると、全部で24とおりになります。

4 樹形図をかいて調べてもよいでしょう。

おうちのかたへ

樹形図をかくときは、できるだけ規則的に順番をかくと落ちや重なりがなくなることを教えてあげましょう。

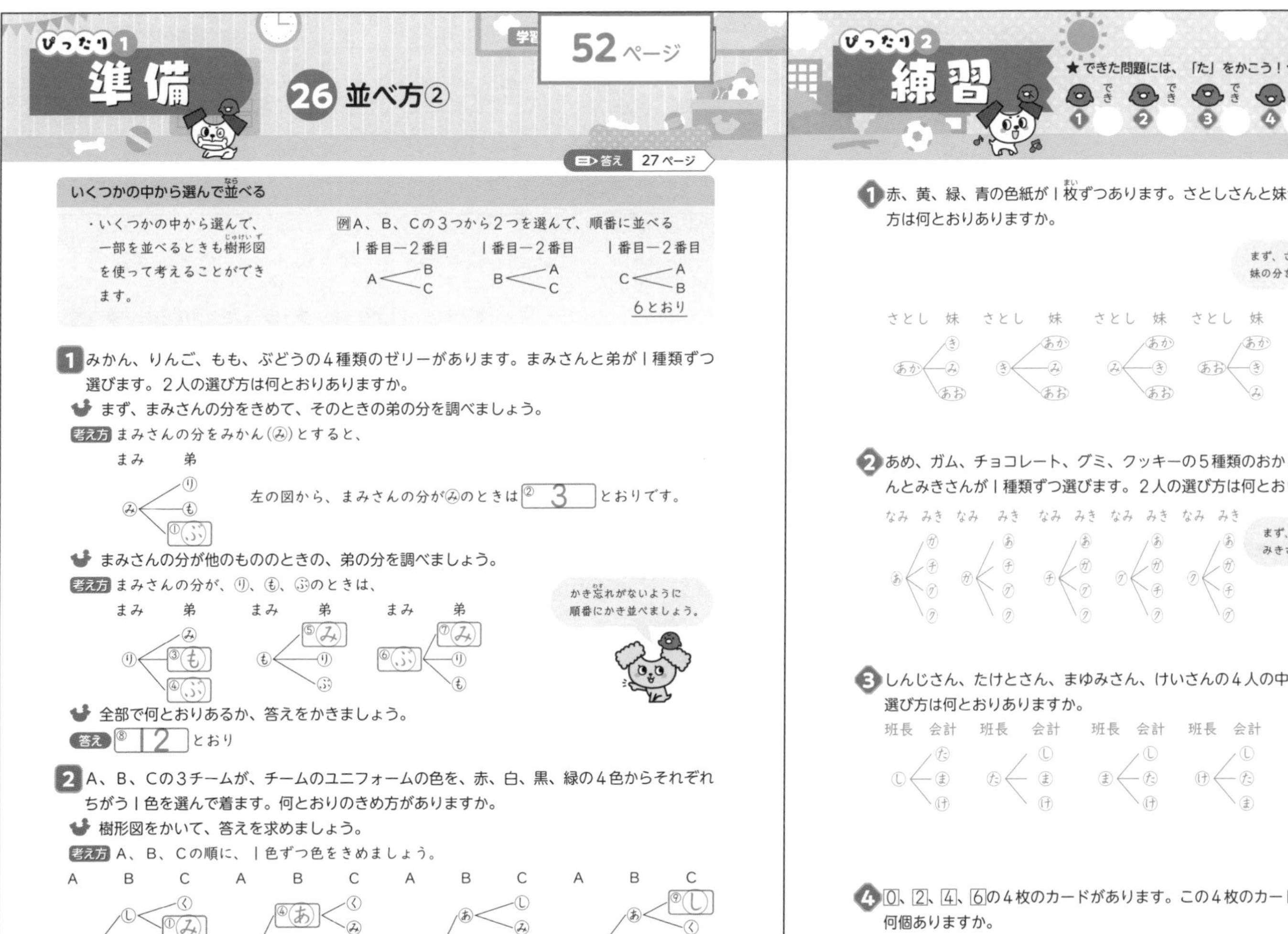

ぴったり1 準備 26 並べ方②　学習 52ページ　答え 27ページ

いくつかの中から選んで並べる

・いくつかの中から選んで、一部を並べるときも樹形図を使って考えることができます。

例A、B、Cの3つから2つを選んで、順番に並べる
|番目－2番目　A＜B C　B＜A C　C＜A B　6とおり

1 みかん、りんご、もも、ぶどうの4種類のゼリーがあります。まみさんと弟が1種類ずつ選びます。2人の選び方は何とおりありますか。
まず、まみさんの分をきめて、そのときの弟の分を調べましょう。
考え方 まみさんの分をみかん(み)とすると、
左の図から、まみさんの分がⓜのときは ② 3 とおりです。
まみさんの分が他のもののときの、弟の分を調べましょう。
考え方 まみさんの分が、ⓡ、ⓜ、ⓟのときは、
かき忘れがないように順番にかき並べましょう。
全部で何とおりあるか、答えをかきましょう。
答え ⑧ 12 とおり

2 A、B、Cの3チームが、チームのユニフォームの色を、赤、白、黒、緑の4色からそれぞれちがう1色を選んで着ます。何とおりのきめ方がありますか。
樹形図をかいて、答えを求めましょう。
考え方 A、B、Cの順に、1色ずつ色をきめましょう。
答え ⑪ 24 とおり

ヒント 数が増えたときも、順番に並べていけば、並べ方が全部で何とおりあるかを調べることができます。

52

ぴったり2 練習　学習 53ページ　答え 27ページ
★できた問題には、「た」をかこう！★

1 赤、黄、緑、青の色紙が1枚ずつあります。さとしさんと妹が1枚ずつ選びます。2人の選び方は何とおりありますか。
まず、さとしさんの分をきめて、妹の分を調べよう。
答え（ 12 とおり ）

2 あめ、ガム、チョコレート、グミ、クッキーの5種類のおかしがあります。このうち、なみさんとみきさんが1種類ずつ選びます。2人の選び方は何とおりありますか。
まず、なみさんの分をきめて、みきさんの分を調べよう。
答え（ 20 とおり ）

3 しんじさん、たけとさん、まゆみさん、けいさんの4人の中から、班長と会計係を選びます。選び方は何とおりありますか。
答え（ 12 とおり ）

4 0、2、4、6の4枚のカードがあります。この4枚のカードを並べてできる3けたの整数は、何個ありますか。

204	402	602
206	406	604
240	420	620
246	426	624
260	460	640
264	462	642

答え（ 18個 ）

ヒント 4 3けたの整数なので、百の位に0のカードは並べることができないよ。

53

52ページ

1 ⓜ→ⓡ→ⓜ→ⓟと順序よく樹形図にかき並べましょう。

53ページ

1 さとしさんが赤のとき3とおり、黄のとき3とおり、緑のとき3とおり、青のとき3とおりで、12とおりになります。

2 なみさんがあめのとき4とおり、ガムのとき4とおり、チョコレートのとき4とおり、グミのとき4とおり、クッキーのとき4とおりで、20。

4 4枚のカードから3けたの整数を並べるとき、百の位には0は並べることができないことに注意しましょう。
百の位が2のとき6とおり、百の位が4のとき6とおり、百の位が6のとき6とおりとなります。

おうちのかたへ
樹形図をすべてかくことが大変なときは、同じパターンの樹形図はかかなくても計算で並べ方を求めることができます。

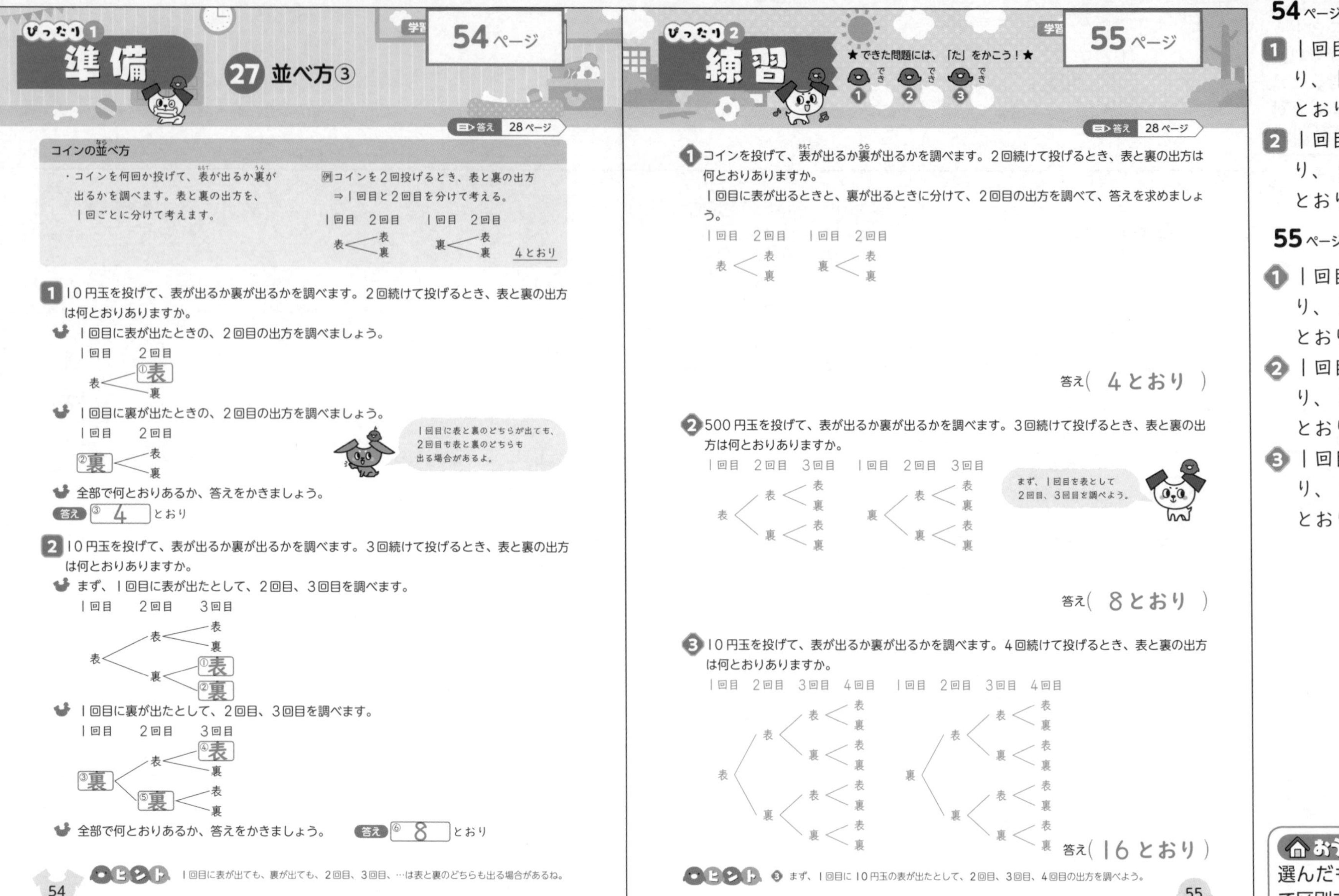

ぴったり1 準備　27 並べ方③　54ページ

答え 28ページ

コインの並べ方

・コインを何回か投げて、表が出るか裏が出るかを調べます。表と裏の出方を、1回ごとに分けて考えます。

例コインを2回投げるとき、表と裏の出方
⇒1回目と2回目を分けて考える。
1回目 2回目　表＜表・裏　1回目 2回目　裏＜表・裏　4とおり

1 10円玉を投げて、表が出るか裏が出るかを調べます。2回続けて投げるとき、表と裏の出方は何とおりありますか。

1回目に表が出たときの、2回目の出方を調べましょう。
1回目 2回目　表＜①表・裏

1回目に裏が出たときの、2回目の出方を調べましょう。
1回目 2回目　②裏＜表・裏

1回目に表と裏のどちらが出ても、2回目も表と裏のどちらも出る場合があるよ。

全部で何とおりあるか、答えをかきましょう。
答え ③ 4 とおり

2 10円玉を投げて、表が出るか裏が出るかを調べます。3回続けて投げるとき、表と裏の出方は何とおりありますか。

まず、1回目に表が出たとして、2回目、3回目を調べます。
1回目 2回目 3回目　表＜表＜表・裏、裏＜①表・②裏

1回目に裏が出たとして、2回目、3回目を調べます。
1回目 2回目 3回目　③裏＜表＜④表・裏、⑤裏＜表・裏

全部で何とおりあるか、答えをかきましょう。　答え ⑥ 8 とおり

ヒント　1回目に表が出ても、裏が出ても、2回目、3回目、…は表と裏のどちらも出る場合があるね。

54

ぴったり2 練習　55ページ

★できた問題には、「た」をかこう！★

答え 28ページ

1 コインを投げて、表が出るか裏が出るかを調べます。2回続けて投げるとき、表と裏の出方は何とおりありますか。
1回目に表が出るときと、裏が出るときに分けて、2回目の出方を調べて、答えを求めましょう。
1回目 2回目　表＜表・裏　1回目 2回目　裏＜表・裏

答え（ 4とおり ）

2 500円玉を投げて、表が出るか裏が出るかを調べます。3回続けて投げるとき、表と裏の出方は何とおりありますか。
1回目 2回目 3回目　表＜表＜表・裏、裏＜表・裏　1回目 2回目 3回目　裏＜表＜表・裏、裏＜表・裏

まず、1回目を表として2回目、3回目を調べよう。

答え（ 8とおり ）

3 10円玉を投げて、表が出るか裏が出るかを調べます。4回続けて投げるとき、表と裏の出方は何とおりありますか。
1回目 2回目 3回目 4回目　表＜表＜表＜表・裏、裏＜表・裏；裏＜表＜表・裏、裏＜表・裏
1回目 2回目 3回目 4回目　裏＜表＜表＜表・裏、裏＜表・裏；裏＜表＜表・裏、裏＜表・裏

答え（ 16とおり ）

ヒント　3 まず、1回目に10円玉の表が出たとして、2回目、3回目、4回目の出方を調べよう。

55

54ページ

1 1回目に表が出たとき2とおり、1回目に裏が出たとき2とおりとなります。

2 1回目に表が出たとき4とおり、1回目に裏が出たとき4とおりとなります。

55ページ

1 1回目に表が出たとき2とおり、1回目に裏が出たとき2とおりとなります。

2 1回目に表が出たとき4とおり、1回目に裏が出たとき4とおりとなります。

3 1回目に表が出たとき8とおり、1回目に裏が出たとき8とおりとなります。

おうちのかたへ
選んだものに順番や役割を与えて区別するのが、「並べ方」です。具体的な事柄について、起こりえる場合を順序よく整理して調べることができるようにさせましょう。樹形図をかくとき、表を○、裏を●のような記号でかかせてもよいでしょう。

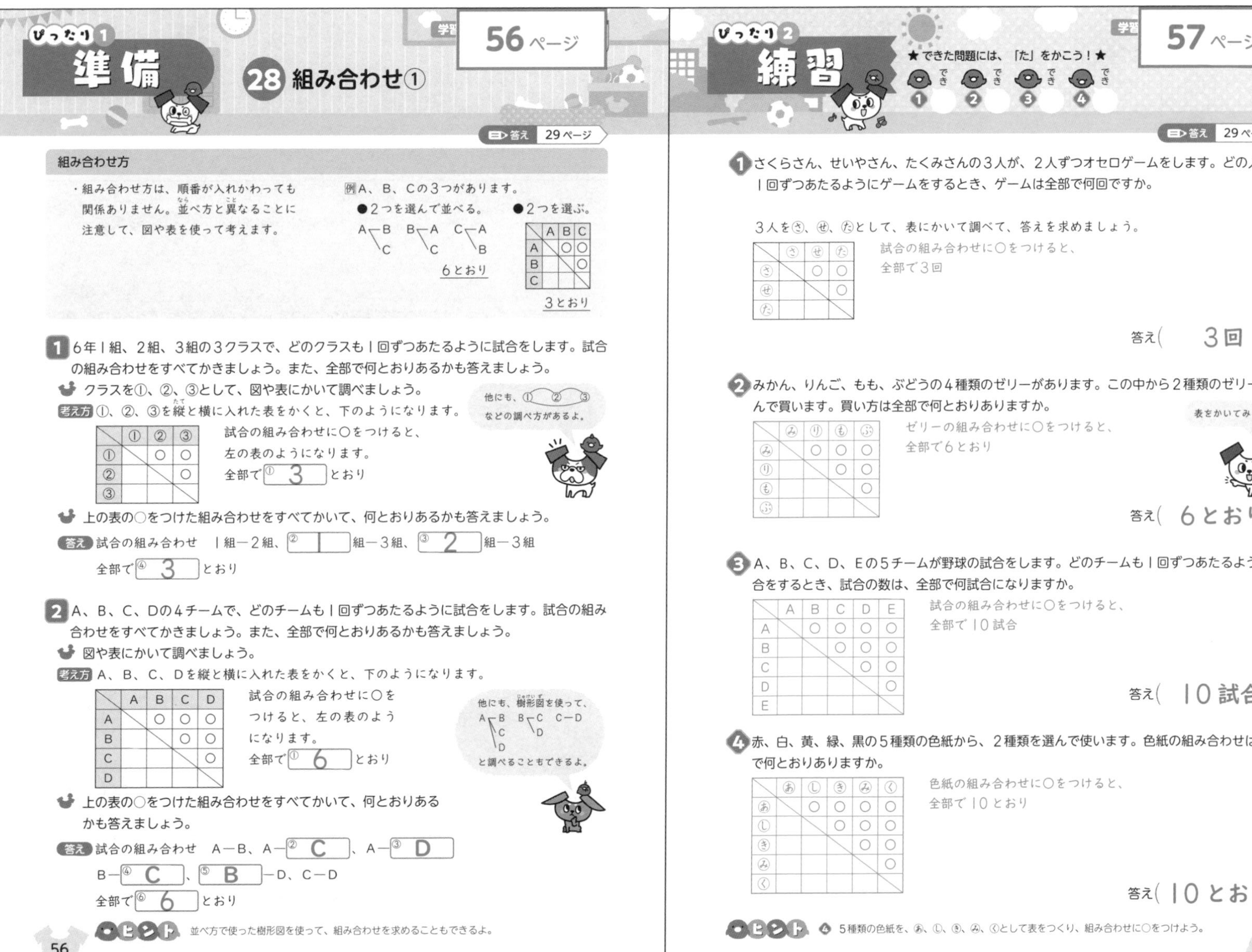

ぴったり1 準備

28 組み合わせ①

56ページ

答え 29ページ

組み合わせ方

・組み合わせ方は、順番が入れかわっても関係ありません。並べ方と異なることに注意して、図や表を使って考えます。

例 A、B、Cの3つがあります。

●2つを選んで並べる。 A—B、A—C、B—A、B—C、C—A、C—B　6とおり

●2つを選ぶ。

	A	B	C
A	＼	○	○
B		＼	○
C			＼

3とおり

1 6年1組、2組、3組の3クラスで、どのクラスも1回ずつあたるように試合をします。試合の組み合わせをすべてかきましょう。また、全部で何とおりあるかも答えましょう。

クラスを①、②、③として、図や表にかいて調べましょう。

考え方 ①、②、③を縦と横に入れた表をかくと、下のようになります。

	①	②	③
①	＼	○	○
②		＼	○
③			＼

試合の組み合わせに○をつけると、左の表のようになります。全部で①[3]とおり

他にも、①—②—③などの調べ方があるよ。

上の表の○をつけた組み合わせをすべてかいて、何とおりあるかも答えましょう。

答え 試合の組み合わせ　1組—2組、②[1]組—3組、③[2]組—3組

全部で④[3]とおり

2 A、B、C、Dの4チームで、どのチームも1回ずつあたるように試合をします。試合の組み合わせをすべてかきましょう。また、全部で何とおりあるかも答えましょう。

図や表にかいて調べましょう。

考え方 A、B、C、Dを縦と横に入れた表をかくと、下のようになります。

	A	B	C	D
A	＼	○	○	○
B		＼	○	○
C			＼	○
D				＼

試合の組み合わせに○をつけると、左の表のようになります。全部で①[6]とおり

他にも、樹形図を使って、A—B、C、D　B—C、D　C—D と調べることもできるよ。

上の表の○をつけた組み合わせをすべてかいて、何とおりあるかも答えましょう。

答え 試合の組み合わせ　A—B、A—②[C]、A—③[D]

B—④[C]、⑤[B]—D、C—D

全部で⑥[6]とおり

ヒント 並べ方で使った樹形図を使って、組み合わせを求めることもできるよ。

56

ぴったり2 練習

★できた問題には、「た」をかこう！★　1 2 3 4

57ページ

答え 29ページ

1 さくらさん、せいやさん、たくみさんの3人が、2人ずつオセロゲームをします。どの人とも1回ずつあたるようにゲームをするとき、ゲームは全部で何回ですか。

3人をさ、せ、たとして、表にかいて調べて、答えを求めましょう。

	さ	せ	た
さ	＼	○	○
せ		＼	○
た			＼

試合の組み合わせに○をつけると、全部で3回

答え（　3回　）

2 みかん、りんご、もも、ぶどうの4種類のゼリーがあります。この中から2種類のゼリーを選んで買います。買い方は全部で何とおりありますか。

	み	り	も	ぶ
み	＼	○	○	○
り		＼	○	○
も			＼	○
ぶ				＼

ゼリーの組み合わせに○をつけると、全部で6とおり

表をかいてみよう。

答え（　6とおり　）

3 A、B、C、D、Eの5チームが野球の試合をします。どのチームも1回ずつあたるように試合をするとき、試合の数は、全部で何試合になりますか。

	A	B	C	D	E
A	＼	○	○	○	○
B		＼	○	○	○
C			＼	○	○
D				＼	○
E					＼

試合の組み合わせに○をつけると、全部で10試合

答え（　10試合　）

4 赤、白、黄、緑、黒の5種類の色紙から、2種類を選んで使います。色紙の組み合わせは全部で何とおりありますか。

	あ	し	き	み	く
あ	＼	○	○	○	○
し		＼	○	○	○
き			＼	○	○
み				＼	○
く					＼

色紙の組み合わせに○をつけると、全部で10とおり

答え（　10とおり　）

ヒント 4 5種類の色紙を、あ、し、き、み、くとして表をつくり、組み合わせに○をつけよう。

57

56ページ

1 表を用いて、クラスの組み合わせを考えて、試合の数を求めましょう。

57ページ

1 2人選ぶとき、同じ人は組み合わせないので、表は線で消します。さくらさんとせいやさん、せいやさんとさくらさんの組み合わせは同じなので、表の上側だけ○をつけます。

3 チームの数が多くなっても、調べ方は変わりません。組み合わせは、表を使って順序よくかき表しましょう。

おうちのかたへ

表を使って考えるとき、ある1つのものを決めて、それに対応するものを探します。順々に探していくと、重なるところや落ちているところがないように組み合わせを考えることができます。

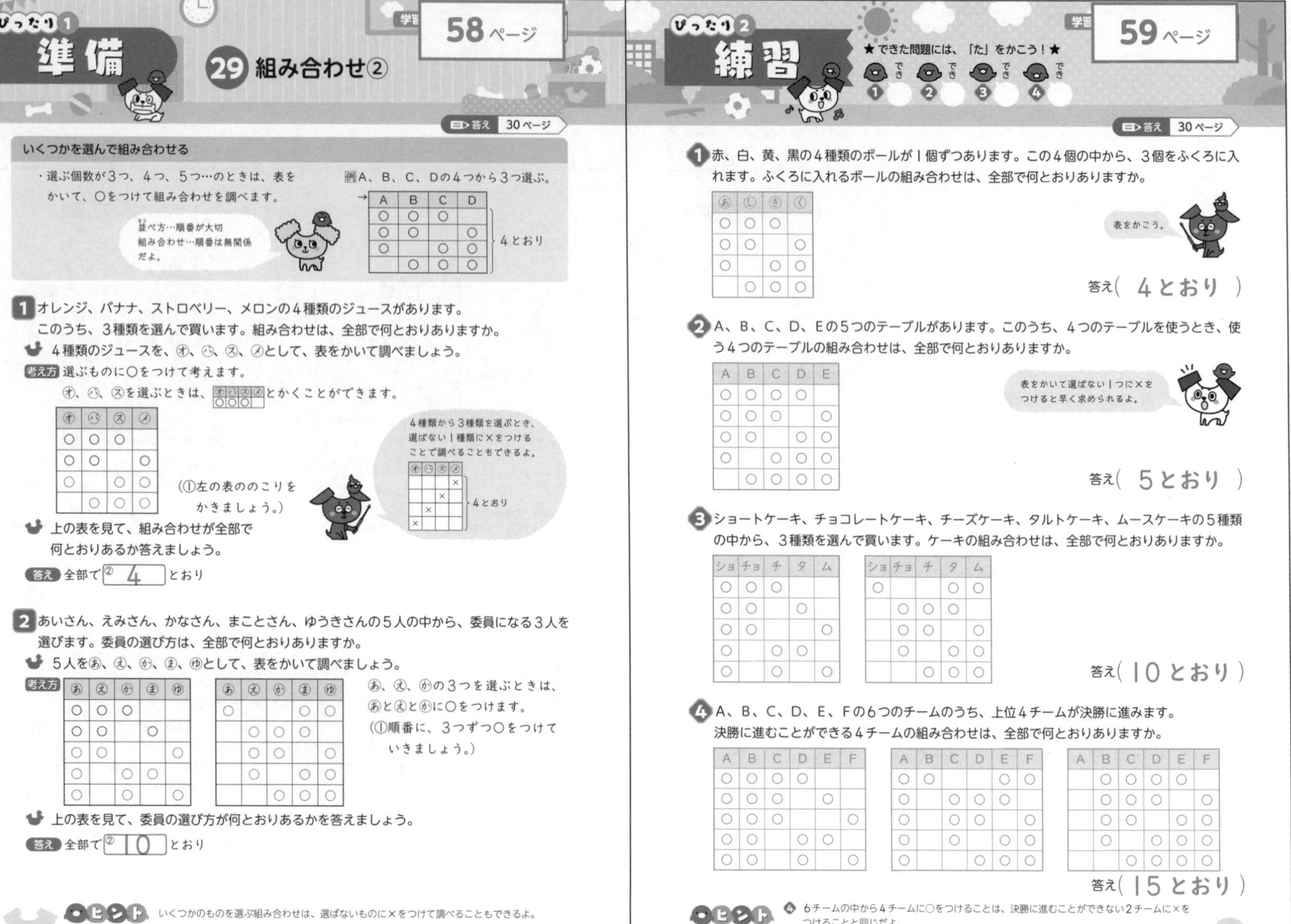

ぴったり1 準備 **29 組み合わせ②** 58ページ

答え 30ページ

いくつかを選んで組み合わせる

・選ぶ個数が3つ、4つ、5つ…のときは、表をかいて、○をつけて組み合わせを調べます。

例A、B、C、Dの4つから3つ選ぶ。

A	B	C	D
○	○	○	
○	○		○
○		○	○
	○	○	○

4とおり

並べ方…順番が大切
組み合わせ…順番は無関係だよ。

1 オレンジ、バナナ、ストロベリー、メロンの4種類のジュースがあります。このうち、3種類を選んで買います。組み合わせは、全部で何とおりありますか。

4種類のジュースを、㋔、㋩、㋜、㋱として、表をかいて調べましょう。

考え方 選ぶものに○をつけて考えます。

㋔、㋩、㋜を選ぶときは、とかくことができます。

㋔	㋩	㋜	㋱
○	○	○	
○	○		○
○		○	○
	○	○	○

(①左の表ののこりをかきましょう。)

4種類から3種類を選ぶとき、選ばない1種類に×をつけることで調べることもできるよ。
4とおり

上の表を見て、組み合わせが全部で何とおりあるか答えましょう。

答え 全部で ② 4 とおり

2 あいさん、えみさん、かなさん、まことさん、ゆうきさんの5人の中から、委員になる3人を選びます。委員の選び方は、全部で何とおりありますか。

5人をあ、え、か、ま、ゆとして、表をかいて調べましょう。

考え方

あ	え	か	ま	ゆ
○	○	○		
○	○		○	
○	○			○
○		○	○	
○		○		○

あ	え	か	ま	ゆ
○			○	○
	○	○	○	
	○	○		○
	○		○	○
		○	○	○

あ、え、かの3つを選ぶときは、あとえとかに○をつけます。
(①順番に、3つずつ○をつけていきましょう。)

上の表を見て、委員の選び方が何とおりあるかを答えましょう。

答え 全部で ② 10 とおり

ヒント いくつかのものを選ぶ組み合わせは、選ばないものに×をつけて調べることもできるよ。

58

ぴったり2 練習 59ページ

★できた問題には、「た」をかこう！★ 1 2 3 4

答え 30ページ

1 赤、白、黄、黒の4種類のボールが1個ずつあります。この4個の中から、3個をふくろに入れます。ふくろに入れるボールの組み合わせは、全部で何とおりありますか。

あ	し	き	く
○	○	○	
○	○		○
○		○	○
	○	○	○

答え(4とおり)

2 A、B、C、D、Eの5つのテーブルがあります。このうち、4つのテーブルを使うとき、使う4つのテーブルの組み合わせは、全部で何とおりありますか。

A	B	C	D	E
○	○	○	○	
○	○	○		○
○	○		○	○
○		○	○	○
	○	○	○	○

表をかいて選ばない1つに×をつけると早く求められるよ。

答え(5とおり)

3 ショートケーキ、チョコレートケーキ、チーズケーキ、タルトケーキ、ムースケーキの5種類の中から、3種類を選んで買います。ケーキの組み合わせは、全部で何とおりありますか。

ショ	チョ	チ	タ	ム
○	○	○		
○	○		○	
○	○			○
○		○	○	
○		○		○

ショ	チョ	チ	タ	ム
○			○	○
	○	○	○	
	○	○		○
	○		○	○
		○	○	○

答え(10とおり)

4 A、B、C、D、E、Fの6つのチームのうち、上位4チームが決勝に進みます。決勝に進むことができる4チームの組み合わせは、全部で何とおりありますか。

A	B	C	D	E	F
○	○	○	○		
○	○	○		○	
○	○	○			○
○	○		○	○	
○	○		○		○

A	B	C	D	E	F
○	○			○	○
○		○	○	○	
○		○	○		○
○		○		○	○
○			○	○	○

A	B	C	D	E	F
	○	○	○	○	
	○	○	○		○
	○	○		○	○
	○		○	○	○
		○	○	○	○

答え(15とおり)

ヒント 4 6チームの中から4チームに○をつけることは、決勝に進むことができない2チームに×をつけることと同じだよ。

59

58ページ

1 4種類の中から3種類選んで、表に○をかきましょう。

2 5人の中から、委員になる3人を選んで、表に○をかきましょう。

59ページ

1 4個の中から3個選んで、表をかいて調べましょう。

2 5つの中から4つ選んで、表をかいて調べましょう。

3 5種類の中から3種類選んで、表をかいて調べましょう。

4 6つの中から4チームを選んで、表をかいて調べましょう。決勝に進めない2チームを選んで調べることもできます。

おうちのかたへ

4 負けるチームを選ぶ方が、早く組み合わせを見つけることができることに気づかせてあげましょう。

おうちのかたへ

AとBの組み合わせとBとAの組み合わせは同じなので、表を作った際、対角線をはさんで同じ組み合わせがあることを気づかせてあげましょう。

ぴったり1 準備　　60ページ

30 データの調べ方①

答え 31ページ

平均とちらばりのようすと代表値

①データの特徴を表すのに、平均値を使うことがあります。平均値＝資料の値の合計÷資料の個数
②ちらばりのようすを表した右のような図を、ドットプロットといいます。
③代表値　中央値－データの値を大きさの順に並べたとき、ちょうど真ん中の値
　最頻値－データの値の中で、いちばん多く出てくる値

例 5人のテストの記録

生徒	①	②	③	④	⑤
得点(点)	5	7	3	9	7

ドットプロット

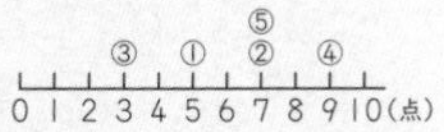

1 次の表は、グループの 50 m 走の記録です。ちらばりのようすを、下のドットプロットに表しました。平均値を表すところに↑をかきましょう。

子ども	①	②	③	④	⑤	⑥	⑦	⑧	⑨	⑩	⑪	⑫	⑬	⑭	⑮	⑯	⑰	⑱
時間(秒)	10.5	9.0	9.5	9.1	8.4	9.7	9.7	8.6	9.8	10.0	9.6	10.1	9.2	9.7	8.6	10.6	9.3	9.6

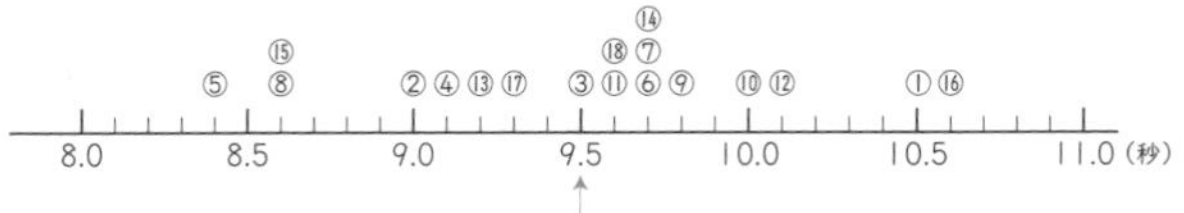

平均値を求めましょう。
データの値の合計はかかった時間の合計、データの個数はグループの人数です。

式 (10.5+9.0+9.5+①9.1+8.4+9.7+9.7+8.6+9.8+10.0+9.6+10.1+9.2+9.7+8.6+10.6+9.3+9.6)÷18=②9.5 (秒)

上のドットプロットに↑をかきましょう。

答え 上のドットプロットに記入。

電卓を使ってもいいよ。

2 **1** の記録で、中央値、最頻値は、それぞれ何秒ですか。

ドットプロットを見て、考えましょう。
データの数が偶数のときは、真ん中の2つの値の平均が中央値です。記録は 18 個なので、中央値は9番目と 10 番目の記録の平均になります。

式 $\frac{①9.6+②9.6}{2}$=③9.6

データの値の中で、いちばん多く出てくる値が最頻値だから、⑥、⑦、⑭の④3人の記録の値を見ます。

答えをかきましょう。

答え 中央値⑤9.6秒、最頻値⑥9.7秒

ヒント 代表値を答えるときは、単位のつけ忘れに注意しましょう。

ぴったり2 練習　　61ページ

★できた問題には、「た」をかこう！★　① ②

答え 31ページ

1 次の表は、Aグループの1日の読書の時間を調べたものです。

子ども	①	②	③	④	⑤	⑥	⑦	⑧	⑨	⑩	⑪	⑫	⑬	⑭	⑮	⑯	⑰	⑱	⑲	⑳
時間(分)	55	30	45	50	50	15	55	40	25	45	25	50	35	55	30	50	35	35	65	40

(1)読書の時間を、ドットプロットに表しましょう。

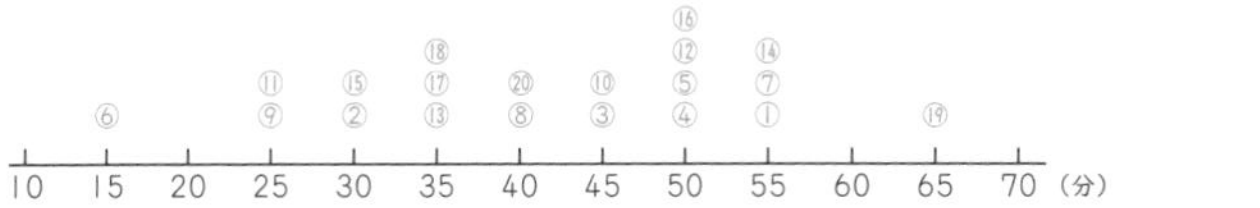

(2)読書の時間の平均値は、何分ですか。

電卓を使ってもいいよ。

式 (55+30+45+50+50+15+55+40+25+45+25+50+35+55+30+50+35+35+65+40)÷20=41.5

答え(41.5 分)

(3)中央値、最頻値は、それぞれ何分ですか。

中央値 $\frac{40+45}{2}$=42.5
最頻値 ④、⑤、⑫、⑯の4人の値

答え 中央値(42.5 分) 最頻値(50 分)

2 次の表は、Bグループの1日の読書の時間を調べたものです。

子ども	①	②	③	④	⑤	⑥	⑦	⑧	⑨	⑩	⑪	⑫	⑬	⑭	⑮	⑯
時間(分)	40	35	30	50	45	35	30	40	35	25	45	25	30	45	40	30

(1)読書の時間を、ドットプロットに表しましょう。

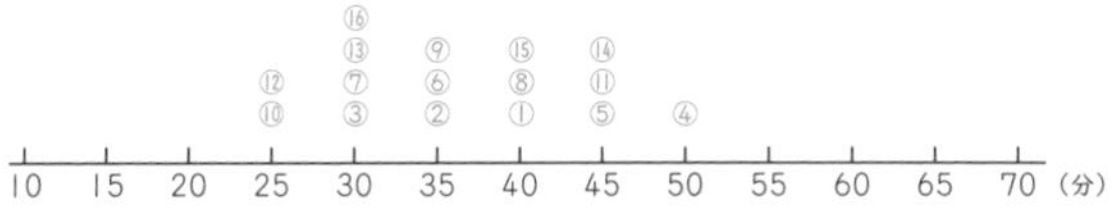

(2) **1** のAグループと **2** のBグループでは、どちらの方が平均値が大きいですか。

Bグループの平均値は、
(40+35+30+50+45+35+30+40+35+25+45+25+30+45+40+30)÷16=36.25

答え(Aグループ)

ヒント **2** (2)Bグループの平均値を計算しよう。

60ページ

2 平均値、中央値、最頻値は「代表値」といい、データの特徴を調べたり、伝えたりするときの中心的な値です。

61ページ

1 (3)中央値を求めるとき、データの個数に注意しましょう。
偶数個…真ん中の値が2つあるので、その2つの値の平均を中央値とします。
奇数個…ちょうど真ん中の値を中央値とします。
20 人なので、中央値は 10 人目と 11 人目の時間の平均になります。

2 (2)Aグループの平均値は 42.5 分、Bグループの平均値は、36.25 分となるので、Aグループのほうが大きいです。

おうちのかたへ

1 平均値は、5年で学習した「平均」と同じで、合計を変えずにひとつひとつが同じ大きさになるようにならしたものです。
ドットプロットを作るとデータの最頻値や中央値が見やすくなることを理解させましょう。

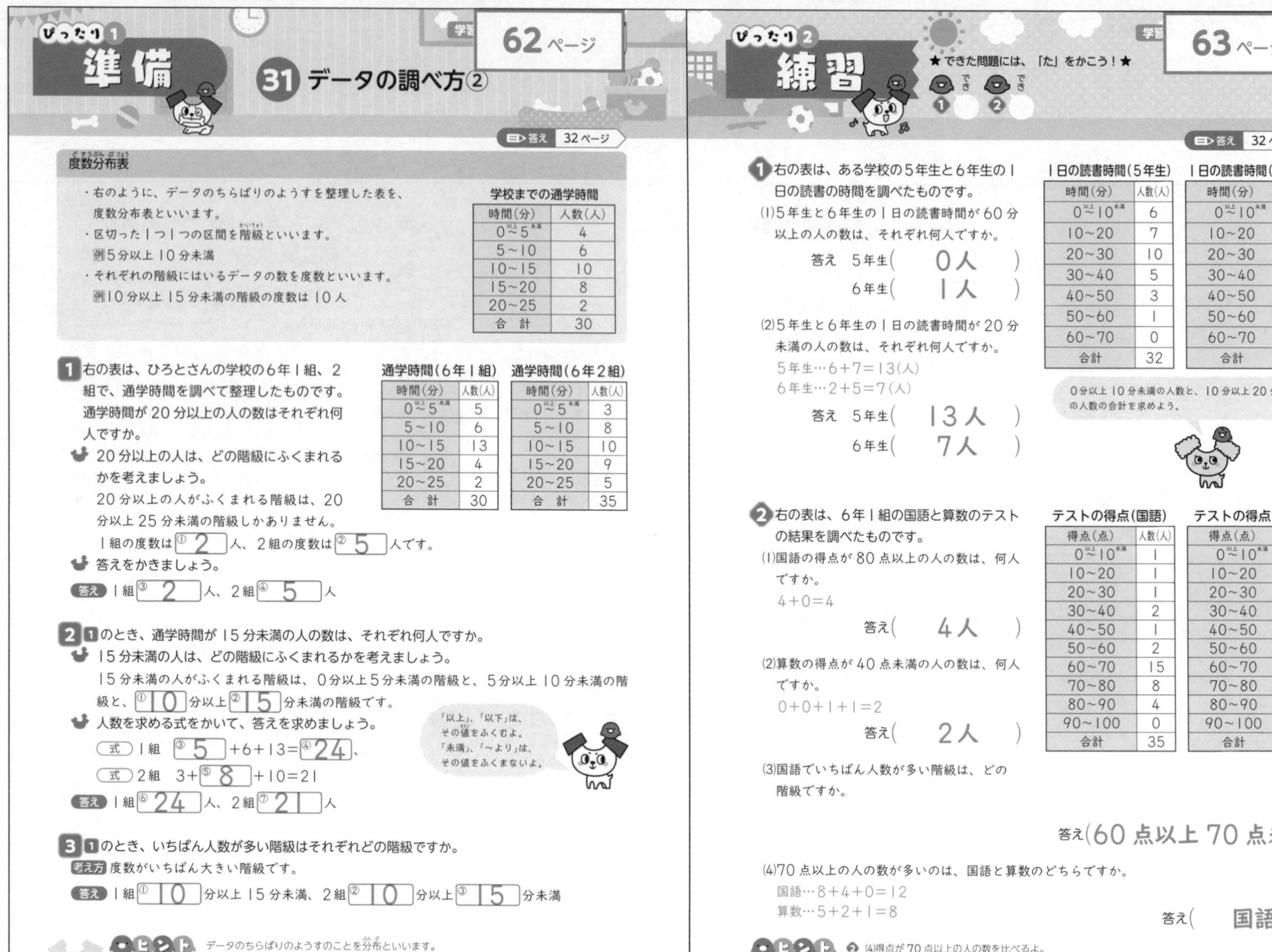

ぴったり1 準備 62ページ

31 データの調べ方②

答え 32ページ

度数分布表

・右のように、データのちらばりのようすを整理した表を、度数分布表といいます。
・区切った1つ1つの区間を階級といいます。
例 5分以上10分未満
・それぞれの階級にはいるデータの数を度数といいます。
例 10分以上15分未満の階級の度数は10人

学校までの通学時間

時間(分)	人数(人)
0以上〜5未満	4
5〜10	6
10〜15	10
15〜20	8
20〜25	2
合計	30

1 右の表は、ひろとさんの学校の6年1組、2組で、通学時間を調べて整理したものです。通学時間が20分以上の人の数はそれぞれ何人ですか。

通学時間(6年1組)

時間(分)	人数(人)
0以上〜5未満	5
5〜10	6
10〜15	13
15〜20	4
20〜25	2
合計	30

通学時間(6年2組)

時間(分)	人数(人)
0以上〜5未満	3
5〜10	8
10〜15	10
15〜20	9
20〜25	5
合計	35

20分以上の人は、どの階級にふくまれるかを考えましょう。
20分以上の人がふくまれる階級は、20分以上25分未満の階級しかありません。
1組の度数は①2人、2組の度数は②5人です。
答えをかきましょう。
答え 1組③2人、2組④5人

2 1のとき、通学時間が15分未満の人の数は、それぞれ何人ですか。
15分未満の人は、どの階級にふくまれるかを考えましょう。
15分未満の人がふくまれる階級は、0分以上5分未満の階級と、5分以上10分未満の階級と、①10分以上②15分未満の階級です。
人数を求める式をかいて、答えを求めましょう。
式 1組 ③5+6+13=④24、
式 2組 3+⑤8+10=21
答え 1組⑥24人、2組⑦21人

「以上」、「以下」は、その値をふくむよ。「未満」、「〜より」は、その値をふくまないよ。

3 1のとき、いちばん人数が多い階級はそれぞれどの階級ですか。
考え方 度数がいちばん大きい階級です。
答え 1組①10分以上15分未満、2組②10分以上③15分未満

ヒント データのちらばりのようすのことを分布といいます。

62

ぴったり2 練習 63ページ

★できた問題には、「た」をかこう!★ 1 2

答え 32ページ

1 右の表は、ある学校の5年生と6年生の1日の読書の時間を調べたものです。

1日の読書時間(5年生)

時間(分)	人数(人)
0以上〜10未満	6
10〜20	7
20〜30	10
30〜40	5
40〜50	3
50〜60	1
60〜70	0
合計	32

1日の読書時間(6年生)

時間(分)	人数(人)
0以上〜10未満	2
10〜20	5
20〜30	7
30〜40	9
40〜50	12
50〜60	8
60〜70	1
合計	44

(1)5年生と6年生の1日の読書時間が60分以上の人の数は、それぞれ何人ですか。
答え 5年生(0人)
6年生(1人)

(2)5年生と6年生の1日の読書時間が20分未満の人の数は、それぞれ何人ですか。
5年生…6+7=13(人)
6年生…2+5=7(人)
答え 5年生(13人)
6年生(7人)

0分以上10分未満の人数と、10分以上20分未満の人数の合計を求めよう。

2 右の表は、6年1組の国語と算数のテストの結果を調べたものです。

テストの得点(国語)

得点(点)	人数(人)
0以上〜10未満	1
10〜20	1
20〜30	1
30〜40	2
40〜50	1
50〜60	2
60〜70	15
70〜80	8
80〜90	4
90〜100	0
合計	35

テストの得点(算数)

得点(点)	人数(人)
0以上〜10未満	0
10〜20	0
20〜30	1
30〜40	1
40〜50	3
50〜60	8
60〜70	14
70〜80	5
80〜90	2
90〜100	1
合計	35

(1)国語の得点が80点以上の人の数は、何人ですか。
4+0=4
答え(4人)

(2)算数の得点が40点未満の人の数は、何人ですか。
0+0+1+1=2
答え(2人)

(3)国語でいちばん人数が多い階級は、どの階級ですか。
答え(60点以上70点未満)

(4)70点以上の人の数が多いのは、国語と算数のどちらですか。
国語…8+4+0=12
算数…5+2+1=8
答え(国語)

ヒント 2 (4)得点が70点以上の人の数を比べるよ。

63

62ページ

1 度数分布表の度数をしらべて答えましょう。

2 15分未満の人がふくまれる階級(0分以上15分未満)は複数あります。度数分布表からよみとって答えましょう。

63ページ

1 (1)60分以上70分未満の人数をよみとります。
(2)20分未満の人がふくまれる階級(0分以上20分未満)は複数あります。度数分布表からよみとって答えましょう。

2 (1)国語の得点が80点以上の人数は、80点以上100点未満の度数をあわせたものです。
(2)算数の得点が40点未満の人数は、0点以上40点未満の度数をあわせたものです。
(4)国語と算数で70点以上100点未満の度数をあわせたものを求めて、くらべます。

おうちのかたへ
データを1つ1つの区間に区切って、表に記録したものが「度数分布表」です。度数分布表を作ると、記録の散らばりぐあいがよくわかります。アンケート集計にもよく使われる方法です。

32 データの調べ方③

答え 33ページ

ヒストグラム(柱状グラフ)

①ヒストグラムで、ちらばりのようすがよくわかります。
②グラフのかき方
1. 表題をかく。
2. 横軸にデータの記録、縦軸に数量の目もりを入れる。
3. 記録の階級を横、数量を縦とする長方形をかく。

例 あるグループ15人の身長

1 右の表は、6年3組の子どもが1日あたりにどのくらいの時間ゲームをするかについて調べた度数分布表です。これをヒストグラムに表しましょう。

ゲームをする時間

時間(分)	人数(人)
10以上〜20未満	1
20〜30	4
30〜40	7
40〜50	6
50〜60	5
60〜70	3
70〜80	4
合計	30

長方形をかいて、ヒストグラムを完成させましょう。

考え方 度数分布表から、ゲームをする時間が30分以上40分未満の人数は ① 7 人なので、ヒストグラムの長方形の縦の長さは7になります。

答え 右の図に記入。

2 右の表は、箱にはいっているりんごの重さを調べたものです。これをヒストグラムに表しました。いちばん度数が多いのは、どの階級ですか、また、度数が同じ階級はどれとどれですか。

りんごの重さ調べ

重さ(g)	個数(個)
270以上〜280未満	1
280〜290	3
290〜300	2
300〜310	8
310〜320	6
320〜330	4
330〜340	2
合計	26

ヒストグラムをみて調べましょう。

答え いちばん度数が多い階級 ①300g以上310g未満
度数が同じ階級 ②290g以上300g未満 と ③330g以上340g未満

ヒント 柱状グラフは、棒グラフとちがって、すき間がないことに注意しよう。

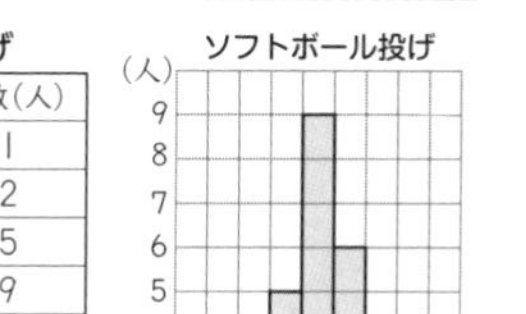

★できた問題には、「た」をかこう！★

答え 33ページ

1 右の表は、6年1組のソフトボール投げの記録について調べた度数分布表です。これを、ヒストグラムに表しました。

ソフトボール投げ

きょり(m)	人数(人)
10以上〜15未満	1
15〜20	2
20〜25	5
25〜30	9
30〜35	6
35〜40	4
40〜45	1
合計	28

(1) いちばん度数が多いのは、どの階級ですか。

答え(25m以上30m未満)

(2) 6年1組の記録の平均値を計算すると、28.4mでした。これはどの階級にはいりますか。

答え(25m以上30m未満)

2 右の表は箱にはいっているみかんの重さを調べた度数分布表です。これをヒストグラムに表しました。

みかんの重さ

重さ(g)	個数(個)
70以上〜80未満	1
80〜90	3
90〜100	4
100〜110	7
110〜120	5
120〜130	2
130〜140	0
合計	22

(1) いちばん度数が少ないのは、どの階級ですか。また、個数はいくつですか。

答え 階級(130g以上140g未満) 個数(0個)

(2) 表とヒストグラムから、次のことがらⒶ、Ⓑが正しいいえるときは○、正しくないときは×をかきましょう。
Ⓐ80g以上100g未満の度数と、110g以上140g未満の度数は等しい。
Ⓑヒストグラムは左右対称になっている。

答え Ⓐ(○) Ⓑ(×)

ヒント 人数が0人のときは、ヒストグラムの長方形の縦の長さが0になるので、その階級の長方形はかかないよ。

64ページ

1 ヒストグラムの縦軸は人数、横軸は時間を表しています。

2 度数分布表で人数がいちばん多い階級が、ヒストグラムの長方形の縦の長さがいちばん長くなります。

65ページ

1 (1)ヒストグラムの縦の長さがいちばん長いところがいちばん度数の多い階級です。

2 (2)Ⓐ80g以上100g未満度数は、3+4=7、110g以上140g未満の度数は、5+2+0=7で、度数は等しいです。
Ⓑヒストグラムをみると左右対称にはなっていません。

おうちのかたへ
データを一定の幅で区切って、それぞれの区間にあるデータの個数を棒状のグラフにして表したものを「ヒストグラム」または、「柱状グラフ」といいます。
ヒストグラムは縦長の長方形をくっつけてかきます。3年で学習した棒グラフと同じにならないように注意させましょう。

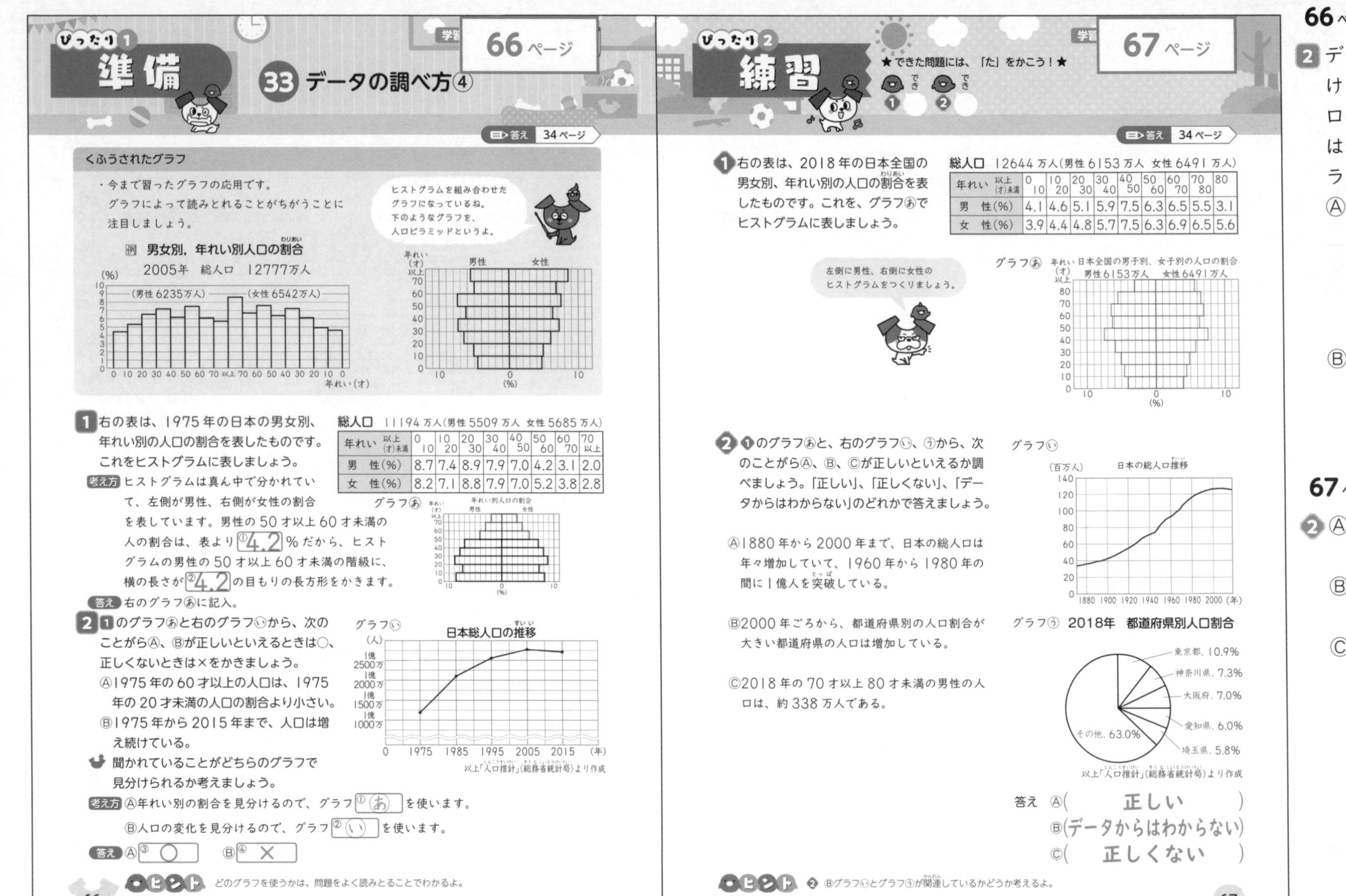

ぴったり1 準備 33 データの調べ方④ 66ページ

答え 34ページ

くふうされたグラフ

・今まで習ったグラフの応用です。
グラフによって読みとれることがちがうことに注目しましょう。

ヒストグラムを組み合わせたグラフになっているね。下のようなグラフを、人口ピラミッドというよ。

例 男女別、年れい別人口の割合
2005年 総人口 12777万人

1 右の表は、1975年の日本の男女別、年れい別の人口の割合を表したものです。これをヒストグラムに表しましょう。

総人口 11194万人（男性5509万人 女性5685万人）

年れい	0 以上 10（才）未満	10 20	20 30	30 40	40 50	50 60	60 70	70 以上
男 性(%)	8.7	7.4	8.9	7.9	7.0	4.2	3.1	2.0
女 性(%)	8.2	7.1	8.8	7.9	7.0	5.2	3.8	2.8

考え方 ヒストグラムは真ん中で分かれていて、左側が男性、右側が女性の割合を表しています。男性の50才以上60才未満の人の割合は、表より①4.2%だから、ヒストグラムの男性の50才以上60才未満の階級に、横の長さが②4.2の目もりの長方形をかきます。

答え 右のグラフあに記入。

2 1のグラフあと右のグラフいから、次のことがらA、Bが正しいといえるときは○、正しくないときは×をかきましょう。
A 1975年の60才以上の人口は、1975年の20才未満の人口の割合より小さい。
B 1975年から2015年まで、人口は増え続けている。

聞かれていることがどちらのグラフで見分けられるか考えましょう。

考え方 A年れい別の割合を見分けるので、グラフ①あを使います。
B人口の変化を見分けるので、グラフ②いを使います。

答え A③○ B④×

ヒント どのグラフを使うかは、問題をよく読みとることでわかるよ。

ぴったり2 練習 67ページ

★できた問題には、「た」をかこう！★

答え 34ページ

1 右の表は、2018年の日本全国の男女別、年れい別の人口の割合を表したものです。これを、グラフあでヒストグラムに表しましょう。

総人口 12644万人（男性6153万人 女性6491万人）

年れい	0 以上 10（才）未満	10 20	20 30	30 40	40 50	50 60	60 70	70 80	80
男 性(%)	4.1	4.6	5.1	5.9	7.5	6.3	6.5	5.5	3.1
女 性(%)	3.9	4.4	4.8	5.7	7.5	6.3	6.9	6.5	5.6

左側に男性、右側に女性のヒストグラムをつくりましょう。

2 1のグラフあと、右のグラフい、うから、次のことがらA、B、Cが正しいといえるか調べましょう。「正しい」、「正しくない」、「データからはわからない」のどれかで答えましょう。

A 1880年から2000年まで、日本の総人口は年々増加していて、1960年から1980年の間に1億人を突破している。

B 2000年ごろから、都道府県別の人口割合が大きい都道府県の人口は増加している。

C 2018年の70才以上80才未満の男性の人口は、約338万人である。

グラフう 2018年 都道府県別人口割合

答え A（正しい） B（データからはわからない） C（正しくない）

ヒント 2 Bグラフいとグラフうが関連しているかどうか考えるよ。

66ページ

2 データの階級別の割合を見分けるには、ヒストグラム、人口の増減の変わり方を表すのは、4年で学習した折れ線グラフとなります。

Aグラフあで1975年の60才以上の人口の割合は11.7%、20歳未満の人口の割合は31.4%なので○になります。

Bグラフいで2005年までは、増えていますが、2005年から2015年はへっています。

67ページ

2 Aグラフいからよみとりましょう。

Bどのグラフをみてもわかりません。

Cグラフあから、2018年の70才以上80才未満の男性の人口の割合は5.5%なので、

$12644万\times\frac{5.5}{100}$

$=695.42(万)$

約695万人です。このとき、総人口ではなく男性の人口を使って、

$6153万\times\frac{5.5}{100}$

$=338.415$とするのはあやまりです。

ぴったり3
確かめのテスト 6年間のまとめ①

68ページ 時間 20分 /100 合格 70点 答え 35ページ

1 めぐみさんは折り紙を48枚、妹は26枚もっています。折り紙は、あわせると全部で何枚ありますか。 式・答え 各6点(12点)

式 48+26=74

答え(74枚)

2 1.8Lで270円のオレンジジュースと、2Lで330円のりんごジュースがあります。 式・答え 各7点(28点)

(1)オレンジジュースとりんごジュースをあわせた量は何Lですか。

式 1.8+2=3.8

答え(3.8L)

(2)オレンジジュースとりんごジュースを両方買ったときの代金は、何円ですか。

式 270+330=600

答え(600円)

3 A市の人口は5681人です。B市の人口は4519人です。A市とB市の人口をあわせると、何人ですか。 式・答え 各7点(14点)

式 5681+4519 =10200

筆算
$$\begin{array}{r} 5681 \\ +4519 \\ \hline 10200 \end{array}$$

答え(10200人)

4 緑のバケツに $\frac{4}{7}$ L、赤のバケツに $\frac{5}{6}$ L、青のバケツに $\frac{4}{3}$ Lの水がはいっています。 式・答え 各7点(28点)

(1)緑のバケツと赤のバケツの水をあわせると、何Lですか。

式 $\frac{4}{7}+\frac{5}{6}=\frac{59}{42}\left(1\frac{17}{42}\right)$

答え $\left(\frac{59}{42}\left(1\frac{17}{42}\right)L\right)$

(2)赤のバケツと青のバケツの水をあわせると、何Lですか。

式 $\frac{5}{6}+\frac{4}{3}=\frac{13}{6}\left(2\frac{1}{6}\right)$

答え $\left(\frac{13}{6}\left(2\frac{1}{6}\right)L\right)$

5 次の数を数字でかきましょう。 答え 各6点(18点)

(1) 1億を3個と、1000万を7個あわせた数

答え(370000000)

(2) 1億を85個と、1万を2個あわせた数

答え(8500020000)

(3) 1兆を213個と1億を39個と1万を4010個あわせた数

答え(2130039400100000)

ぴったり3
確かめのテスト 6年間のまとめ②

69ページ 時間 20分 /100 合格 70点 答え 35ページ

1 1冊140円のノートを6冊買います。全部で代金は何円になりますか。 式・答え 各6点(12点)

式 140×6=840

答え(840円)

2 右の図のような長方形があります。 式・答え 各6点(24点)

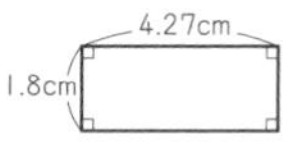

(1)この長方形のまわりの長さは何cmですか。

式 (1.8+4.27)×2=12.14

答え(12.14cm)

(2)この長方形の面積は、何 cm^2 ですか。

式 1.8×4.27=7.686

答え($7.686cm^2$)

3 1mの重さが3.6gの針金(はりがね)があります。この針金の0.4mの重さは、何gですか。 式・答え 各6点(12点)

式 3.6×0.4=1.44

答え(1.44g)

4 区役所で、1台194900円のパソコンを53台買うことになりました。代金の合計は、約何円ですか。上から2けた×上から1けたのがい数にして、見積りましょう。 式・答え 各8点(16点)

式 194900円→19万 19×50=950

答え(約950万円)

5 底辺が $1\frac{2}{7}$ m、高さが $2\frac{1}{3}$ mの平行四辺形の面積は、何 m^2 ですか。 式・答え 各6点(12点)

式 $1\frac{2}{7}\times2\frac{1}{3}=3$

答え($3m^2$)

6 しんじさんの体重は、お父さんの体重の $\frac{3}{5}$ 倍にあたり、弟の体重は、しんじさんの体重の $\frac{6}{7}$ 倍です。お父さんの体重は70kgです。 式・答え 各6点(24点)

(1)しんじさんの体重は何kgですか。

式 $70\times\frac{3}{5}=42$

答え(42kg)

(2)弟の体重は何kgですか。

式 $42\times\frac{6}{7}=36$

答え(36kg)

68ページ

4 通分して計算しましょう。

(1) $\frac{4}{7}+\frac{5}{6}=\frac{24}{42}+\frac{35}{42}$
$=\frac{59}{42}$

(2) $\frac{5}{6}+\frac{4}{3}=\frac{5}{6}+\frac{8}{6}=\frac{13}{6}$

5 位を考えながら答えましょう。

(2) 1億が85個で85億、1万が2個で2万です。

(3) 1兆が213個で213兆、1億が39個で39億、1万が4010個で4010万です。

69ページ

1 [1冊(さつ)の値段]×[冊数]=[代金]

2 (1)[長方形のまわりの長さ]
=[(縦(たて)の長さ+横の長さ)]×2

5 $1\frac{2}{7}\times2\frac{1}{3}=\frac{9}{7}\times\frac{7}{3}$
$=\frac{\overset{3}{\cancel{9}}\times\overset{1}{\cancel{7}}}{\underset{1}{\cancel{7}}\times\underset{1}{\cancel{3}}}=3$

6 (1)[しんじさんの体重]
=[お父さんの体重]× $\frac{3}{5}$

(2)[弟の体重]
=[しんじさんの体重]× $\frac{6}{7}$

6年間のまとめ③

学習 70ページ　時間 20分　/100　合格 70点

答え 36ページ

1 たすくさんが野球の練習をしています。かごにボールが41個はいっていましたが、ノックで17個使いました。かごに残っているボールは何個ですか。　式・答え 各7点(14点)

式　41－17＝24

答え(24個)

2 2.5Lあった牛乳を、まさとさんが0.55L、お兄さんは0.8L飲みました。　式・答え 各6点(24点)

(1)まさとさんとお兄さんは、どちらが何L多く飲みましたか。

式　0.8－0.55＝0.25

答え(お兄さんが0.25L多く飲んだ)

(2)残っている牛乳は何Lですか。

式　2.5－(0.55＋0.8)＝1.15

答え(1.15L)

3 みきさんは、8時40分に山を登り始めました。とちゅうの広場で15分休けいをして、再び山を登ったところ、山の頂上に12時に着きました。山を登っていた時間は、何時間何分ですか。　(10点)

答え(3時間5分)

4 A駅からB駅までの道のりは、$2\frac{2}{3}$ kmです。A駅とB駅の間にある図書館から、A駅までの道のりは$\frac{5}{4}$ kmです。　(1)式・答え 各7点　(2)答え 10点(24点)

(1)図書館からB駅までの道のりは何kmですか。

式　$2\frac{2}{3}-\frac{5}{4}=\frac{17}{12}\left(1\frac{5}{12}\right)$

答え($\frac{17}{12}\left(1\frac{5}{12}\right)$km)

(2)図書館はA駅とB駅のどちらの方が近いですか。

答え(A駅)

5 ある市の人口は、男性が401625人で、女性が397049人です。　式・答え 各7点(28点)

(1)この市の人口は、約何万人ですか。

式　40万＋40万＝80万

答え(約80万人)

(2)この市は男性と女性のどちらが、約何千人多いですか。

式　40万2千－39万7千＝5千

答え(男性が約5千人多い)

ぴったり3
確かめのテスト

6年間のまとめ④

学習 71ページ　時間 20分　/100　合格 70点

答え 36ページ

1 チューリップの球根が64個あります。この球根を4人の子どもが同じ数ずつ植えます。1人、何個ずつ球根を植えることになりますか。　式・答え 各6点(12点)

式　64÷4＝16

答え(16個)

2 6年生114人で遠足に行きました。観光バスを使ったところ、バス代は131100円でした。114人で支払うとき、1人あたり何円になりますか。　式・答え 各6点(12点)

式　131100÷114＝1150

答え(1150円)

3 リボンが2.4mあります。　式・答え 各6点(24点)

(1)70cmずつ分けるとき、何本とれて何cmあまりますか。

式　2.4m＝240cm
240÷70＝3あまり30

答え(3本とれて30cmあまる)

(2)2.4mのうち、0.6mを使ってしまいました。残りを0.6mずつ分けるとき、何本とれますか。

式　2.4－0.6＝1.8
1.8÷0.6＝3

答え(3本)

4 お茶$\frac{5}{4}$Lを5人で等しく分けて飲みます。1人何L飲めますか。　式・答え 各6点(12点)

式　$\frac{5}{4}\div5=\frac{1}{4}$

答え($\frac{1}{4}$L)

5 $\frac{8}{9}$dLの絵の具で、画用紙を$\frac{5}{6}$ m^2ぬれました。　式・答え 各6点(24点)

(1)この絵の具1dLでは、画用紙を何m^2ぬれますか。

式　$\frac{5}{6}\div\frac{8}{9}=\frac{15}{16}$

答え($\frac{15}{16}$ m^2)

(2)15m^2の画用紙をぬるためには、何dLの絵の具が必要ですか。

式　$15\div\frac{15}{16}=16$

答え(16dL)

6 面積が$4\frac{1}{5}$ cm^2、縦の長さが$1\frac{3}{4}$cmの長方形の横の長さは、何cmですか。　式・答え 各8点(16点)

式　$4\frac{1}{5}\div1\frac{3}{4}=\frac{12}{5}\left(2\frac{2}{5}\right)$

答え($\frac{12}{5}\left(2\frac{2}{5}\right)$cm)

70ページ

3 8時40分から12時までは3時間20分。
15分休けいしたので、山を登っていた時間は、
3時間20分－15分
＝3時間5分

4 (1) $2\frac{2}{3}-\frac{5}{4}=2\frac{8}{12}-\frac{15}{12}$
$=1\frac{20}{12}-\frac{15}{12}=1\frac{5}{12}$

(2) $\frac{5}{4}=\frac{15}{12}$ だから、
$\frac{17}{12}>\frac{5}{4}$ です。

5 (1)「何万人」で答える問題です。千の位で四捨五入してから、人数を計算しましょう。

71ページ

5 (1) $\frac{5}{6}\div\frac{8}{9}=\frac{5}{6}\times\frac{9}{8}$
$=\frac{5\times\cancel{9}^{3}}{\cancel{6}_{2}\times8}=\frac{15}{16}$

(2) $15\div\frac{15}{16}=15\times\frac{16}{15}$
$=\frac{\cancel{15}^{1}\times16}{\cancel{15}_{1}}=16$

6 $4\frac{1}{5}\div1\frac{3}{4}=\frac{21}{5}\div\frac{7}{4}$
$=\frac{21}{5}\times\frac{4}{7}=\frac{\cancel{21}^{3}\times4}{5\times\cancel{7}_{1}}$
$=\frac{12}{5}$

ぴったり3 確かめのテスト 6年間のまとめ⑤

学習 72ページ　時間 20分　/100　合格 70点　答え 37ページ

❶ 1個 340円のケーキを4個買ったときの代金は、何円ですか。　式・答え 各6点(12点)

式　340×4＝1360

答え（1360円）

❷ ある遊園地の入園料は、おとなは1人7900円、子どもは1人3860円です。　式・答え 各6点(24点)

(1)子ども 16人の入園料は何円ですか。

式　3860×16＝61760

答え（61760円）

(2)おとな 120人の入園料は何円ですか。

式　7900×120＝948000

答え（948000円）

❸ 1本 4.1mのリボンが37本あります。全部あわせると何mですか。　式・答え 各6点(12点)

式　4.1×37＝151.7

答え（151.7 m）

❹ ぶどうジュースを子どもに同じ量ずつ配ります。$\frac{2}{9}$Lずつ、45人の子どもたちに配るとき、ぶどうジュースは何L必要ですか。　式・答え 各8点(16点)

式　$\frac{2}{9}$×45＝10

答え（10L）

❺ 右のような、円の一部の形をした画用紙がたくさんあります。　式・答え 各6点(36点)

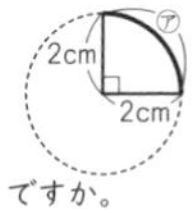

(1)この画用紙の面積は、何 cm^2 ですか。

式　(2×2×3.14)÷4＝3.14

答え（3.14 cm^2）

(2)この画用紙が92枚あります。あわせた面積は何 cm^2 ですか。

式　3.14×92＝288.88

答え（288.88 cm^2）

(3)この画用紙が120枚あります。㋐の部分の長さは、全部で何cmですか。

式　(2×2×3.14)÷4×120＝376.8

答え（376.8 cm）

ぴったり3 確かめのテスト 6年間のまとめ⑥

学習 73ページ　時間 20分　/100　合格 70点　答え 37ページ

❶ 1ダース入りのチョコレートが5箱あるとき、チョコレートは全部で何個ありますか。　式・答え 各2点(4点)

式　12×5＝60

答え（60個）

❷ 長いすが12個あります。長いす1個に何人かずつ座ります。　式・答え 各7点(28点)

(1)6年生が、長いす1個に8人ずつ座ると15人が座れませんでした。6年生は何人いますか。

式　8×12＋15＝111

答え（111人）

(2)5年生が、長いす1個に10人ずつ座ると、最後の長いすは4人しか座りませんでした。5年生は何人いますか。

式　10×12−6＝114

答え（114人）

❸ 1ふくろ4.5kg入りの肥料が7ふくろあります。肥料は全部で何kgありますか。　式・答え 各6点(12点)

式　4.5×7＝31.5

答え（31.5 kg）

❹ ダンボール1箱に、0.2L入りの牛乳パックが24本はいっています。　式・答え 各6点(24点)

(1)ダンボールが16箱あるとき、牛乳パックは何本ありますか。

式　24×16＝384

答え（384本）

(2)ダンボールが7箱あるとき、牛乳は何Lありますか。

式　0.2×24×7＝33.6

答え（33.6L）

❺ 図工で、1人 $\frac{4}{9}$ mずつ針金を配ることにしました。6年のクラスは3クラスあり、1クラスの人数はどのクラスも24人です。　式・答え 各8点(32点)

(1)針金は全部で何m必要ですか。

式　$\frac{4}{9}$×24×3＝32

答え（32 m）

(2)針金は1束5mで売っています。全員に配るためには、何束買えばよいですか。

式　32÷5＝6 あまり2
6＋1＝7

答え（7束）

72ページ

❹ 1人に配るジュースの量
×人数

❺ (1)円の面積
＝半径×半径×3.14
これを4等分した面積を求めましょう。

(3)円周＝直径×3.14
これを4等分したのが㋐の部分の長さです。

73ページ

❶ 1ダースの個数×箱の数

❷ (1)長いす1個に座る人数
×長いすの個数
＋座れない人数

(2)最後の長いすは6人分空いているので、
長いす1個に座る人数
×長いすの個数−6

❸ 1ふくろの肥料の重さ
×ふくろの数

❹ (1)1箱にはいっている牛乳の本数
×段ボールの個数

❺ (1)1人分の針金の長さ
×1クラスの人数
×クラス数

$\frac{4}{9}$×24×3

$=\frac{4\times\overset{8}{\cancel{24}}\times\overset{1}{\cancel{3}}}{\underset{1}{\cancel{\underset{3}{\cancel{9}}}}}=32$

(2)6束だと2mたりなくて、全員に配れません。

74ページ 6年間のまとめ⑦

ぴったり3 確かめのテスト

時間 20分　/100　合格 70点　答え 38ページ

❶ 画用紙が54枚あります。子ども3人で分けるとき、1人分は何枚ですか。　式・答え 各4点(8点)

式　54÷3=18

答え(18枚)

❷ 町内会で防犯用のひもを配ります。ひもは20mあり、68家庭に同じ長さずつ配ります。できるだけ長く配るとき、1家庭の長さは何cmになり、何cmあまりますか。ただし、配る長さはcmの単位で整数とします。　式・答え 各6点(12点)

式　20m=2000cm
2000÷68=29 あまり 28

答え　1家庭(29cm)　あまり(28cm)

❸ 11.34kgの小麦粉を42個の入れものに同じ重さずつ入れていきます。　式・答え 各6点(24点)

(1) 1個の入れものには、何kgの小麦粉がはいりますか。

式　11.34÷42=0.27

答え(0.27kg)

(2) 予備として、500gを分けずにとっておくことにしました。残りを42個に分けると、1個あたり何kgで、何gあまりますか。1個あたりの重さを、$\frac{1}{100}$の位まで求めましょう。

式　11.34−0.5=10.84
10.84÷42=0.25 あまり 0.34

答え　1個あたり(0.25kg)
あまり(340g)

❹ 小学生が9人、中学生が3人います。1人あたりえん筆と消しゴムを同じ数ずつ配ると、えん筆48本がすべて配れて、消しゴムが8個あまりました。　式・答え 各8点(32点)

(1) えん筆は1人に何本ずつ配りましたか。

式　48÷(9+3)=4

答え(4本)

(2) 配る前の消しゴムは、全部で何個ありましたか。

式　4×12+8=56

答え(56個)

❺ $\frac{4}{5}$kgの砂糖を、家庭科の調理実習で使います。　式・答え 各6点(24点)

(1) 8グループで分けるとき、1グループは何kgになりますか。

式　$\frac{4}{5}\div8=\frac{1}{10}$

答え($\frac{1}{10}$kg)

(2) 調理実習で11グループに必要な量を計ると足りなかったので、先生は、追加で$\frac{2}{3}$kg用意しました。1グループは何kgずつになりますか。

式　$\left(\frac{4}{5}+\frac{2}{3}\right)\div11=\frac{2}{15}$

答え($\frac{2}{15}$kg)

74

75ページ 6年間のまとめ⑧

ぴったり3 確かめのテスト

時間 20分　/100　合格 70点　答え 38ページ

❶ 1人に折り紙を4枚ずつ配ります。子どもが12人いるとき、全部で何枚必要ですか。　式・答え 各4点(8点)

式　4×12=48

答え(48枚)

❷ 親子のイベントで動物園に来ました。動物園の入園料はおとなが1800円、子どもが600円です。人数を数えると、おとなは42人、子どもは79人いました。　式・答え 各6点(36点)

(1) おとなの入園料の合計代金は、何円ですか。

式　1800×42=75600

答え(75600円)

(2) 子どもの入園料の合計代金は、何円ですか。

式　600×79=47400

答え(47400円)

(3) 動物園から、イベントのお土産として、ステッカーをプレゼントします。おとなには1人1枚、子どもには1人2枚ずつ渡すとき、ステッカーは何枚必要ですか。

式　42×1+79×2=200

答え(200枚)

❸ 書道の授業で、ぼく汁と半紙を36人の子どもに配ります。ぼく汁は1人0.08L、半紙は1人6枚ずつ配ります。　式・答え 各8点(32点)

(1) ぼく汁は、全部で何L必要ですか。

式　0.08×36=2.88

答え(2.88L)

(2) 全員に半紙を配ったら、9枚あまりました。半紙ははじめ、何枚ありましたか。

式　6×36+9=225

答え(225枚)

❹ レストランのステーキセットは、お肉が$\frac{1}{5}$kgとソースが30mLです。このレストランは、毎朝、ステーキセットを200人分用意します。　式・答え 各6点(24点)

(1) お肉は全部で何kg必要ですか。

式　$\frac{1}{5}\times200=40$

答え(40kg)

(2) ソースは全部で何L必要ですか。

式　30mL=0.03L
0.03×200=6

答え(6L)

75

おうちのかたへ

文章題を解くには、
①問題文の意味を理解する。　②ことばの式をつくる。　③数式をつくる。　④計算する。　⑤問題にあわせて単位をつける。
のステップで進みます。
問題が解けないときは、どこでつまずいているのか確認してください。

74ページ

❶ 画用紙の枚数 ÷ 人数

❸ (1) 小麦粉の重さ ÷ 個数

(2) 500g=0.5kgを分けずにとっておくことに注意しましょう。
kgの単位で計算しているので、あまりはgの単位にして答えます。

❹ (1) えん筆の本数 ÷ 人数
人数 は小学生+中学生です。

(2) 1人の個数 × 人数 + あまり

❺ (1) $\frac{4}{5}\div8=\frac{\overset{1}{\cancel{4}}}{5\times\underset{2}{\cancel{8}}}=\frac{1}{10}$

(2) $\left(\frac{4}{5}+\frac{2}{3}\right)\div11$
$=\left(\frac{12}{15}+\frac{10}{15}\right)\div11$
$=\frac{22}{15}\div11=\frac{\overset{2}{\cancel{22}}}{15\times\underset{1}{\cancel{11}}}$
$=\frac{2}{15}$

75ページ

❷ (1) 入園料 × 人数

(3) おとなの人の数 ×1 + 子どもの人の数 ×2

❹ (2) 0.03×200=6000
6000mL=6L
として答えてもよいです。

6年間のまとめ⑨

学習 76ページ　時間 20分　/100　合格 70点

答え 39ページ

❶ 6年1組の人数は38人です。5人の班と6人の班をあわせて7つつくります。5人の班と6人の班はそれぞれいくつできますか。　式・答え 各8点(24点)

式　38÷7=5 あまり3

答え　5人(4つ)　6人(3つ)

❷ 30人の子どもたちで、きば戦をします。4人1組できばをつくります。　式・答え 各8点(32点)

(1)きばは何組できますか。

式　30÷4=7 あまり2

答え(7組)

(2)あと何人いれば、もう1組できますか。

式　4−2=2

答え(2人)

❸ 6でわっても、8でわっても3あまる数のうち、2けたの数でもっとも大きい数はいくつですか。　(10点)

答え(99)

❹ ある年の5月1日は火曜日でした。　答え 各9点(18点)

(1)この年の5月31日は、何曜日ですか。

31−1=30
30÷7=4 あまり2

答え(木曜日)

(2)この年の7月1日は、何曜日ですか。

(31+30+1)−1=61
61÷7=8 あまり5

答え(日曜日)

❺ みほさんのクラスでは、1週間ごとにそうじ当番が変わります。クラスの人数は28人で、出席番号の1番から6人ずつそうじ当番になり、最後まで当番がまわったら、1番の人にもどって、必ず6人ずつ当番になります。みほさんの出席番号は21番です。　答え 各8点(16点)

(1)1回目にみほさんがそうじ当番になるのは、そうじ当番が1番から始まってから何週目ですか。

21÷6=3 あまり3
3+1=4

答え(4週目)

(2)2回目にみほさんがそうじ当番になるとき、いっしょのそうじ当番になるのは、出席番号が何番から何番の人ですか。

28÷6=4 あまり4
(4+21)÷6=4 あまり1

答え　出席番号が(22)番から(26)番の人

ぴったり3 確かめのテスト

6年間のまとめ⑩

学習 77ページ　時間 20分　/100　合格 70点

答え 39ページ

❶ 6年1組で算数のテストをしました。グループごとに結果をまとめると、次の表のようになりました。　式・答え 各6点(48点)

Aグループ

①	②	③	④	⑤
72	85	64	91	78

(点)

Bグループ

⑥	⑦	⑧	⑨	⑩	⑪
81	79	80	73	94	67

(点)

Cグループ

⑫	⑬	⑭	⑮	⑯
65	86	74		89

(点)

(1)Aグループの平均点は何点ですか。

式　(72+85+64+91+78)÷5=78

答え(78点)

(2)Bグループの平均点は何点ですか。

式　(81+79+80+73+94+67)÷6
=79

答え(79点)

(3)Cグループの平均点が80点のとき、⑮の人の点数は何点ですか。

式　80×5−(65+86+74+89)
=86

答え(86点)

(4)(3)のとき、6年1組の平均点は、何点ですか。

式　(78×5+79×6+80×5)÷16
=79

答え(79点)

❷ みささん、りかさん、まりさんが10歩歩いたときの長さは、次の表になりました。　式・答え 各6点(24点)

名前	みささん	りかさん	まりさん
10歩の長さ(m)	5.66	5.58	5.71

(1)3人の10歩の長さの平均は何mですか。

式　(5.66+5.58+5.71)÷3=5.65

答え(5.65 m)

(2)3人の歩はばの平均を上から2けたの概数で表すと、何mですか。

式　5.65÷10=0.565

答え(0.57 m)

❸ ひろきさんは4回テストを受けます。3回目までの点数の平均は78点でした。4回の点数の平均を80点以上にしたいとき、4回目は何点以上とればよいですか。　式・答え 各6点(12点)

式　80×4−78×3=86

答え(86点以上)

❹ 家から駅までの1200mの道のりを、行きは分速60m、帰りは分速100mで歩きました。往復の平均の速さは分速何mですか。　式・答え 各8点(16点)

式　1200÷60=20　1200÷100=12
1200×2÷(20+12)=75

答え(分速75m)

76ページ

❸ 6と8の公倍数は、24、48、72、96、…2けたの数でもっとも大きいのは96
96+3=99

❹ (2)5月は31日、6月は30日まであります。
5月1日から7月1日は8週と5日だから、火→水→木→金→土→日

❺ (2)1回目の最後の当番は、出席番号が25、26、27、28、1、2の6人です。
2回目にみほさんがそうじ当番になるときは、みほさんもふくめて21～26の6人になります。

77ページ

❸ 4回の合計の平均が80点とすると、4回の合計は80×4=320(点)です。4回目のテストで、4回の合計が320点以上になればよいことになります。

❹ (行きの速さ)と(帰りの速さ)の平均ではありません。
[往復の道のり]÷[往復にかかった時間]で求めましょう。
行きの時間は20分、
帰りの時間は12分、
往復の道のりは
1200×2=2400(m)と求められます。

ぴったり3 確かめのテスト 6年間のまとめ⑪

78ページ　時間 20分　/100　合格 70点

答え 40ページ

1 1班は、マット5枚に15人座っていて、2班はマット4枚に14人座っています。1班と2班のマットではどちらがこんでいますか。　式・答え 各6点(12点)

式 15÷5=3
14÷4=3.5

答え(2班)

2 ガソリン18Lで270kmを走る自動車Aと、ガソリン34Lで578km走る自動車Bがあります。　式・答え 各6点(24点)

(1) 1Lあたりに走れるきょりを比べて、どちらの方が燃費がよいか求めましょう。

式 270÷18=15
578÷34=17

答え(自動車B)

(2) 1kmあたりに使うガソリンの量を比べて、どちらの方が燃費がよいか求めましょう。

式 $18\div270=\frac{1}{15}$
$34\div578=\frac{1}{17}$

答え(自動車B)

3 同じノートを、A店では5冊960円で、B店では8冊1552円で売っています。どちらのお店の方が安いですか。　式・答え 各5点(10点)

式 960÷5=192
1552÷8=194

答え(A店)

4 右の表は、A市とB市の面積と人口です。

	面積(km²)	人口(人)
A市	73	180000
B市	49	100000

式・答え 各6点(30点)

(1) $\frac{1}{10}$の位を四捨五入して、A市の人口密度を求めましょう。

式 180000÷73=2465.7…

答え(約2466人)

(2) $\frac{1}{10}$の位を四捨五入して、B市の人口密度を求めましょう。

式 100000÷49=2040.8…

答え(約2041人)

(3) どちらの方が面積のわりに人口が多いといえますか。

答え(A市)

5 長さが56cmで重さが156.8gの針金があります。　式・答え 各6点(24点)

(1) 1cmあたり何gですか。

式 156.8÷56=2.8

答え(2.8g)

(2) この針金70cmの重さは何gですか。

式 2.8×70=196

答え(196g)

78

ぴったり3 確かめのテスト 6年間のまとめ⑫

79ページ　時間 20分　/100　合格 70点

答え 40ページ

1 はるみさんは分速80mの速さで歩きます。20分間で進む道のりは何mですか。　式・答え 各6点(12点)

式 80×20=1600

答え(1600m)

2 15分間で960m歩く人の速さは分速何mですか。　式・答え 各6点(12点)

式 960÷15=64

答え(分速64m)

3 時速60kmの自動車が12kmを進むのにかかる時間は何分ですか。　式・答え 各6点(12点)

式 $12\div60=\frac{1}{5}$
$\frac{1}{5}$時間=12分

答え(12分)

4 電車が秒速15mで走っています。20分間に進む道のりは何kmですか。　式・答え 各6点(12点)

式 15×60=900
900×20=18000
18000m=18km

答え(18km)

5 25分間で2km歩いた人の速さは分速何mですか。　式・答え 各6点(12点)

式 2km=2000m
2000÷25=80

答え(分速80m)

6 分速700mで走るバスと、時速50kmで走る自動車があります。　(1)式・答え 各8点 (2)答え 8点(24点)

(1) バスと自転車では、どちらが速いですか。

式 $700\times60\times\frac{1}{1000}=42$

答え(自動車)

(2) バスが5時間で進む道のりを、自動車は何時間何分で進みますか。

(バス)
42×5=210(km)
(自動車)
$210\div50=4\frac{1}{5}$(時間)

答え(4時間12分)

7 秒速25mで走る、長さ200mの電車があります。この電車が、長さ500mの鉄橋をわたり始めてからわたり終わるまでにかかる時間は何秒ですか。　式・答え 各8点(16点)

式 (500+200)÷25=28

答え(28秒)

79

78ページ

2 (1) ガソリン1Lで、自動車Aは15km、自動車Bは17km走ります。

(2) 1km走るのに、自動車Aはガソリンが$\frac{1}{15}$L必要で、自動車Bは$\frac{1}{17}$L必要です。

4 (1) 人口密度＝人口÷面積

(3) 単位量あたりの大きさ(人口密度)のこみぐあいは、
①人数をそろえる(最小公倍数を使う)
②1m²あたりの人数を調べる
の2とおりがあります。
1km²に、A市は0.25万人、B市は0.20万人いるので、1km²あたりの人口はA市の方が多いです。

79ページ

6 (1) バスは時速42kmなので、自動車の方が速いです。自動車の時速を分速にすると、
50×1000÷60
＝833.33…(m)

7 鉄橋のわたり始めは鉄道の先頭で、わたり終わりは鉄道の最後尾で考えるので、
電車が進んだ道のり
＝鉄橋の長さ＋鉄道の長さ
です。

ぴったり3 確かめのテスト

6年間のまとめ⑬

学習日 80ページ 時間 20分 /100 合格 70点

答え 41ページ

❶ 公園の花だんの面積は 200 m² です。この花だんの $\frac{3}{8}$ にひまわりが植えてあります。ひまわりが植えてある面積は何 m² ですか。 式・答え 各6点(12点)

式 $200\times\frac{3}{8}=75$

答え(75 m²)

❷ 3000 円のサッカーボールを買いに行きました。この日は雨の日の割引きで、10 % 割引きになりました。サッカーボールは、何円でしたか。 式・答え 各6点(12点)

式 $3000\times(1-0.1)=2700$

答え(2700 円)

❸ ボールを 15 回投げました。その内、3回はストライクでした。ストライクになった割合はいくつですか。 式・答え 各6点(12点)

式 $3\div15=0.2$

答え(0.2)

❹ 1L のジュースがあります。こうきさんが全体の $\frac{2}{5}$ を飲み、弟は残りの $\frac{1}{3}$ を飲みました。ジュースはあと何L残っていますか。 式・答え 各8点(16点)

式 $1\times\left(1-\frac{2}{5}\right)=\frac{3}{5}$

$\frac{3}{5}\times\left(1-\frac{1}{3}\right)=\frac{2}{5}$

答え($\frac{2}{5}$ L)

❺ 放送クラブの人数は、6年生の男子は 15 人、6年生の女子は 20 人です。 式・答え 各6点(48点)

(1) 5年生の男子の人数は、6年生の男子の人数より 20 % 少ないです。5年生の男子の人数は何人ですか。

式 $15\times(1-0.2)=12$

答え(12 人)

(2) 5年生の女子の人数は、6年生の女子の人数の $\frac{7}{5}$ 倍です。5年生の女子の人数は何人ですか。

式 $20\times\frac{7}{5}=28$

答え(28 人)

(3) 5年生の人数は6年生の人数の何 % にあたりますか。小数第1位を四捨五入して整数で表しましょう。

式 $(12+28)\div(15+20)\times100$
$=114.2\cdots$

答え(114 %)

(4) 6年生の人数は、5年生と6年生をあわせた人数の何倍ですか。

式 $(15+20)\div(40+35)=\frac{7}{15}$

答え($\frac{7}{15}$ 倍)

80ページ

❶ もとにする量 × 割合 ＝ くらべる量

❷ 割引きされた金額は、
3000×0.1＝300(円)

❸ 割合 ＝ くらべる量 ÷ もとにする量
百分率で表された割合は、小数になおして、計算しましょう。

❹ 弟は「残り」の $\frac{1}{3}$ を飲むことに注意しましょう。

❺ (1) 5年生の男子の人数は6年生の男子の人数の 80 % にあたります。
(2) 5年生の女子の人数 ＝ 6年生の女子の人数 × 割合
(3) 割合 ＝ 5年生人数 ÷ 6年生の人数
(4) 割合 ＝ 6年生の人数 ÷ 5年生と6年生を合わせた人数

おうちのかたへ
割合の文章題を苦手にしている子どもは多いと思います。まずは、問題文をよみ何が「もとにする数」なのかをみきわめさせる必要があります。

6年 チャレンジテスト①

月　日　名前　時間 40分　合格70点　/100　答え42ページ

1 次の計算をしましょう。　各2点(20点)

① $\frac{2}{7}\times3=\frac{2\times3}{7}=\frac{6}{7}$　答え（$\frac{6}{7}$）

② $2\times\frac{4}{9}=\frac{2\times4}{9}=\frac{8}{9}$　答え（$\frac{8}{9}$）

③ $\frac{3}{4}\times\frac{7}{9}=\frac{3\times7}{4\times9}=\frac{7}{12}$　答え（$\frac{7}{12}$）

④ $\frac{5}{12}\div\frac{10}{11}=\frac{5}{12}\times\frac{11}{10}=\frac{5\times11}{12\times10}=\frac{11}{24}$　答え（$\frac{11}{24}$）

⑤ $3\times1\frac{5}{9}=3\times\frac{14}{9}=\frac{3\times14}{9}=\frac{14}{3}(=4\frac{2}{3})$　答え（$\frac{14}{3}(4\frac{2}{3})$）

⑥ $8\div\frac{2}{5}=8\times\frac{5}{2}=\frac{8\times5}{2}=20$　答え（20）

⑦ $21\div4\frac{2}{3}=21\div\frac{14}{3}=\frac{21\times3}{14}=\frac{9}{2}(=4\frac{1}{2})$　答え（$\frac{9}{2}(4\frac{1}{2})$）

⑧ $0.8\times\frac{5}{6}=\frac{8}{10}\times\frac{5}{6}=\frac{8\times5}{10\times6}=\frac{2}{3}$　答え（$\frac{2}{3}$）

⑨ $\frac{9}{10}\div3.6=\frac{9}{10}\div\frac{36}{10}=\frac{9\times10}{10\times36}=\frac{1}{4}$　答え（$\frac{1}{4}$）

⑩ $2.5\div2\frac{1}{7}=\frac{25}{10}\div\frac{15}{7}=\frac{25\times7}{10\times15}=\frac{7}{6}(=1\frac{1}{6})$　答え（$\frac{7}{6}(1\frac{1}{6})$）

2 次の式の x（エックス）にあてはまる数を求めましょう。　各5点(10点)

① 3:7=15:x　答え（35）

② 24:36=x:9　答え（6）

3 牛乳を毎日 15 dL ずつ飲むと、x 日で y（ワイ）dL 飲むことになります。　各5点(10点)

① x と y の関係を式にしましょう。　答え（$15\times x=y$）

② 牛乳を 18 L 飲むのに何日かかるかを求めましょう。　答え（12日）

4 $1000-x\times25$ の式で表されるのは、次の㋐～㋒のどれですか。あてはまるものをすべて答えましょう。　6点

㋐ 1個 1000 円の品物を x 円引きで 25 個売ったときの、売り上げ金額の合計

㋑ 右の図のような長方形を組み合わせた土地の色をぬった部分の面積

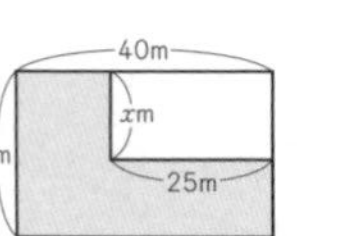

㋒ 1000 m はなれたところまで行くのに、分速 x m で 25 分間歩いたときの残りの道のり

答え（㋑、㋒）

チャレンジテスト①(表)　●うらにも問題があります。

チャレンジテスト① おもて

1 ③とちゅうで約分できるときは約分します。
④分数のわり算は逆数のかけ算になおします。
⑧小数は分数になおします。

2 ①
$$3:7=15:x \quad (\times5)$$
3から 15 は5倍になっているので、7から x（エックス）も5倍になります。
よって、$x=7\times5=35$

②
$$24:36=x:9 \quad (\div4)$$
36 を4でわると9なので、24 も4でわります。
$x=24\div4=6$

3 ①［1日に飲む牛乳の量］×［日数］=［飲む牛乳の量の合計］となるので、
$15\times x=y$ となります。
②18 L=180 dL より、
$15\times x=y$ の y に 180 をあてはめます。
$15\times x=180$
$x=180\div15=12$
よって、12 日です。

4 ㋐1個の値段（ねだん）は $1000-x$(円)、それを 25 個売ったときの売り上げ金額の合計は、
$(1000-x)\times25$(円)で表されます。
㋑全体の長方形の面積は、
$25\times40=1000$(m²)
白い部分の長方形の面積は、
$x\times25$(m²)
となります。
色をぬった部分の面積は、全体の長方形の面積から白い部分の長方形の面積をひいて、
$1000-x\times25$(m²)
で表されます。
㋒分速 x m の速さで 25 分間に進む道のりは、$x\times25$(m)なので、残りの道のりは、$1000-x\times25$(m)で表されます。
よって、答えは㋑と㋒です。

5 次の問いに答えましょう。　式・答え 各3点(12点)

① 1dL で $\frac{5}{8}$ m² のかべにぬれるペンキがあります。このペンキが 12 dL あれば何 m² のかべをぬることができますか。

式 $\frac{5}{8}\times12=\frac{15}{2}\left(=7\frac{1}{2}\right)$

答え（ $\frac{15}{2}$ m²$\left(7\frac{1}{2}\text{m}^2\right)$ ）

② あるペンキ8dL で $2\frac{4}{9}$ m² のかべをぬることができました。このペンキ 1dL で何 m² のかべをぬることができますか。

式 $2\frac{4}{9}\div8=\frac{11}{36}$

答え（ $\frac{11}{36}$ m² ）

6 次の問いに答えましょう。　式・答え 各3点(18点)

① 1mのねだんが 480 円のロープを $6\frac{3}{4}$ m 買うと、代金はいくらになるでしょうか。

式 $480\times6\frac{3}{4}=3240$

答え（ 3240 円 ）

② 底辺 4.2 cm、高さ $2\frac{4}{7}$ cm の平行四辺形の面積は何 cm² ですか。

式 $4.2\times2\frac{4}{7}=\frac{54}{5}\left(=10\frac{4}{5}\right)$

答え（ $\frac{54}{5}$ cm²$\left(10\frac{4}{5}\text{cm}^2\right)$ ）

③ 時速 54 km で走る自動車は 50 分間で何 km 進みますか。

式 $54\times\frac{50}{60}=45$

答え（ 45 km ）

7 次の問いに答えましょう。　式・答え 各3点(12点)

① 面積が 81 cm² で、縦(たて)が $10\frac{2}{7}$ cm の長方形の横の長さは何 cm でしょうか。

式 $81\div10\frac{2}{7}=\frac{63}{8}\left(=7\frac{7}{8}\right)$

答え（ $\frac{63}{8}$ cm$\left(7\frac{7}{8}\text{cm}\right)$ ）

② ペットボトルに 1.5 L、バケツに $2\frac{2}{5}$ L の水が入っています。ペットボトルの水の量はバケツの水の量の何倍ですか。

式 $1.5\div2\frac{2}{5}=\frac{5}{8}$

答え（ $\frac{5}{8}$ 倍 ）

8 コーヒー6dL と牛乳9dL を混ぜあわせて、コーヒー牛乳をつくりました。次の問いに答えましょう。　各4点(12点)

① コーヒーと牛乳の量の比をできるだけ簡単(かんたん)な比で表しましょう。

答え（ 2 : 3 ）

② コーヒーと牛乳の量の比の値(あたい)を求めましょう。

答え（ $\frac{2}{3}$ ）

③ このコーヒー牛乳のコーヒーと牛乳の量の比と同じ比のコーヒー牛乳をつくります。コーヒーを8dL 使うとき、牛乳は何 dL 用意すればいいでしょうか。

答え（ 12 dL ）

チャレンジテスト①(裏)

チャレンジテスト① うら

5 ①

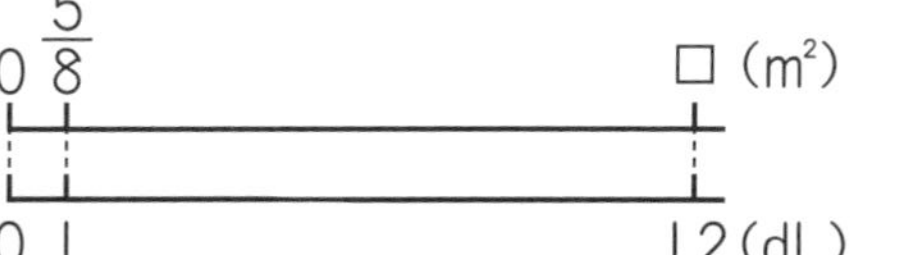

［1dL でぬれる面積］×［ペンキの量］＝［ぬれる面積］ です。

$\frac{5}{8}\times12=\frac{5\times12}{8}=\frac{15}{2}=7\frac{1}{2}$

②

0　□　$2\frac{4}{9}$ (m²)

0　1　8 (dL)

［かべの面積］÷［ペンキの量］＝［1dL でぬれる面積］ です。

$2\frac{4}{9}\div8=\frac{22}{9}\div8=\frac{22}{9\times8}=\frac{11}{36}$

6 ①

0　480　□ (円)

0　1　$6\frac{3}{4}$ (m)

［1m の値段(ねだん)］×［ロープの長さ］＝［ロープの代金］ です。

$480\times6\frac{3}{4}=480\times\frac{27}{4}$

$=\frac{480\times27}{4}=3240$

② ［底辺の長さ］×［高さ］＝［平行四辺形の面積］ です。

$4.2\times2\frac{4}{7}=\frac{42}{10}\times\frac{18}{7}$

$=\frac{42\times18}{10\times7}=\frac{54}{5}$

③ 1時間＝60 分より、

50 分＝$\frac{50}{60}$ 時間なので、

$54\times\frac{50}{60}=\frac{54\times50}{60}=45$

7 ① ［長方形の面積］÷［縦(たて)の長さ］＝［横の長さ］ です。

$81\div10\frac{2}{7}=81\div\frac{72}{7}$

$=\frac{81\times7}{72}=\frac{63}{8}$

②

ペットボトル　1.5L

バケツ　$2\frac{2}{5}$ L

0　□　1 (倍)

$1.5\div2\frac{2}{5}=\frac{15}{10}\div\frac{12}{5}$

$=\frac{15}{10}\times\frac{5}{12}=\frac{15\times5}{10\times12}=\frac{5}{8}$

8 ① 6dL と 9dL なので、6 : 9 です。6と9の最大公約数3でわって、

$6:9=2:3$（÷3）

② 2 : 3 の比の値(あたい)は、$2\div3=\frac{2}{3}$

③

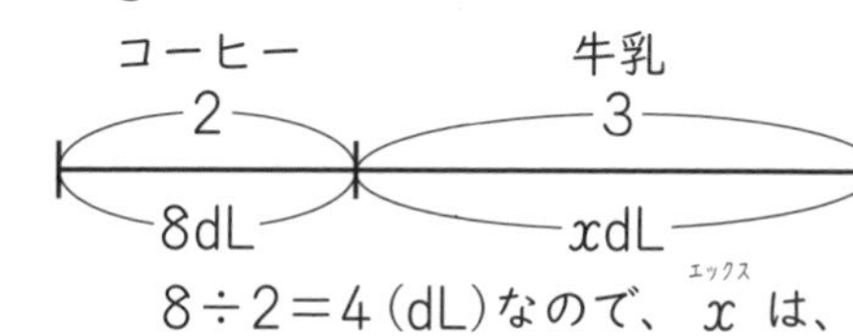

$8\div2=4$ (dL) なので、x(エックス) は、

$4\times3=12$

6年 チャレンジテスト②

名前　　月　日

時間 40分　合格70点　/100

答え44ページ

1 次の計算をしましょう。　各3点(15点)

① $6\times1\frac{2}{9}=6\times\frac{11}{9}=\frac{6\times11}{9}=\frac{22}{3}\left(=7\frac{1}{3}\right)$

答え $\left(\frac{22}{3}\left(7\frac{1}{3}\right)\right)$

② $4\frac{1}{5}\div7=\frac{21}{5}\div7=\frac{21}{5\times7}=\frac{3}{5}$

答え $\left(\frac{3}{5}\right)$

③ $1\frac{7}{8}\div6\frac{1}{4}=\frac{15}{8}\div\frac{25}{4}=\frac{15\times4}{8\times25}=\frac{3}{10}$

答え $\left(\frac{3}{10}\right)$

④ $1.25\times32=40$

答え（40）

⑤ $1.26\div0.7=1.8$

答え（1.8）

2 ある水そうに水をいっぱいまで入れるのに、A管だけだと15分、B管だけだと10分かかります。　各4点(8点)

① A管だけで9分入れたあと、B管だけで何分入れると、水そうはいっぱいになりますか。

答え（4分）

② はじめからA管とB管をいっしょに使うと、何分で水そうはいっぱいになりますか。

答え（6分）

3 校庭にある木の根もとのBから4mはなれたところで、木の先Aを見上げる角度をはかると50度でした。三角形DEFは三角形ABCの縮図をかいたものです。式・答え 各3点(12点)

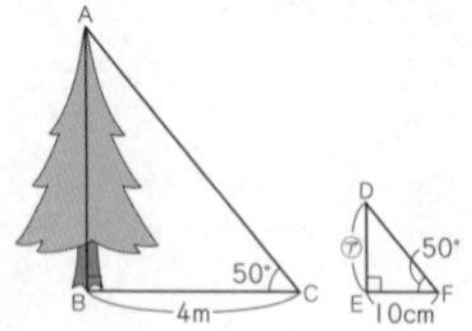

① 三角形DEFは三角形ABCの何分の1の縮図ですか。

式 4m=400cm

$10\div400=\frac{1}{40}$

答え $\left(\frac{1}{40}\right)$

② 縮図の㋐の長さを測ると、12cmありました。この木の高さはおよそ何mですか。

式 $12\div\frac{1}{40}=480$

答え（4.8 m）

4 右のグラフは、ある自動車が走った時間を x 分、進んだ道のりを y kmとして、x と y の関係をグラフに表したものです。　各5点(15点)

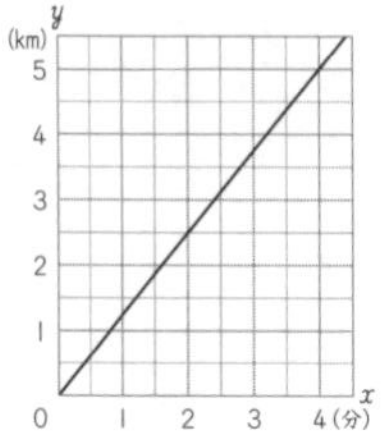

① x と y の関係を式で表しましょう。

答え（$y=1.25\times x$）

② 30分間で何km進むことができますか。

答え（37.5 km）

③ 22.5km進むのにかかる時間は何分ですか。

答え（18分）

●うらにも問題があります。

チャレンジテスト② おもて

1 ④小数点はもとの位置からおろします。小数点以下の0は消します。

$$\begin{array}{r}1.25\\ \times\ 32\\ \hline 250\\ 375\ \ \\ \hline 40.00\end{array}$$

⑤わる数0.7を整数にしてわるために、わる数とわられる数をそれぞれ10倍します。

$$\begin{array}{r}1.8\\ 0.7\overline{)\,1.26}\\ 7\ \ \\ \hline 56\\ 56\\ \hline 0\end{array}$$

2 ①水そう全体の量を1とすると、1分間に入れられる水の量は、

A管は、$1\div15=\frac{1}{15}$

B管は、$1\div10=\frac{1}{10}$

A管だけで9分間に入れることができる量は、

$\frac{1}{15}\times9=\frac{3}{5}$

残りをB管だけで入れるときにかかる時間は、

$\left(1-\frac{3}{5}\right)\div\frac{1}{10}=4$（分）です。

②A管とB管をいっしょに使ったときに1分間に入れられる量は、

$\frac{1}{15}+\frac{1}{10}=\frac{1}{6}$

水そうに水をいっぱいまで入れるのにかかる時間は、

$1\div\frac{1}{6}=6$（分）

3 ①実際の長さの単位をcmになおしてから計算します。

縮めた割合を求めるから、

$10\div400=\frac{10}{400}=\frac{1}{40}$ です。

②木の高さの $\frac{1}{40}$ が12cmなので、

木の高さは $12\div\frac{1}{40}$ です。

よって、480cm=4.8mです。

4 ①グラフが直線になっているので、y は x に比例します。

グラフが通っている点より、

$x=2$ のとき $y=2.5$ より、

$y\div x=2.5\div2=1.25$

また、$x=4$ のとき $y=5$ より、

$y\div x=5\div4=1.25$ です。

よって、$y\div x$ の値はつねに1.25になるので、

$y\div x=1.25$ より、

$y=1.25\times x$ となります。

②x の値が30のときなので、

$y=1.25\times30=37.5$

よって、37.5kmです。

③y の値が22.5のときなので、

$1.25\times x=22.5$ より、

$x=22.5\div1.25=18$

よって、18分です。

5 次の問いに答えましょう。 各5点(15点)

① 友だち4人が並んで写真をとることにします。4人の並び方は、全部で何とおりありますか。

答え（ 24とおり ）

② 0、1、2、3の4枚のカードがあります。この中から3枚のカードを並べてできる3けたの整数は何個ありますか。

答え（ 18個 ）

③ 100円玉1枚を4回投げるとき、4回の表、裏の出方は何とおりありますか。

答え（ 16とおり ）

6 次の問いに答えましょう。 各5点(10点)

① 右の図のような、5つの点A、B、C、D、Eがあります。これらの点のうちの2点を結ぶ直線は全部で何本ひけますか。

A B E C D

答え（ 10本 ）

② 6人の中からリレーに出場する4人を選びます。4人の選び方は何とおりありますか。

答え（ 15とおり ）

7 右の表は、あるクラス35人の学校までの通学時間を調べた結果を度数分布表にまとめたものです。次の問いに答えましょう。 各5点(25点)

学校までの通学時間

時間(分)	人数(人)
0以上～5未満	2
5～10	1
10～15	5
15～20	9
20～25	7
25～30	4
30～35	3
35～40	3
40～45	1
合計	35

① 度数分布表の結果を下の図にヒストグラムで表しましょう。

学校までの通学時間 (人) (分)

② いちばん度数が多いのはどの階級ですか。

答え（ 15 分以上 20 分未満の階級）

③ このクラスの35人の通学時間の平均値を計算すると、21.5分でした。これはどの階級に入りますか。

答え（ 20 分以上 25 分未満の階級）

④ 通学時間が30分以上の人は何人ですか。

答え（ 7人 ）

⑤ 通学時間の短い人から順に並べたときに、35人のちょうどまん中になる人はどの階級に入りますか。

答え（ 20 分以上 25 分未満の階級）

チャレンジテスト②(裏)

チャレンジテスト② うら

5 ①4人をA、B、C、Dとして樹形図をかくと下のようになります。

A－B＜C－D, D－C／A－C＜B－D, D－B／A－D＜B－C, C－B

B－A＜C－D, D－C／B－C＜A－D, D－A／B－D＜A－C, C－A

C－A＜B－D, D－B／C－B＜A－D, D－A／C－D＜A－B, B－A

D－A＜B－C, C－B／D－B＜A－C, C－A／D－C＜A－B, B－A

よって、24とおりです。

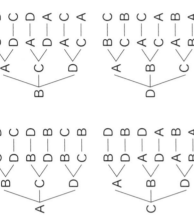

②百の位に0を使えないことに注意して樹形図をかきます。

百 十 一　百 十 一　百 十 一

1－0＜2, 3／1－2＜0, 3／1－3＜0, 2

2－0＜1, 3／2－1＜0, 3／2－3＜0, 1

3－0＜1, 2／3－1＜0, 2／3－2＜0, 1

よって、18個です。

③表を○、裏を×として樹形図をかきます。

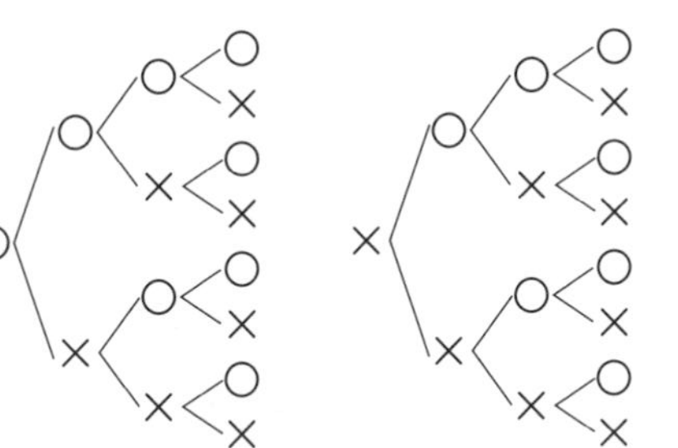

よって、16とおりです。

6 ①2点の結び方を樹形図で表します。

A＜B, C, D, E　B＜C, D, E　C＜D, E　D－E

よって、10本です。

②6人の中からリレーに出場する4人を選ぶのと、出場しない2人を選ぶのとは同じことです。

6人をA、B、C、D、E、Fとして出場しない2人の選び方を樹形図で表します。

A＜B, C, D, E, F　B＜C, D, E, F　C＜D, E, F　D＜E, F　E－F

よって、15とおりです。

7 ①ます目にそって各階級の値を長方形で表します。

③21.5分は、20分以上25分未満の階級に入ります。

④度数分布表の30分以上35分未満の階級から下なので、

3＋3＋1＝7

より、7人です。

⑤35÷2＝17あまり1より、まん中になる人は17＋1＝18(人目)です。度数分布表の上から人数をたしていくと、20分未満までで、2＋1＋5＋9＝17(人)なので、18人目が入る階級は、20分以上25分未満です。

メモ

メモ

付録　とりはずしてお使いください。

文章題スタートアップドリル

6年

このドリルを使って
5年生までに学習した
計算問題にとりくもう。

年　　組

1 たし算の筆算

★できた問題には、「た」をかこう！

1 次のたし算の筆算をしましょう。　　月　　日

① $$\begin{array}{r} 43 \\ +71 \\ \hline \end{array}$$

② $$\begin{array}{r} 23 \\ +84 \\ \hline \end{array}$$

③ $$\begin{array}{r} 5 \\ +97 \\ \hline \end{array}$$

④ $$\begin{array}{r} 815 \\ +144 \\ \hline \end{array}$$

⑤ $$\begin{array}{r} 543 \\ +308 \\ \hline \end{array}$$

⑥ $$\begin{array}{r} 475 \\ +148 \\ \hline \end{array}$$

⑦ $$\begin{array}{r} 597 \\ +255 \\ \hline \end{array}$$

⑧ $$\begin{array}{r} 996 \\ +\quad 7 \\ \hline \end{array}$$

⑨ $$\begin{array}{r} 5397 \\ +\ 876 \\ \hline \end{array}$$

⑩ $$\begin{array}{r} 2939 \\ +3967 \\ \hline \end{array}$$

2 次の計算を筆算でしましょう。　　月　　日

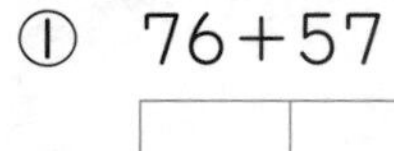

① 76＋57

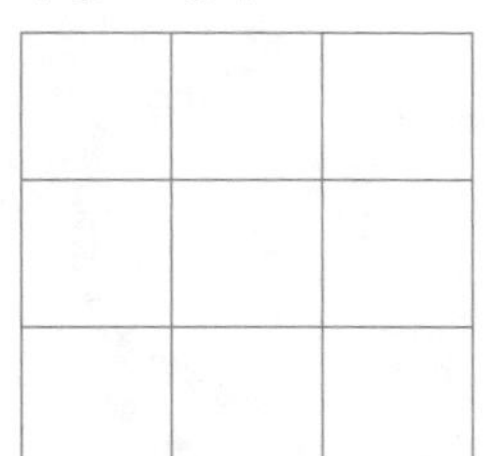

② 579＋321

③ 478＋965

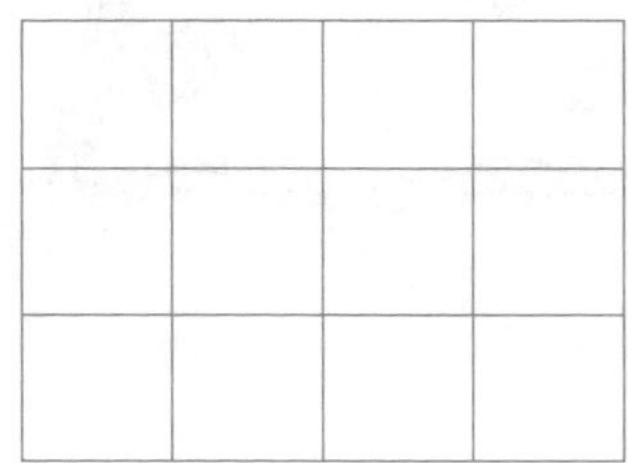

④ 1929＋5165

2 ひき算の筆算

★できた問題には、「た」をかこう！

1 でき　2 でき

1 次のひき算の筆算をしましょう。　　月　　日

① $\begin{array}{r} 139 \\ -\ \ 68 \\ \hline \end{array}$　② $\begin{array}{r} 102 \\ -\ \ 31 \\ \hline \end{array}$　③ $\begin{array}{r} 133 \\ -\ \ 64 \\ \hline \end{array}$　④ $\begin{array}{r} 100 \\ -\ \ 53 \\ \hline \end{array}$

⑤ $\begin{array}{r} 487 \\ -366 \\ \hline \end{array}$　⑥ $\begin{array}{r} 275 \\ -\ \ 49 \\ \hline \end{array}$　⑦ $\begin{array}{r} 356 \\ -295 \\ \hline \end{array}$　⑧ $\begin{array}{r} 521 \\ -498 \\ \hline \end{array}$

⑨ $\begin{array}{r} 8833 \\ -3805 \\ \hline \end{array}$　⑩ $\begin{array}{r} 3601 \\ -\ \ 808 \\ \hline \end{array}$

2 次の計算を筆算でしましょう。　　月　　日

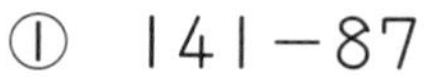

① 141−87

② 708−19

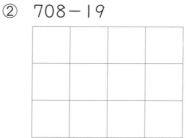

③ 900−414

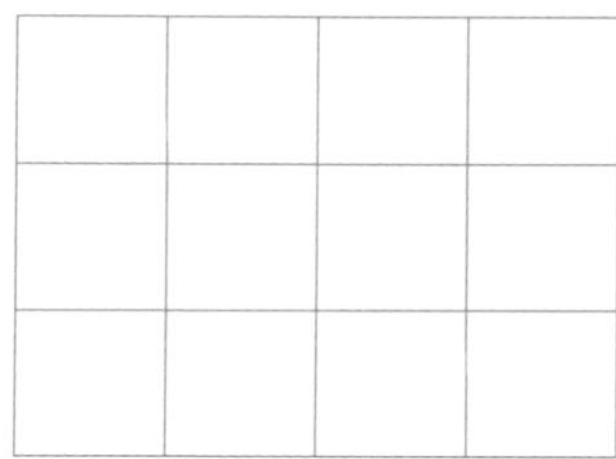

④ 5501−2862

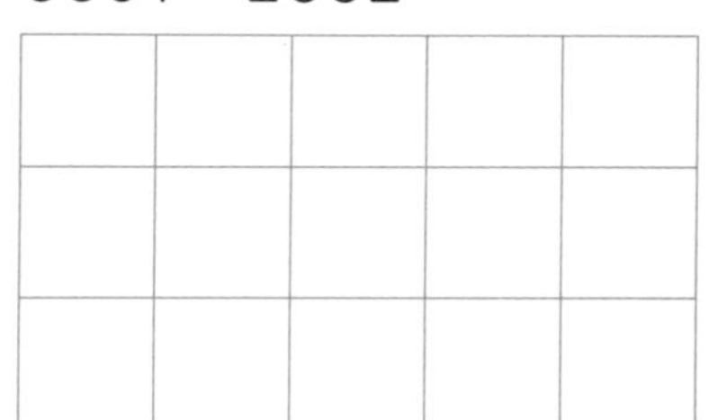

3 かけ算の筆算

1 次の計算をしましょう。

月　日

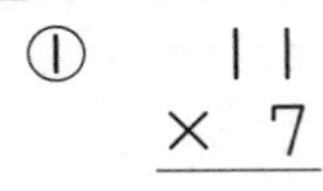

① $\begin{array}{r} 11 \\ \times\ 7 \\ \hline \end{array}$　② $\begin{array}{r} 64 \\ \times\ 3 \\ \hline \end{array}$　③ $\begin{array}{r} 218 \\ \times\ 3 \\ \hline \end{array}$　④ $\begin{array}{r} 520 \\ \times\ 4 \\ \hline \end{array}$

⑤ $\begin{array}{r} 17 \\ \times 59 \\ \hline \end{array}$　⑥ $\begin{array}{r} 95 \\ \times 34 \\ \hline \end{array}$　⑦ $\begin{array}{r} 963 \\ \times\ 25 \\ \hline \end{array}$　⑧ $\begin{array}{r} 500 \\ \times\ 32 \\ \hline \end{array}$

⑨ $\begin{array}{r} 248 \\ \times 312 \\ \hline \end{array}$　⑩ $\begin{array}{r} 754 \\ \times 205 \\ \hline \end{array}$

2 次の計算を筆算でしましょう。

月　日

① 214×2　② 91×26

③ 382×45　④ 609×705

4 わり算の筆算

★できた問題には、「た」をかこう！

できた 1　できた 2

1 次の計算をしましょう。　　月　　日

①　3)69

②　2)358

③　23)74

④　19)843

⑤　163)982

⑥　283)970

2 次の計算を筆算でしましょう。　　月　　日

①　310÷44

②　927÷309

5 小数のたし算の筆算

1 次の計算をしましょう。

月　日

① $\begin{array}{r} 1.48 \\ +2.51 \\ \hline \end{array}$　② $\begin{array}{r} 6.29 \\ +1.92 \\ \hline \end{array}$　③ $\begin{array}{r} 7.46 \\ +4.59 \\ \hline \end{array}$　④ $\begin{array}{r} 5.93 \\ +8.28 \\ \hline \end{array}$

⑤ $\begin{array}{r} 4.35 \\ +0.96 \\ \hline \end{array}$　⑥ $\begin{array}{r} 8 \\ +2.46 \\ \hline \end{array}$　⑦ $\begin{array}{r} 7.6 \\ +0.43 \\ \hline \end{array}$　⑧ $\begin{array}{r} 5.18 \\ +1.72 \\ \hline \end{array}$

⑨ $\begin{array}{r} 5.62 \\ +1.38 \\ \hline \end{array}$　⑩ $\begin{array}{r} 1.732 \\ +5.8 \\ \hline \end{array}$

2 次の計算を筆算でしましょう。

月　日

① 0.8＋3.72　② 4.25＋4

③ 8.051＋0.949　④ 1.583＋0.76

6 小数のひき算の筆算

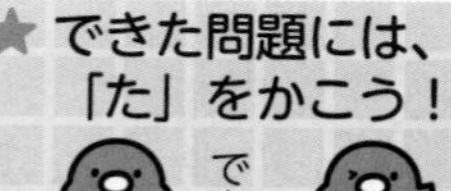

でき 1　でき 2

1 次の計算をしましょう。　　月　　日

①
$$\begin{array}{r} 6.05 \\ -4.04 \\ \hline \end{array}$$

②
$$\begin{array}{r} 7.65 \\ -5.58 \\ \hline \end{array}$$

③
$$\begin{array}{r} 5.16 \\ -2.39 \\ \hline \end{array}$$

④
$$\begin{array}{r} 2.05 \\ -0.19 \\ \hline \end{array}$$

⑤
$$\begin{array}{r} 9.45 \\ -8.57 \\ \hline \end{array}$$

⑥
$$\begin{array}{r} 4.85 \\ -4.07 \\ \hline \end{array}$$

⑦
$$\begin{array}{l} \ \ 9.78 \\ -2.8 \\ \hline \end{array}$$

⑧
$$\begin{array}{l} \ \ 1 \\ -0.54 \\ \hline \end{array}$$

⑨
$$\begin{array}{r} 3.512 \\ -1.403 \\ \hline \end{array}$$

⑩
$$\begin{array}{l} \ \ 3 \\ -2.087 \\ \hline \end{array}$$

2 次の計算を筆算でしましょう。　　月　　日

① 1−0.81

② 3.67−0.6

③ 0.855−0.72

④ 4.23−0.125

7 小数のかけ算の筆算

月　日

1 次の計算をしましょう。

① $\begin{array}{r} 3.2 \\ \times\ \ 3 \\ \hline \end{array}$　② $\begin{array}{r} 4.5 \\ \times\ \ 7 \\ \hline \end{array}$　③ $\begin{array}{r} 0.31 \\ \times\ \ 49 \\ \hline \end{array}$　④ $\begin{array}{r} 0.62 \\ \times\ \ 82 \\ \hline \end{array}$

⑤ $\begin{array}{r} 4.2 \\ \times 0.8 \\ \hline \end{array}$　⑥ $\begin{array}{r} 2.81 \\ \times\ \ 6.5 \\ \hline \end{array}$　⑦ $\begin{array}{r} 2.5 \\ \times 0.79 \\ \hline \end{array}$　⑧ $\begin{array}{r} 0.06 \\ \times 0.99 \\ \hline \end{array}$

⑨ $\begin{array}{r} 147 \\ \times\ \ 3.4 \\ \hline \end{array}$　⑩ $\begin{array}{r} 9.4 \\ \times 18.9 \\ \hline \end{array}$

月　日

2 次の計算を筆算でしましょう。

② 0.14×3.3

8 小数のわり算

★できた問題には、「た」をかこう！

でき 1　でき 2

1 次の計算をしましょう。　　月　　日

① 4) 6.8

② 5) 0.65

③ 35) 80.5

④ 95) 28.5

⑤ 8) 3.6

⑥ 78) 97.5

⑦ 1.3) 8.97

⑧ 0.74) 8.88

⑨ 1.82) 34.58

2 次の計算を筆算でしましょう。　　月　　日

① 21.08÷3.4

② 80÷3.2

③ 9.15÷1.83

9 分数のたし算①

★できた問題には、「た」をかこう！

でき 1　でき 2

1 次の計算をしましょう。

月　日

① $\frac{1}{3}+\frac{1}{3}$

② $\frac{2}{5}+\frac{1}{5}$

③ $\frac{1}{8}+\frac{2}{8}$

④ $\frac{4}{6}+\frac{2}{6}$

⑤ $\frac{6}{9}+\frac{8}{9}$

⑥ $\frac{5}{3}+\frac{2}{3}$

⑦ $\frac{9}{5}+\frac{2}{5}$

⑧ $\frac{9}{8}+\frac{9}{8}$

⑨ $\frac{5}{6}+\frac{7}{6}$

⑩ $\frac{8}{5}+\frac{7}{5}$

2 次の計算をしましょう。

月　日

① $3\frac{2}{5}+2\frac{2}{5}$

② $5\frac{1}{3}+1\frac{1}{3}$

③ $2\frac{3}{7}+3\frac{6}{7}$

④ $5+2\frac{1}{4}$

⑤ $2\frac{5}{9}+\frac{4}{9}$

⑥ $\frac{8}{10}+1\frac{2}{10}$

10 分数のたし算②

★できた問題には、「た」をかこう！

1 でき　2 でき

1 次の計算をしましょう。

月　日

① $\frac{1}{3}+\frac{1}{2}$

② $\frac{1}{2}+\frac{3}{8}$

③ $\frac{1}{6}+\frac{5}{9}$

④ $\frac{1}{4}+\frac{3}{10}$

⑤ $\frac{2}{3}+\frac{3}{4}$

⑥ $\frac{7}{8}+\frac{1}{6}$

2 次の計算をしましょう。

月　日

① $1\frac{1}{2}+\frac{1}{3}$

② $\frac{1}{6}+1\frac{7}{8}$

③ $1\frac{1}{4}+1\frac{2}{5}$

④ $1\frac{5}{7}+1\frac{1}{2}$

11 分数のひき算①

★できた問題には、「た」をかこう！

1 でき　2 でき

月　日

1 次の計算をしましょう。

① $\frac{2}{5}-\frac{1}{5}$

② $\frac{3}{4}-\frac{2}{4}$

③ $\frac{5}{7}-\frac{2}{7}$

④ $1-\frac{7}{10}$

⑤ $\frac{9}{4}-\frac{3}{4}$

⑥ $\frac{7}{5}-\frac{1}{5}$

⑦ $\frac{9}{6}-\frac{2}{6}$

⑧ $\frac{18}{7}-\frac{2}{7}$

⑨ $\frac{10}{7}-\frac{3}{7}$

⑩ $\frac{9}{8}-\frac{1}{8}$

月　日

2 次の計算をしましょう。

① $3\frac{2}{9}-2\frac{4}{9}$

② $4\frac{1}{7}-2\frac{6}{7}$

③ $1\frac{1}{3}-\frac{2}{3}$

④ $1\frac{2}{4}-\frac{3}{4}$

⑤ $2\frac{3}{8}-\frac{7}{8}$

⑥ $2-\frac{3}{5}$

★できた問題には、「た」をかこう！

できた 1　できた 2

1 次の計算をしましょう。　　月　日

① $\frac{1}{4}-\frac{1}{9}$

② $\frac{6}{5}-\frac{6}{7}$

③ $\frac{3}{4}-\frac{1}{2}$

④ $\frac{8}{9}-\frac{1}{3}$

⑤ $\frac{5}{8}-\frac{1}{6}$

⑥ $\frac{5}{4}-\frac{1}{6}$

2 次の計算をしましょう。　　月　日

① $1\frac{1}{2}-\frac{2}{3}$

② $3\frac{2}{3}-2\frac{2}{5}$

③ $3\frac{1}{4}-2\frac{1}{2}$

④ $2\frac{7}{15}-1\frac{5}{6}$

答え

1 たし算の筆算

1 ①114 ②107 ③102
④959 ⑤851 ⑥623
⑦852 ⑧1003 ⑨6273
⑩6906

2

①

	7	6
+	5	7
1	3	3

②

	5	7	9
+	3	2	1
	9	0	0

③

	4	7	8
+	9	6	5
1	4	4	3

④

	1	9	2	9
+	5	1	6	5
	7	0	9	4

2 ひき算の筆算

1 ①71 ②71 ③69
④47 ⑤121 ⑥226
⑦61 ⑧23 ⑨5028
⑩2793

2

①

	1	4	1
−		8	7
		5	4

②

	7	0	8
−		1	9
	6	8	9

③

	9	0	0
−	4	1	4
	4	8	6

④

	5	5	0	1
−	2	8	6	2
	2	6	3	9

3 かけ算の筆算

1 ①77 ②192 ③654
④2080 ⑤1003 ⑥3230
⑦24075 ⑧16000 ⑨77376
⑩154570

2

① 214
× 2
428

② 91
×26
546
182
2366

③ 382
× 45
1910
1528
17190

④ 609
×705
3045
4263
429345

4 わり算の筆算

1 ①23 ②179
③3あまり5 ④44あまり7
⑤6あまり4 ⑥3あまり121

2

① 44)310 → 7
308
2

② 309)927 → 3
927
0

5 小数のたし算の筆算

1 ①3.99 ②8.21 ③12.05
④14.21 ⑤5.31 ⑥10.46
⑦8.03 ⑧6.9 ⑨7
⑩7.532

2

① 0.8
+3.72
4.52

② 4.25
+4
8.25

③ 8.051
+0.949
9.000

④ 1.583
+0.76
2.343

6 小数のひき算の筆算

1 ①2.01　②2.07　③2.77
④1.86　⑤0.88　⑥0.78
⑦6.98　⑧0.46　⑨2.109
⑩0.913

2

①
```
    1
 −0.81
 -----
  0.19
```

②
```
  3.67
 −0.6
 -----
  3.07
```

③
```
  0.855
 −0.72
 ------
  0.135
```

④
```
  4.23
 −0.125
 ------
  4.105
```

7 小数のかけ算の筆算

1 ①9.6　②31.5　③15.19
④50.84　⑤3.36　⑥18.265
⑦1.975　⑧0.0594　⑨499.8
⑩177.66

2

①
```
    7.5
  ×9.4
  -----
   300
  675
  -----
  70.50
```
(70.50の最後の0は斜線で消されている)

②
```
   0.14
 ×  3.3
 ------
     42
    42
 ------
  0.462
```

③
```
     0.8
  ×6.57
  ------
      56
     40
    48
  ------
   5.256
```

8 小数のわり算

1 ①1.7　②0.13　③2.3
④0.3　⑤0.45　⑥1.25
⑦6.9　⑧12　⑨19

2

①
```
           6.2
      ---------
 3.4 ) 21.08
       204
       -----
          68
          68
       -----
           0
```

②
```
            25
      ---------
 3.2 ) 80.0
       64
       -----
       160
       160
       -----
         0
```

③
```
              5
       --------
 1.83 ) 9.15
        915
        -----
          0
```

9 分数のたし算①

1 ① $\frac{2}{3}$　② $\frac{3}{5}$
③ $\frac{3}{8}$　④1
⑤ $\frac{14}{9}\left(1\frac{5}{9}\right)$　⑥ $\frac{7}{3}\left(2\frac{1}{3}\right)$
⑦ $\frac{11}{5}\left(2\frac{1}{5}\right)$　⑧ $\frac{9}{4}\left(2\frac{1}{4}\right)$
⑨2　⑩3

2 ① $\frac{29}{5}\left(5\frac{4}{5}\right)$　② $\frac{20}{3}\left(6\frac{2}{3}\right)$
③ $\frac{44}{7}\left(6\frac{2}{7}\right)$　④ $\frac{29}{4}\left(7\frac{1}{4}\right)$
⑤3　⑥2

10 分数のたし算②

1 ① $\frac{5}{6}$　② $\frac{7}{8}$
③ $\frac{13}{18}$　④ $\frac{11}{20}$
⑤ $\frac{17}{12}\left(1\frac{5}{12}\right)$　⑥ $\frac{25}{24}\left(1\frac{1}{24}\right)$

2 ① $\frac{11}{6}\left(1\frac{5}{6}\right)$　② $\frac{49}{24}\left(2\frac{1}{24}\right)$
③ $\frac{53}{20}\left(2\frac{13}{20}\right)$　④ $\frac{45}{14}\left(3\frac{3}{14}\right)$

11 分数のひき算①

1
① $\frac{1}{5}$
② $\frac{1}{4}$
③ $\frac{3}{7}$
④ $\frac{3}{10}$
⑤ $\frac{3}{2}\left(1\frac{1}{2}\right)$
⑥ $\frac{6}{5}\left(1\frac{1}{5}\right)$
⑦ $\frac{7}{6}\left(1\frac{1}{6}\right)$
⑧ $\frac{16}{7}\left(2\frac{2}{7}\right)$
⑨ 1
⑩ 1

2
① $\frac{7}{9}$
② $\frac{9}{7}\left(1\frac{2}{7}\right)$
③ $\frac{2}{3}$
④ $\frac{3}{4}$
⑤ $\frac{3}{2}\left(1\frac{1}{2}\right)$
⑥ $\frac{7}{5}\left(1\frac{2}{5}\right)$

12 分数のひき算②

1
① $\frac{5}{36}$
② $\frac{12}{35}$
③ $\frac{1}{4}$
④ $\frac{5}{9}$
⑤ $\frac{11}{24}$
⑥ $\frac{13}{12}\left(1\frac{1}{12}\right)$

2
① $\frac{5}{6}$
② $\frac{19}{15}\left(1\frac{4}{15}\right)$
③ $\frac{3}{4}$
④ $\frac{19}{30}$